NCS 기반 교육과정을 적용한

기계제도(AutoCAD)
기초 이론 및 실습 다지기

· 자기주도적 능력 배양을 위한 학습모듈 교재

· 기초부터 심화까지 순차적인 도면수록

· 초보자를 위한 맞춤 도면 내용 수록

Preface

본 교재는 기계제도의 기초 이론 및 실습을 병행하도록 집필 하였으며, 실습은 Auto CAD S/W의 명령어 관련 예제를 학습한 후, 심화 도면을 통해 학습내용을 확인하도록 하였다.
주요내용으로는 기계제도의 가장 기초적인 이론 지식과 CAD 프로그램을 사용자 환경에 맞도록 부가 명령, 도면영역의 크기, 도면층을 설정하여 오류된 부분을 즉시 수정하고 저장하거나 출력할 수 있도록 구성하였다.
이 교재는 기계제도 분야로 3 영역으로 구분하였으며, 세부적인 구성은 다음과 같다.

Ⅰ. 기계제도 기초 이론
제도의 개요 / 도면의 표현 / 도형의 표시방법 / 치수의 기입방법 / 공차와 끼워맞춤 / 기하공차 / 표면거칠기의 지시와 다듬질 기호

Ⅱ. 기계제도 기초 실습
Auto CAD란 무엇인가? / Auto CAD 시작하기 / Auto CAD 기초 도면 / Auto CAD 응용 도면 / 기계 도면 / 도면 출력

Ⅲ. 부록
KS 기계제도 규격 / KS 규격(표면거칠기)

본 학습모듈 교재는 자기주도적 학습능력을 배양할 수 있도록 기초에서부터 심화 도면 내용을 순차적으로 수록하였으며, 기계제도를 처음 접하는 구독자의 기준으로 만들었다. 하지만 기계공학 분야의 기계제도의 내용을 한 권의 교재로 망라한다는 것은 쉽지 않기에, 꼭 필요한 내용만 집중과 선택을 하여 최대한 노력을 기울였으며, 교육의 설정에 맞추어 적절히 설정하여 지도하시기를 바란다.
끝으로 이 한권의 책이 나오기까지 많은 도움을 주신 모든 분께 감사드리며, 출판을 위하여 도움을 주신 도서출판 마지원 이하 직원 여러분께도 감사드린다.

저자 일동

CONTENTS

PART 01 _ 기계제도 기초 이론

NCS 기반 교육과정을 적용한

기계제도 AutoCAD

기초 이론 및 실습 다지기

기계제도 기초 이론

PART 01

01 제도의 개요

1 설계와 제도의 정의

(1) 설계(Design)의 정의

산업기계, 공작기계, 자동차 등의 외형적이거나 기능적인 측면에서는 다소 차이가 있다. 각 부분은 여러 개의 구성요소로 되어 있어 용도에 알맞게 작용하도록 구조, 모양, 크기 등을 합리적으로 결정하고 재료와 가공방법 등을 알맞게 선택해야 한다. 따라서 양질의 제품을 제작하려고 하면 제품이 요구하는 용도나 기능에 적합한지 세밀한 검토를 하여 확실한 제작계획을 세우게 되는데 이러한 내용을 종합하는 기술을 설계라고 한다.

(2) 제도(Drawing)의 정의

설계자의 요구사항을 제작자에게 정확하게 전달하기 위하여 일정한 규칙에 따라 선, 문자, 기호 등을 사용하여 생산품의 구조, 모양, 크기, 가공방법, 재료선정 등 제도 규격에 맞추어 정확하고 간단명료하게 도면을 작성하는 과정을 제도라 한다.

2 제도의 표준 규격

(1) 국가별 표준규격

국가명	규격 기호
한국 공업규격	KS(Korean Standards)
미국 공업규격	ANSI(American National Standards Institute)
독일 공업규격	DIN(Deutsche Industrie Normen)
일본 공업규격	JIS(Japanese Industrial Standards)
영국 공업규격	BS(British Standards)
프랑스 공업규격	NF(Norme Francasie)
국제 표준화 기구	ISO(International Organization Standardization)

(2) 한국 공업규격

한국의 경우 일반공업 규격에 적용되는 기본적인 제도통칙이 1966년에 KS A 0005로 제정되었으며, 기계제도는 KS B 0001로 1967년에 제정되었다.

분류기호	KS A	KS B	KS C	KS D	KS E	KS F	KS G	KS H
부문	기본	기계	전기	금속	광산	토건	일용품	식료품
분류기호	KS I	KS J	KS K	KS L	KS M	KS P	KS Q	KS R
부문	환경	생물	섬유	요업	화학	의료	품질경영	수송기계
분류기호	KS S	KS T	KS V	KS W	KS X			
부문	서비스	물류	조선	항공우주	정보			

KS B 규격 번호	분류
KS B 0001 ~ 0905	기계기본
KS B 1001 ~ 2809	기계요서
KS B 3001 ~ 4000	공구
KS B 4001 ~ 4920	공작기계
KS B 5201 ~ 5361	측정계산용 기계기구, 물리기계
KS B 6003 ~ 6831	일반기계
KS B 7001 ~ 7916	산업기계, 농업기계
KS B 8101 ~ 8161	철도용품

3 도면의 양식

(1) 도면을 그리기 위해서는 누가, 언제, 무엇을, 왜, 어떻게 그렸는지 등을 표시하고, 도면에 필요한 사항 등을 표기하기 위하여 도면의 양식을 마련한다.

(2) 도면에는 윤곽선, 중심마크, 표제란을 반드시 표기해야 한다.

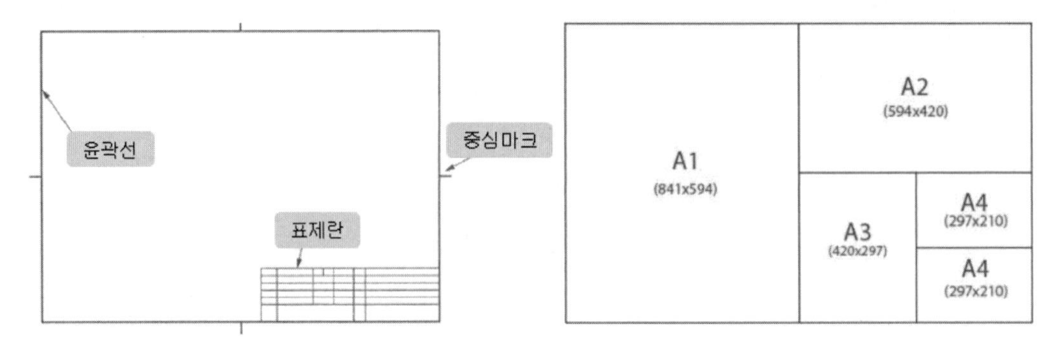

그림 1-1

① **윤곽선** : 도면으로 사용된 용지의 안쪽에 그려지는 내용이 확실히 구분되도록 하며, 용지의 가장자리가 찢어져서 도면의 내용을 훼손하지 않도록 하기 위해서 0.5 mm 이상의 실선을 사용하여 긋는다.

② **중심마크** : 도면을 촬영 또는 복사하고자 할 때에 도면의 위치를 알기 쉽도록 하기 위하여 표시하는 선이다.

③ **표제란** : 도면관리에 필요한 사항과 도면 내용에 관한 중요한 사항을 정리하여 기입하는 영역이다.

4 도면의 크기

(1) 도면의 크기는 길이방향을 좌우 방향으로 놓은 위치를 정위치로 한다.

(2) 도면용지의 세로와 가로의 비는 $1 : \sqrt{2}$ 이다.

(3) 도면을 접어서 보관할 경우는 $A4$의 크기로 접는 것을 원칙으로 한다.

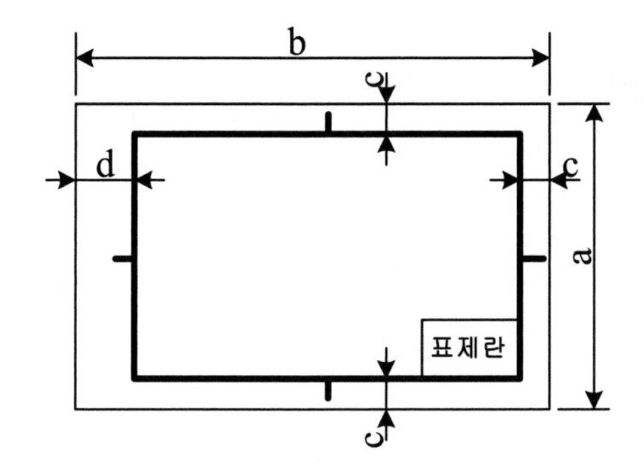

호칭 \ 크기	a	b	c	d 철한 경우	d 철하지 않는 경우
A0	841	1189	20	25	20
A1	594	841	20	25	10
A2	420	594	10	25	10
A3	297	420	10	25	10
A4	210	297	10	25	10

그림 1-2

5 척도

(1) 척도는 $A:B$로 나타낸다. 도면을 그리는데 공통적으로 사용한 척도는 표제란에 기입하며, 특정 부분을 다른 척도를 사용할 경우에는 해당 부품도 부근에 적용한 척도를 표기한다.

(2) 특별한 경우에 도면을 정해진 척도 값으로 그리지 못하거나 비례하지 않을 때에는 “비례척 아님” 또는 “NS”(Not to Scale)로 표시한다.

척도의 종류	의미	척도 값
현척	실물 크기와 같게	1:1
배척	실물 크기보다 크게	2:1, 5:1, 10:1, 20:1, 50:1
축척	실물 크기보다 작게	1:2, 1:5, 1:10, 1:20, 1:50

6 문자와 선

(1) 도면에 사용되는 문자로는 한글, 영어, 숫자 등이 사용되나 될 수 있는 대로 문자는 적게 쓰고 기호를 사용하여 나타낸다. 글자의 크기는 2.24, 3.15, 4.5, 6.3, 9 mm의 5종류가 원칙이나 이미 정해진 활자 등을 사용하는 경우에는 이에 가까운 크기를 선택한다.

문자크기의 기준 한국산업규격제도

학년반이름삼각법척도부품명제도

가나다라마바사아자차카타파

1 2 3 4 5 6 7 8 9 0

ABCDEFGHIJKLM

abcdefghijklm

그림 1-3

(2) 선의 종류

① 모양에 따른 선의 종류

선의 종류	표시 방법
실선(────)	연속적으로 이어진 선이다.
파선(..............)	짧은 선을 일정한 간격으로 나열한 선이다.
1점 쇄선(— · —)	길고 짧은 두 종류의 선을 번갈아 나열한 선이다.
2점 쇄선(— · · —)	긴선과 2개의 짧은 선을 번갈아 나열한 선이다.

② **굵기에 따른 선의 종류** : 같은 용도의 선이라도 도형의 크기와 복잡한 정도에 따라 굵기를 선택해야 하지만, 동일한 도면 내에서는 선의 굵기의 비율에 따라야 한다. 선의 굵기의 기준은 0.18, 0.25, 0.35, 0.5, 0.7, 1.0 mm로 한다. 선 굵기의 비율(KS A 0109)은 가는선, 굵은선, 아주 굵은선이 1 : 2 : 4가 되도록 한다.

③ 용도에 따른 선의 종류

용도에 의한 명칭	선의 종류	선의 용도
외형선	굵은 실선 (────)	형상물의 보이는 부분의 모양을 표시하는데 쓰인다.
치수선	가는 실선 (────)	치수를 기입하기 위하여 쓰인다.
치수 보조선		치수를 기입하기 위하여 도형으로부터 끌어내는데 쓰인다.
지시선		각종 기호나 지시사항을 기입하기 위하여 끌어내는데 쓰인다.
회전 단면선		도형 내에 그 부분을 끊은 곳을 90도 회전하여 표시하는데 쓰인다.
수준면선		수면, 유면 등의 위치를 표시하는데 쓰인다.

숨은선	파선 (··············)	대상물의 보이지 않는 부분의 형상을 표시하는데 쓰인다.
중심선	가는 1점 쇄선 (—·—·—·)	도형의 중심을 표시하는데 쓰인다.
기준선		위치 결정의 근거가 된다는 것을 명시할 때 쓰인다.
피치선		반복되는 도형의 피치를 취하는 기준을 표시하는데 쓰인다.
특수 지정선	굵은 1점 쇄선 (━ · ━)	특수한 가공을 하는 부분에 특별한 요구사항을 적용할 수 있는 범위를 표시하는데 쓰인다.
가상선	가는 2점 쇄선 (—··—··—)	(1) 인접 부분을 참고로 표시하는데 쓰인다. (2) 공구, 지그 등의 위치를 참고로 나타내는데 쓰인다. (3) 움직이는 부분의 이동 중 특정한 위치를 표시하는데 쓰인다. (4) 가공 전 또는 가공 후의 모양을 표시하는데 쓰인다. (5) 도시된 단면의 앞쪽에 있는 부분을 표시하는데 쓰인다.
무게 중심선		단면의 무게 중심을 연결한 선을 표시하는데 쓰인다.
파단선	불규칙한 파형의 가는 실선 (∼∼)	형상물의 일부를 파단 한 경계 또는 일부를 떼어낸 경계를 표시하는데 쓰인다.
절단선	절단부 쇄선 (━—·—━)	단면도를 그리는 경우, 그 절단의 위치를 나타낼 때 쓰인다.
해칭	가는 실선 (////)	(1) 절단면 등을 명시하기 위해 쓰인다. (2) 도형의 한정된 특정 부분을 다른 부분과 구별하는데 쓰인다.
특수 용도의 선	가는 실선 (————)	(1) 외형선과 숨은선의 연장을 표시하는데 쓰인다. (2) 평면이라는 것을 나타낼 때 쓰인다.
	아주 굵은 실선 (━━━━)	박판, 가스켓 등의 잘린면이 얇은 경우에 쓰인다.

④ 선의 종류별 사용 예 : 클러치레버

01 조립도(3D)

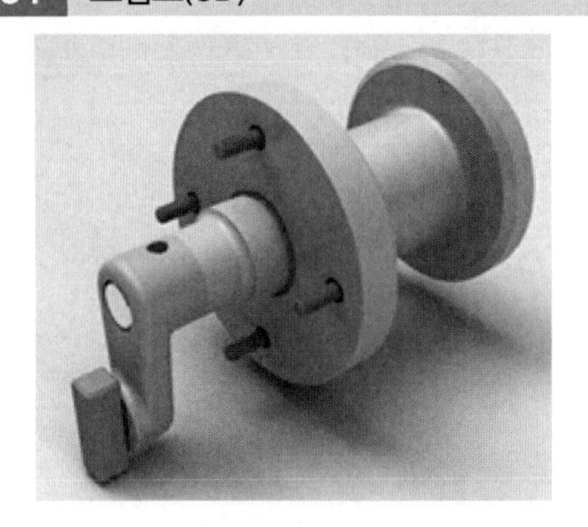

그림 1-4

02 분해도(3D)

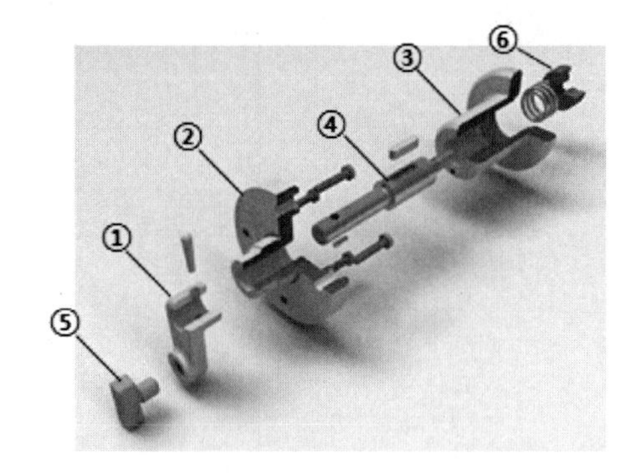

그림 1-5

03 조립도면(2D)

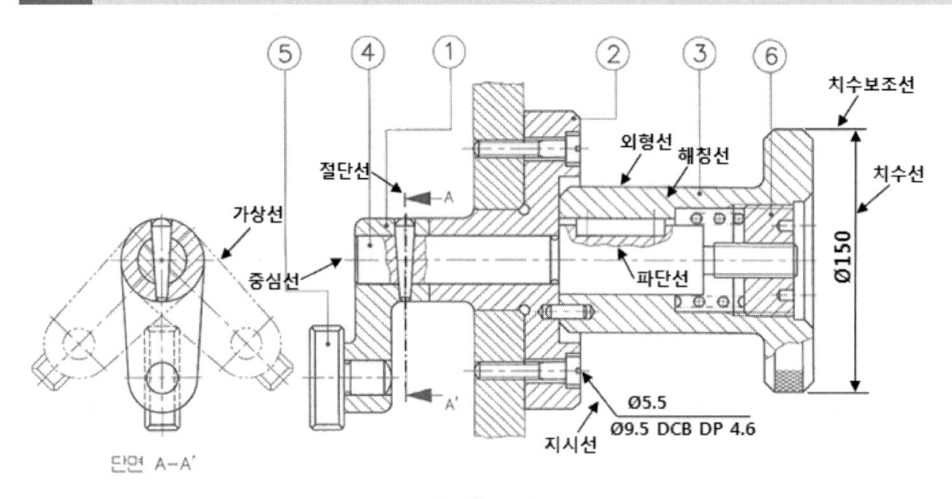

그림 1-6

⑤ 선의 우선순위 : 도면에서 2 종류이상의 선이 같은 장소에서 겹쳐지는 경우가 있다. 이런 경우에는 다음 순서에 따라 우선되는 종류의 선만 그린다.

<1> 외형선 ⇨ <2> 숨은선 ⇨ <3> 절단선 ⇨ <4> 중심선 ⇨ <5> 무게중심선 ⇨ <6> 치수보조선

01 등각 투상도

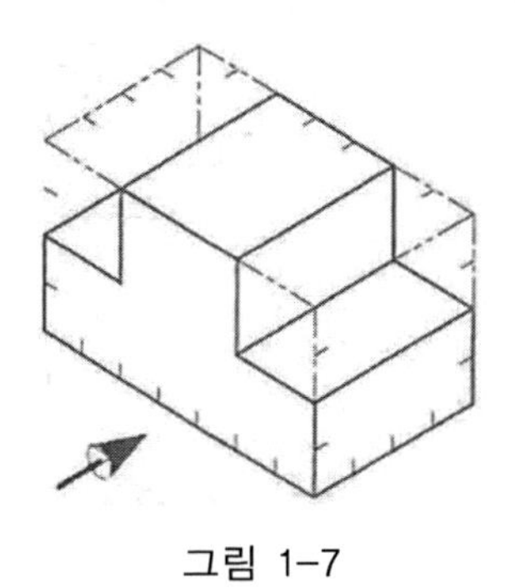

그림 1-7

02 3각법(정면도, 우측면도, 평면도)

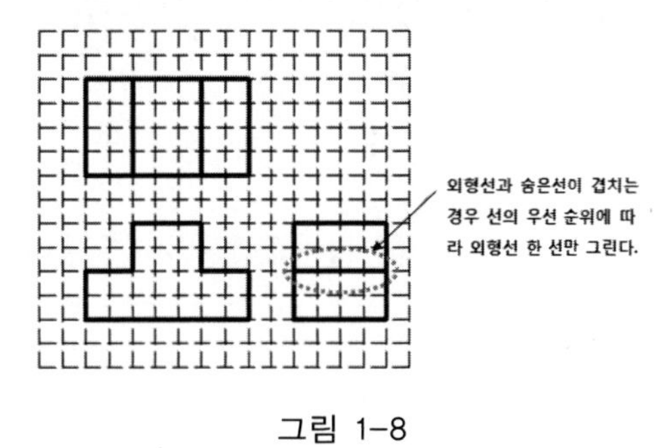

그림 1-8

CHAPTER 01

단원종합문제

01 다음 KS 부문별 분류기호에서 기계부문을 표시한 기호는?

① KS A ② KS B
③ KS C ④ KS D

02 제도 용지의 세로와 가로의 길이 비는?

① $1 : \sqrt{2}$ ② $1 : 2$
③ $\sqrt{2} : 1$ ④ $2 : 1$

03 KS 기계제도 도면 규격 A3의 치수는?

① 210×297 ② 297×420
③ 420×594 ④ 594×841

04 도면에 반드시 마련하는 사항이 아닌 것은?

① 윤곽선 ② 중심마크
③ 표제란 ④ 재단마크

05 도면의 크기가 큰 것은 접어서 보관하는 것이 편리하다. 어떻게 해야 하는가?

① A3 크기로 접으며 표제란은 왼쪽 아래에 오도록 한다.
② A3 크기로 접으며 표제란은 오른쪽 아래에 오도록 한다.
③ A4 크기로 접으며 표제란은 왼쪽 아래에 오도록 한다.
④ A4 크기로 접으며 표제란은 오른쪽 아래에 오도록 한다.

정답 1 ② 2 ① 3 ② 4 ④ 5 ④ 6 ④

06 다음 중 KS 도면의 크기에 대한 일반적인 원칙 설명으로 틀린 것은?

① 도면의 세로와 가로의 비는 1 : $\sqrt{2}$ 이다.

② A4의 크기는 210 X 297 이다.

③ 윤곽선은 0.5 mm 이상의 굵은 실선으로 그린다.

④ 도면을 접을 때는 그 접음의 크기를 A5로 기준 삼는다.

07 도면에서 실제의 크기보다 도면의 크기를 크게 나타내는 척도는?

① 현척 ② 실척

③ 축척 ④ 배척

08 다음 중 도면이 전체적으로 치수에 비례하지 않게 그려졌을 경우에 표시하는 방법으로 올바른 것은?

① 치수에 (　)를 한다. ② 척도에 NS를 한다.

③ 치수를 적색으로 표시한다. ④ 치수에 *를 한다.

09 KS 규격의 기계제도에서 아라비아 숫자 또는 문자의 크기는 높이로서 정하고 있다. 다음 중 이에 포함되지 않는 것은?

① 2.24 ② 3.15

③ 4.5 ④ 7

10 선의 굵기는 가는선, 굵은선, 아주 굵은선으로 구분되는 그 비율은?

① 1 : 1 : 1 ② 1 : 2 : 3

③ 1 : 2 : 4 ④ 1 : 2 : 5

정답 6 ④ 7 ④ 8 ② 9 ④ 10 ③

11 선의 용도가 지시사항, 기호 등을 표시하기 위하여 끌어내는데 쓰이는 선은?

① 기준선 ② 파단선
③ 해칭선 ④ 지시선

12 파단선에 대한 설명으로 올바른 것은?

① 형상물의 보이는 부분의 모양을 표시하는데 쓰인다.
② 대상물의 보이지 않는 부분의 형상을 표시하는데 쓰인다.
③ 대상물의 일부를 떼어낸 경계를 표시하는데 쓰인다.
④ 단면이라는 것을 명시하기 위하여 쓰인다.

13 패킹, 박판, 형강 등 얇은 물체의 단면표시 방법으로 옳은 것은?

① 1개의 굵은 실선 ② 1개의 가는 실선
③ 파선 ④ 2개의 가는 실선

14 다음 설명 중 선 그리기에서 틀린 것은?

① 외형선과 은선의 연장을 표시하는 데는 가는 실선으로 그린다.
② 중심선과 피치선은 가는 일점쇄선으로 그린다.
③ 가상선은 굵은 실선으로 그린다.
④ 해칭선은 가는 실선으로 그린다.

15 도면에서 두 종류 이상의 선이 같은 장소에서 겹칠 경우 우선순위 순서로 맞는 것은?

① 외형선-숨은선-절단선-중심선
② 외형선-절단선-숨은선-중심선
③ 외형선-중심선-숨은선-절단선
④ 숨은선-절단선-외형선-중심선

정답 11 ④ 12 ③ 13 ① 14 ③ 15 ①

02 도면의 표현

1 투상법

(1) 투상법의 분류

어떤 물체에 광선을 비추어 하나의 평면에 맺히는 물품의 형태를 표시하는 방법을 말하는 것으로 형상, 크기, 위치 등 일정한 법칙에 따라 표시하는 도법을 투상법(projection)이라 한다. 물체의 모양을 표현하여 제도하는 방법에는 정투상법, 입체적 투상법이 있는데 제품을 제작을 위한 제도는 정투상법을 사용한다.

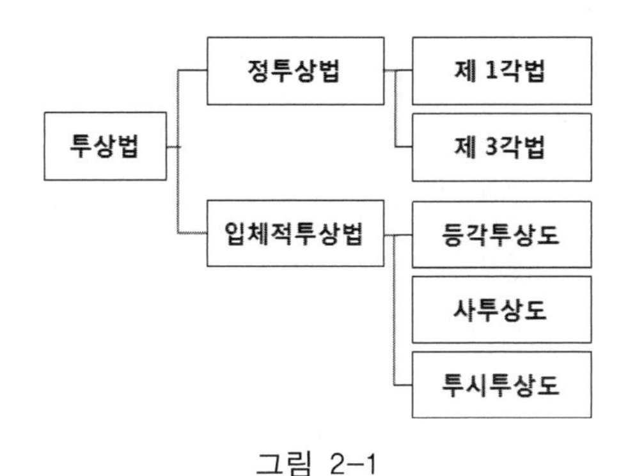

그림 2-1

(2) 정투상법

정투상법에는 그림2-2와 같이 수평으로 위치한 수평 투상면과 수직으로 위치한 수직 투상면의 공간 4 개로 구분하여 우측방향으로부터 제1상한, 제2상한, 제3상한, 제4상한이라 한다. 일반적으로 공업제도에서는 물체를 제1상한에 놓고 투상 하는 방법을 제1각법이라 하고, 제3상한에 놓고 투상 하는 방법을 제3각법이라고 한다. 한국산업규격(KS)의 제도 통칙은 제3각법을 적용하여 도면화한다.

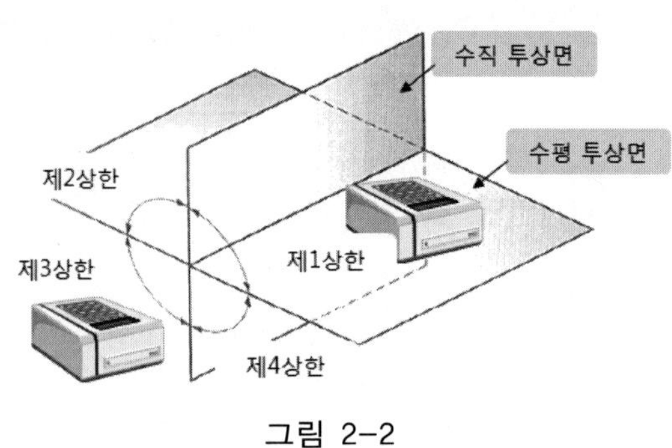

그림 2-2

① **제3각법의 원리** : 제3상한에 물체를 놓고 투영하는 투상도법을 제3각법이라 한다. 그림2-3과 같이 제3각법은 관찰자(눈) → 투상면 → 물체 순으로 나열되고 투상면에 직각인 방향을 본 물체의 모양이 투상면에 그려지므로 정면도 중심으로 하여 위쪽에 평면도, 오른쪽에 우측면도가 배치된다.

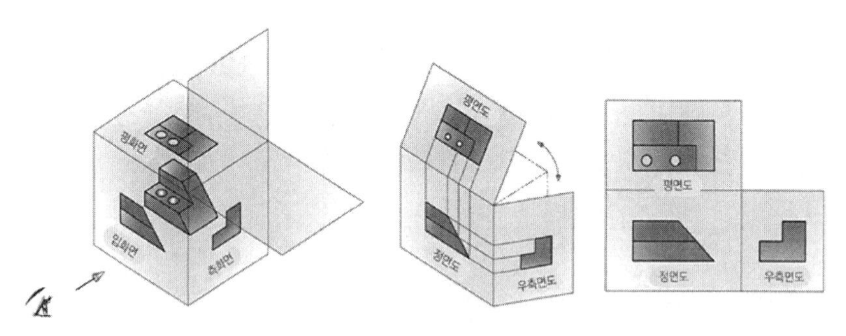

그림 2-3

② **제1각법의 원리** : 제1상한에 물체를 놓고 투영하는 투상도법을 제1각법이라 한다. 그림2-4와 같이 제3각법은 관찰자(눈) → 물체 → 투상면 순으로 나열되고 투상면에 직각인 방향을 본 물체의 모양이 물체의 건너편에 있는 투상면에 그려지므로 정면도 중심으로 하여 아래쪽에는 평면도, 왼쪽에는 우측면도가 배치된다.

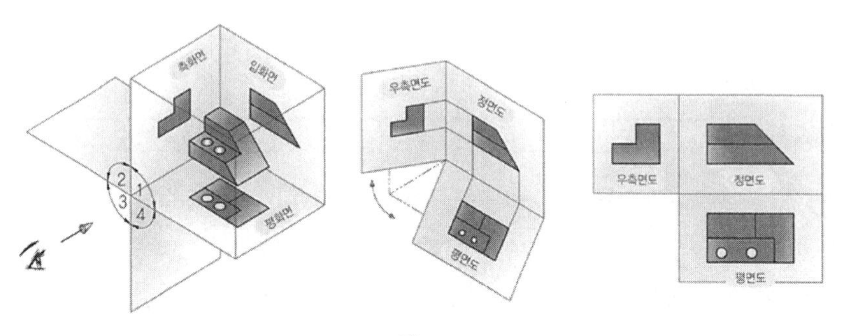

그림 2-4

③ **제3각법과 제1각법을 표시하는 기호** : 한국산업규격(KS)의 제도통칙은 제3각법을 따르는 것을 원칙으로 하고 구별할 경우에는 도면의 제도에 사용된 투상법에 따라 "제1각법" 또는 "제3각법"의 문자를 표제란에 기입한다. 또한 문자 대신에 한국산업규격(KS)와 국제표준규격(ISO)에 따라 그림2-5, 그림2-6과 같이 각법 기호 표시를 표제란 또는 표제란 가까운 곳에 기입하여 사용하여도 좋다.

01 제1각법 및 제3각법

02 표제란 표시 기입의 예 : 제3각법

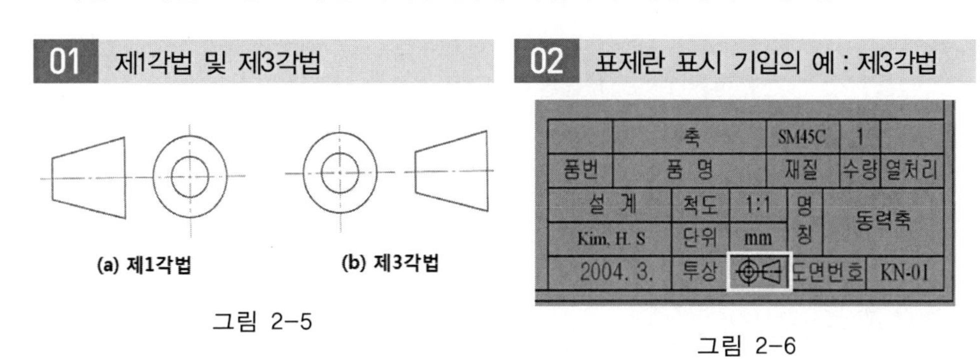

그림 2-5

그림 2-6

④ 제3각법과 제1각법의 배치

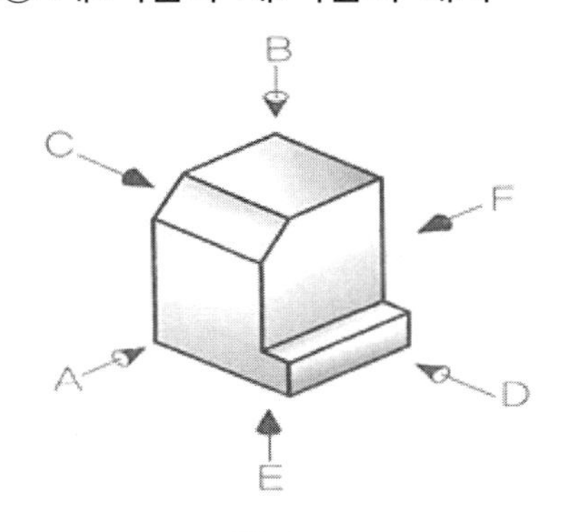

그림 2-7

바라본 방향	분 류
A	정면도(front view)
B	평면도(top view)
C	좌측면도(left side view)
D	우측면도(right side view)
E	저면도(bottom view)
F	배면도(rear view)

01 제3각법 배치

02 제1각법 배치

그림 2-8

그림 2-9

■ 투상도 연습-1

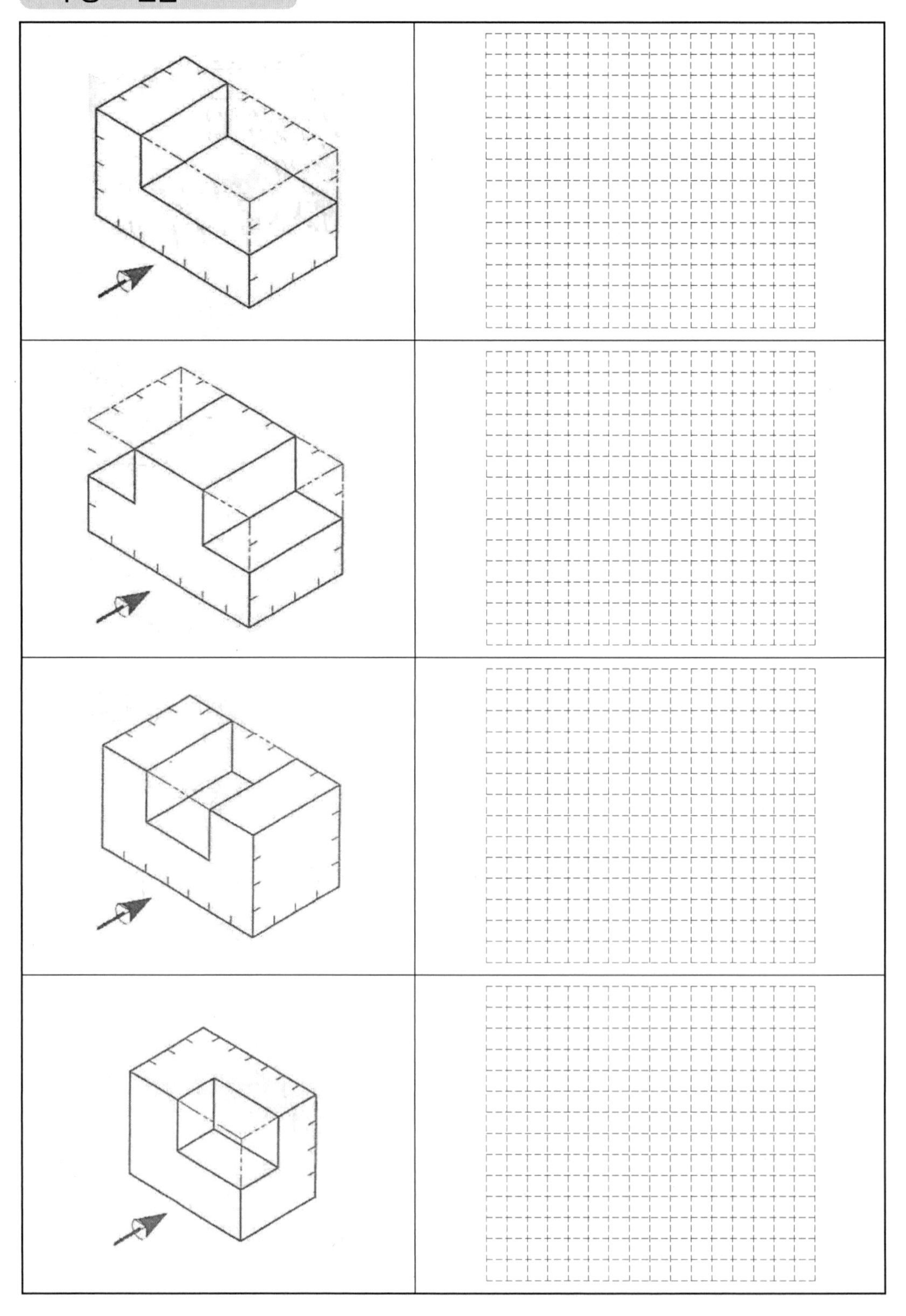

■ 투상도 연습-2

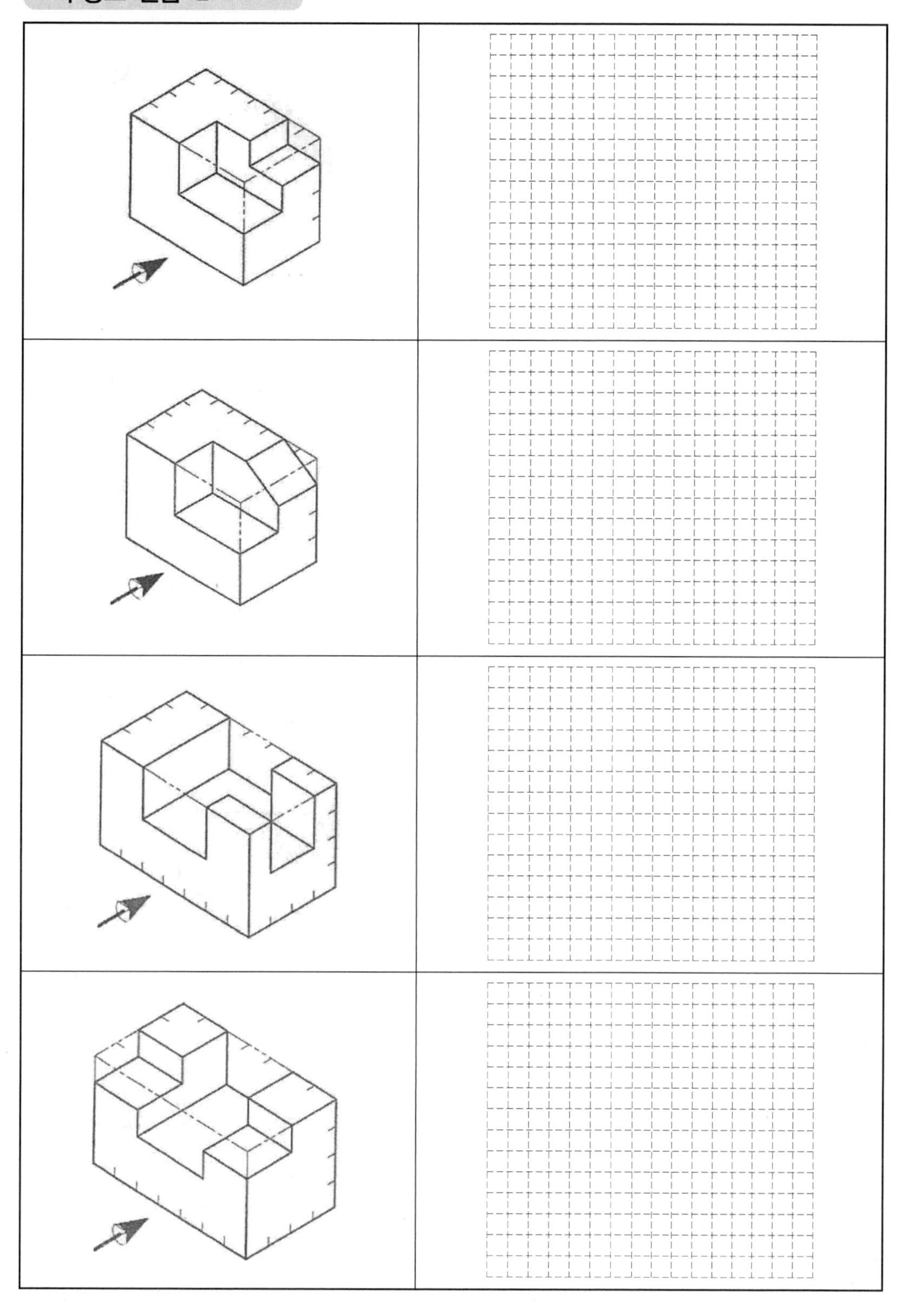

■ 투상도 연습-3

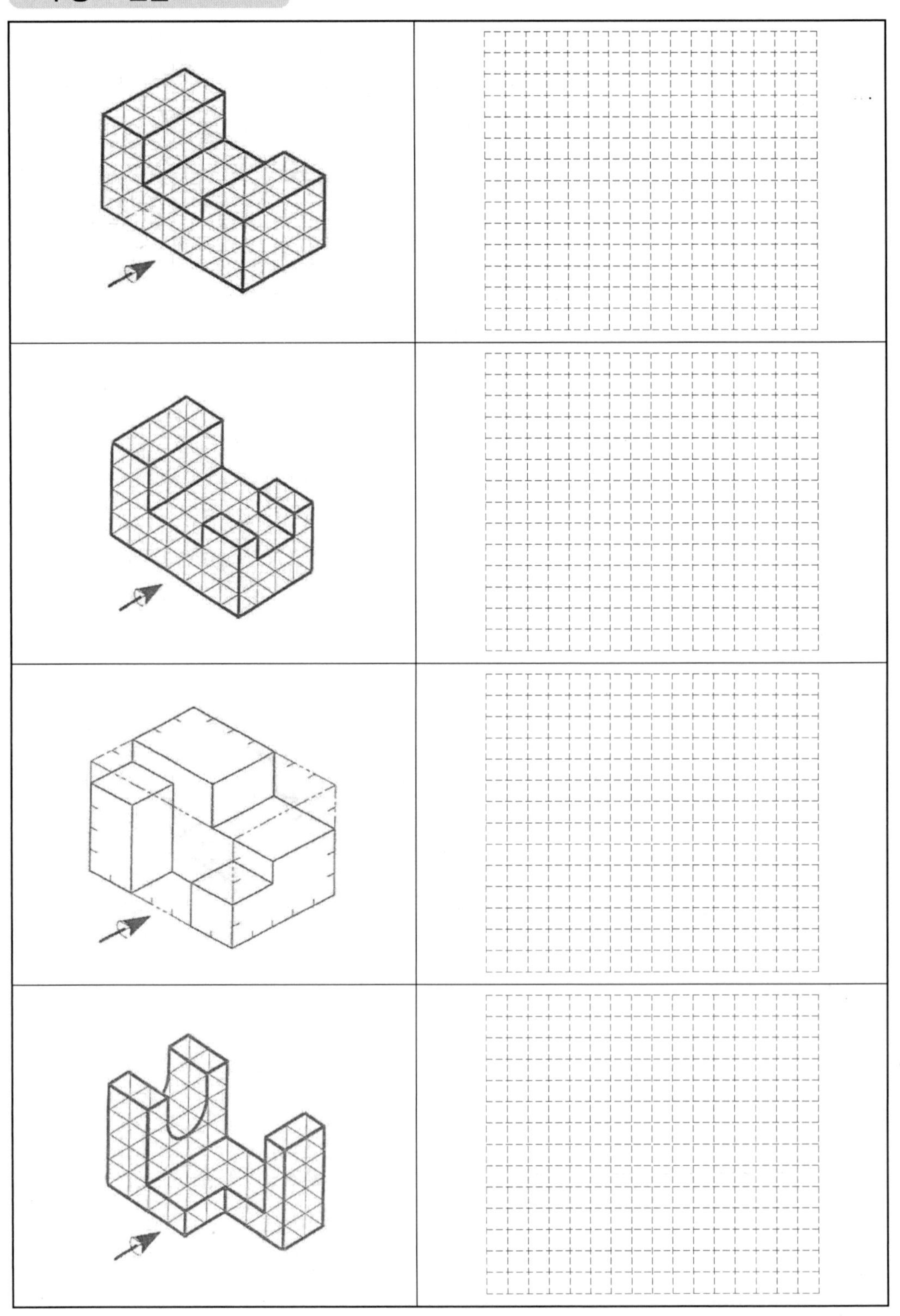

투상도 연습 -1 정답

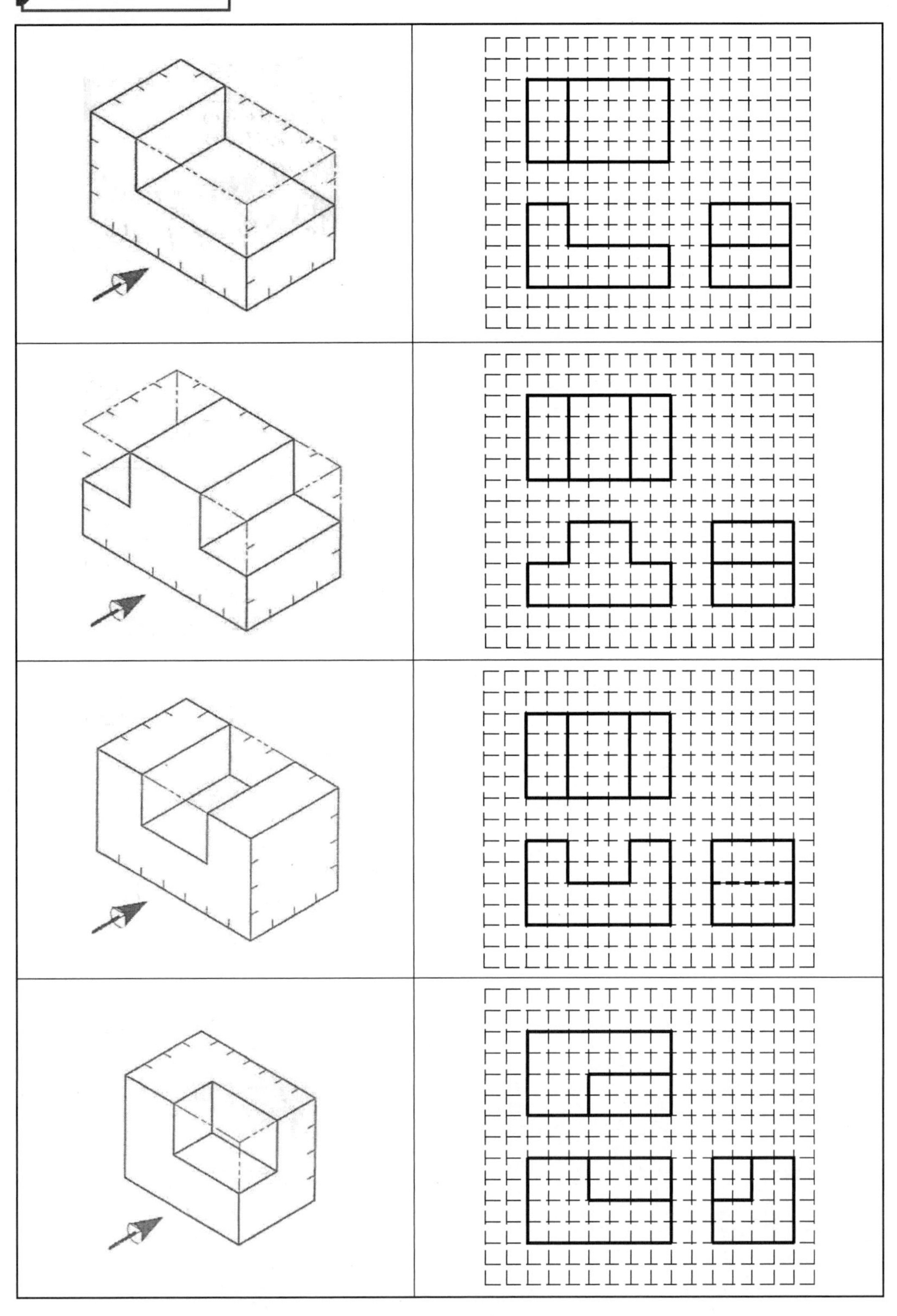

투상도 연습 -2 정답

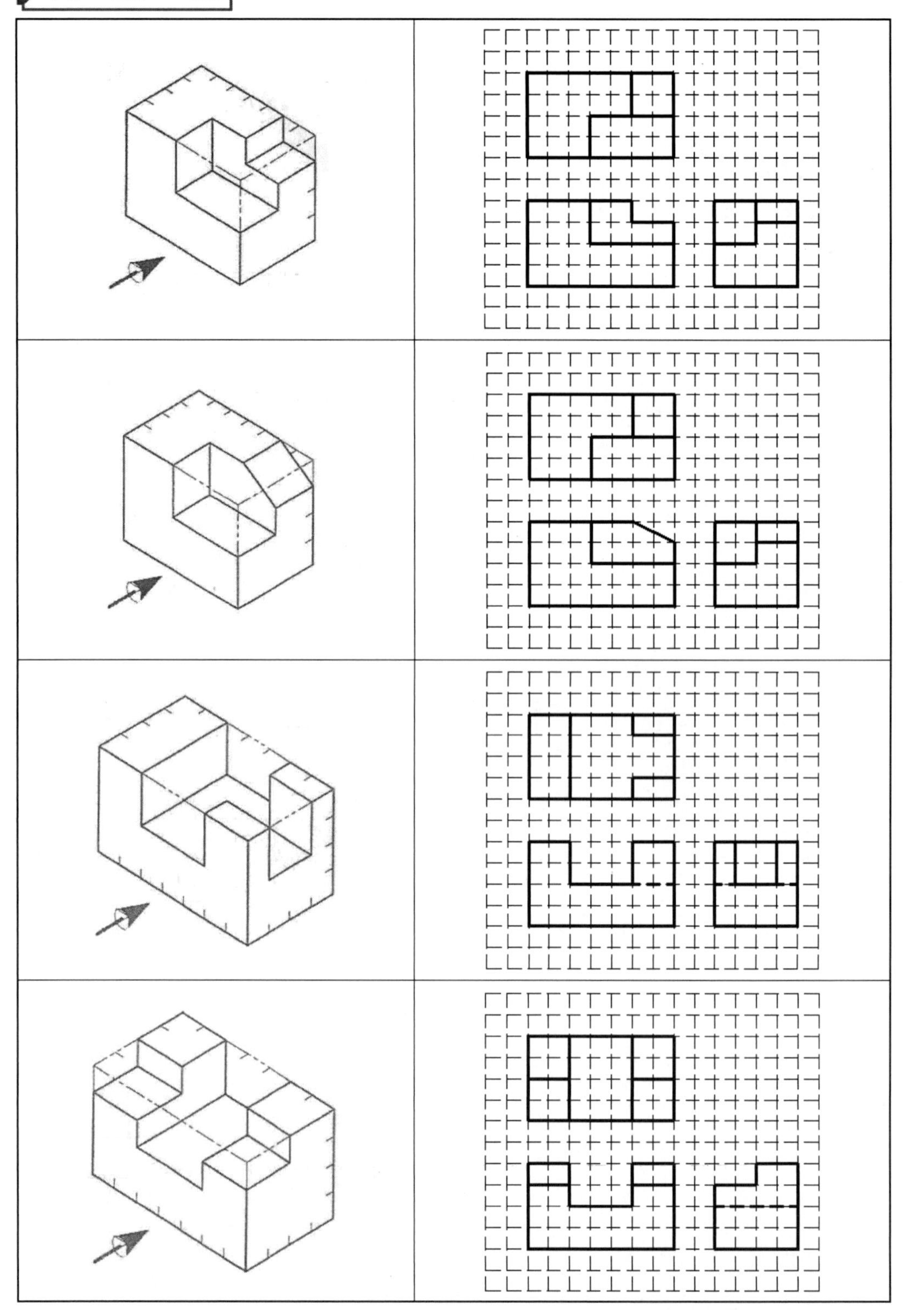

투상도 연습 – 3 정답

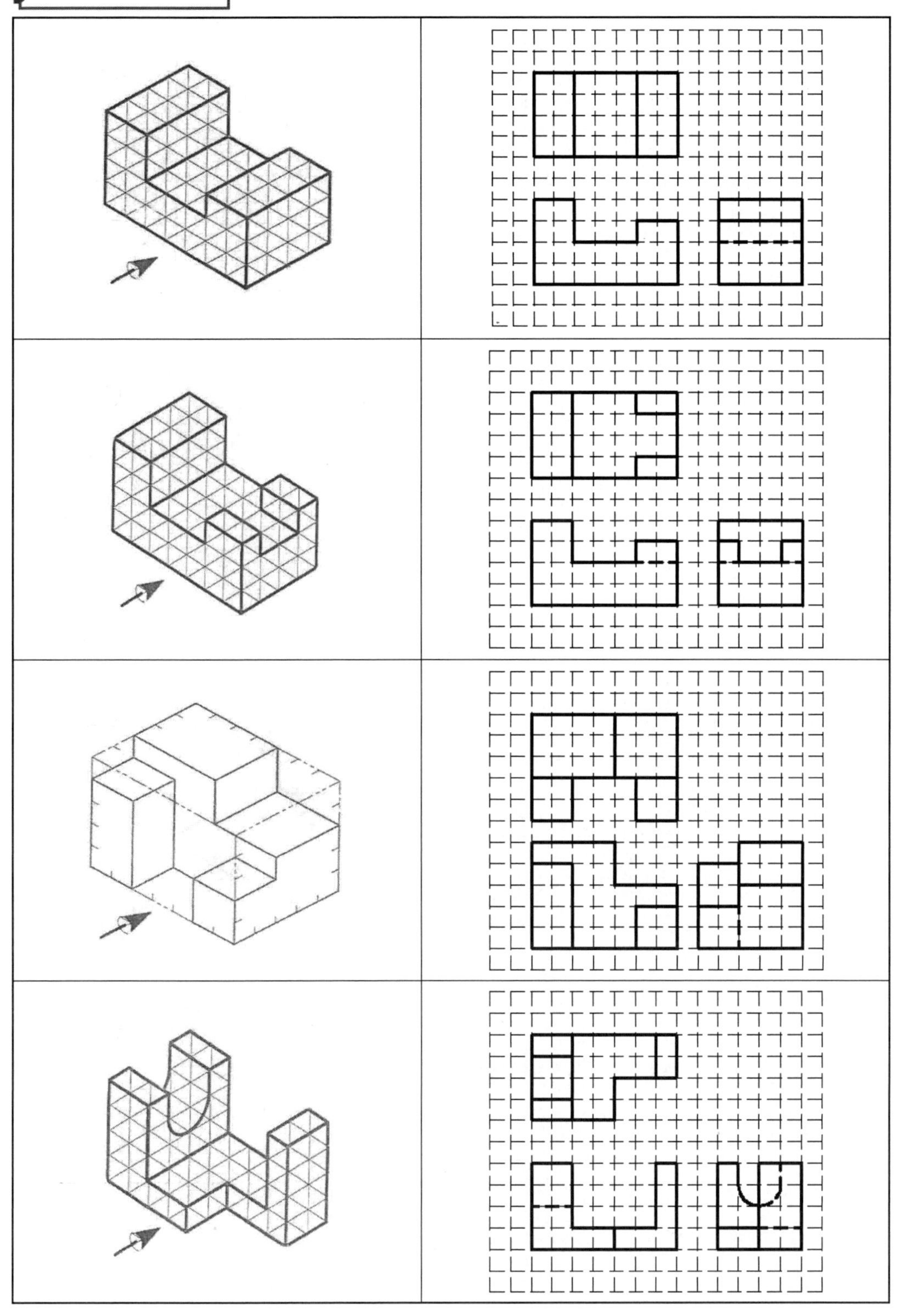

(3) 입체적 투상법

① **등각 투상도** : 그림2-10과 같이 정면, 평면, 측면의 모양을 하나의 투상면 위에 동시에 볼 수 있도록 그리는 방법으로 2 개의 옆면 모서리가 수평선과 30도의 각도를 이루며, 3 축(X, Y, Z)의 각이 서로 120도의 등각이 되도록 입체도로 투상한 것을 말한다. 그림2-11은 동력전달장치의 여러 가지 방향에서 본 등각투상도의 예를 나타낸 것이다. 이는 기계관련 자격증 시험에서 실기 배치 방법이기도 하다.

01 등각 투상도

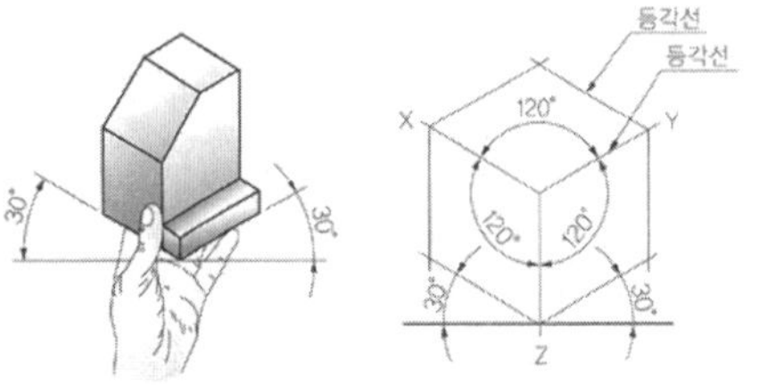

그림 2-10

02 여러 가지 방향의 등각투상도

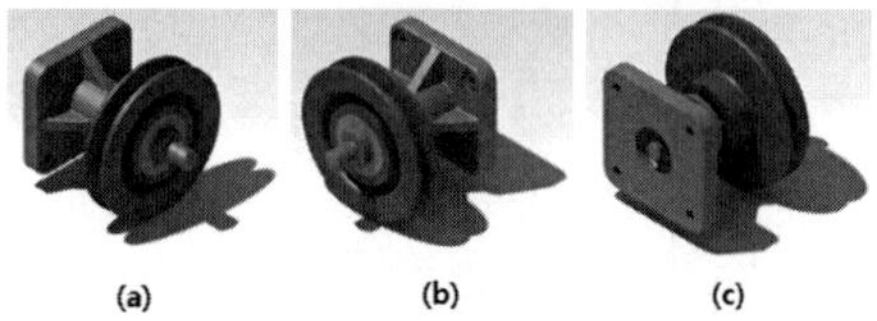

그림 2-11

② **사투상도** : 그림 2-12와 같이 물체의 정면 형태만 실 치수로 도시하고, 앞쪽에서 뒤 끝 까지는 한쪽으로 경사지게 그린다.

01 사투상도

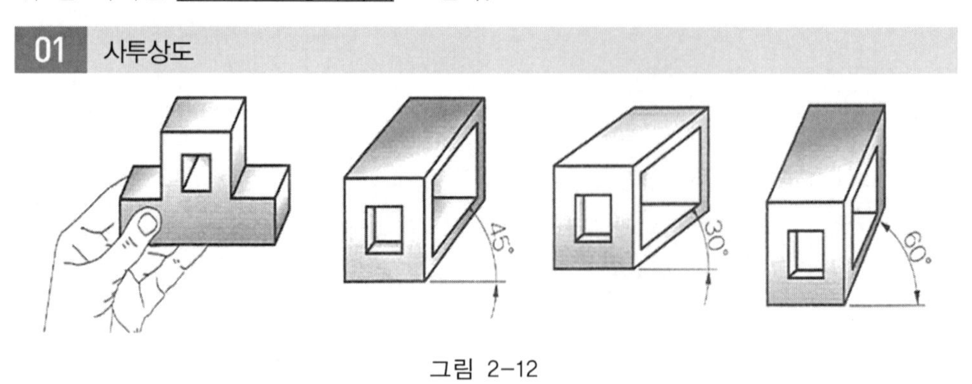

그림 2-12

③ **투시투상도** : 그림2-13과 같이 시선에 가까울수록 물체가 크게 나타나고, 멀수록 작게 나타내는 방법으로 원근감이 잘 나타나서 물체를 보이는 그대로 물체의 각각의 점을 이어 선에 따라 그리는 입체적인 투상법이다.

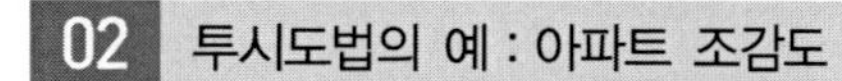

01 투시도법

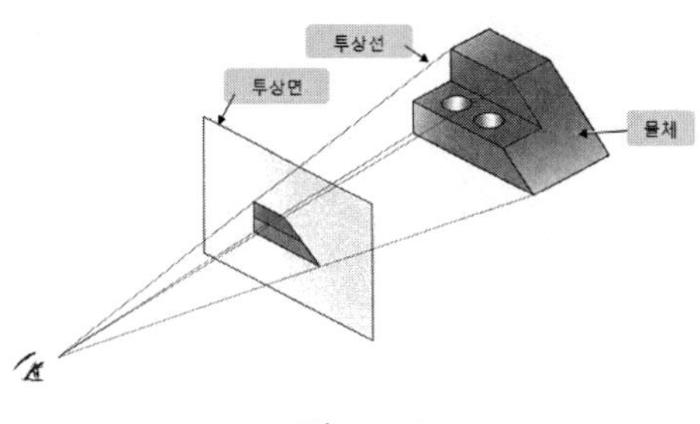

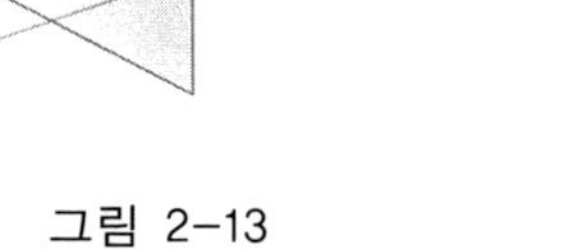

그림 2-13

02 투시도법의 예 : 아파트 조감도

그림 2-14

CHAPTER 02

단원종합문제

01 수평선과 30°의 각을 이룬 두 축과 90°를 이룬 수직축의 세 축의 투상면 위에서 120°의 등각이 되도록 물체를 놓고 투상한 투상법은?

① 부등각 투상도 ② 정투상도
③ 사투상도 ④ 등각투상도

02 다음 도면과 같이 그려서 표시하는 것으로 다음 중 가장 적합한 투상법은?

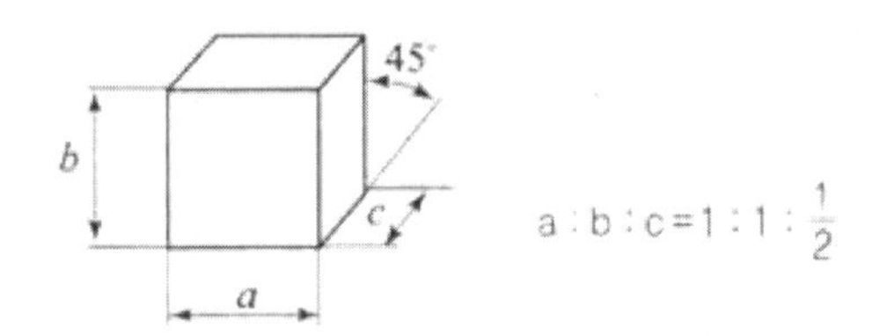

① 부등각 투상도 ② 정투상도
③ 사투상도 ④ 등각투상도

03 투상법에 관한 KS B 기계제도 규정 설명 중 틀린 것은?

① 제3각법에 따르는 것이 원칙이다.
② 필요한 경우에는 제1각법을 따를 수도 있다.
③ 투상법의 기호를 표제란 또는 그 근처에 나타낸다.
④ (기호)는 제1각법의 표시기호이다.

04 다음 중 투상도법의 설명을 올바른 것은?

① 제3각법은 평면도가 정면도 위에 우측면도는 정면도 오른쪽에 있다.
② 제3각법은 정면도 위에 배면도가 있고 우측면도는 왼쪽에 있다.
③ 제1각법은 물체와 눈 사이에 투상면이 있는 것이다.
④ 제1각법은 우측면도가 정면도 오른쪽에 있다.

정답 1 ④ 2 ③ 3 ④ 4 ①

05 다음 그림과 같은 투상법의 기호는 몇 각법인가?

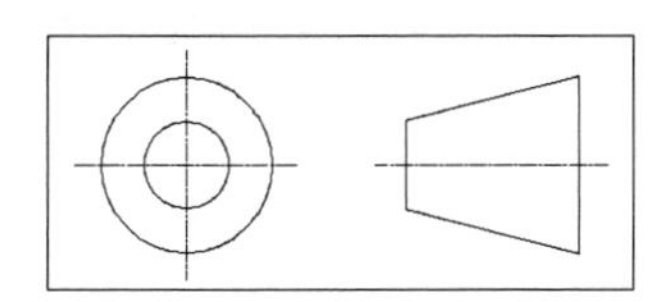

① 1각법　　② 2각법
③ 3각법　　④ 4각법

06 겨냥도에서 화살표방향이 정면도일 경우 다음 중 평면도로 올바른 것은?

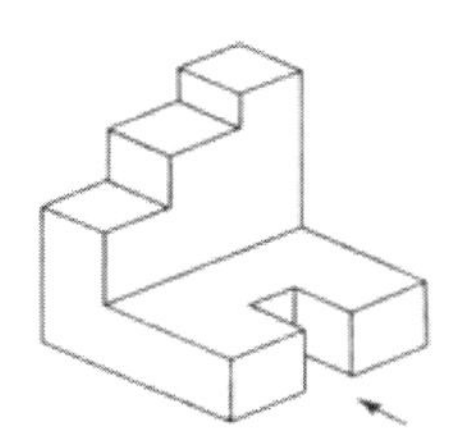

①　　②
③　　④

07 다음 입체도에서 화살표 방향이 정면도일 때 평면도로 가장 적합한 것은?

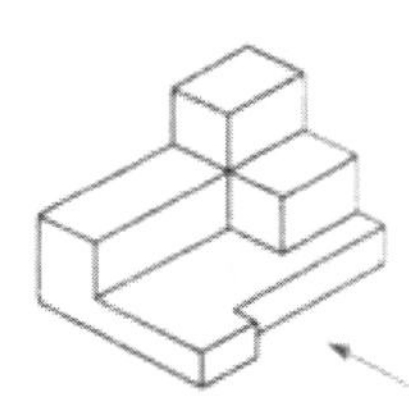

①　　②
③　　④

정답　5 ③　6 ④　7 ④

08 다음은 제3각법으로 투상한 보기의 도면에 가장 적합한 입체도는?

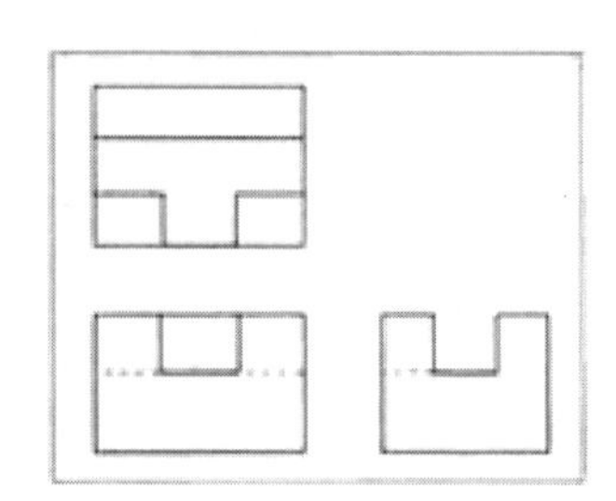

① 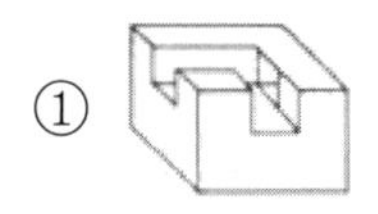

② 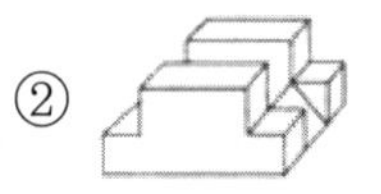

③ 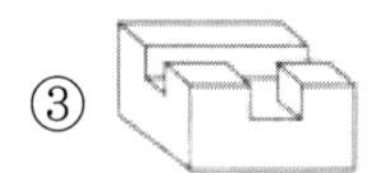

④ 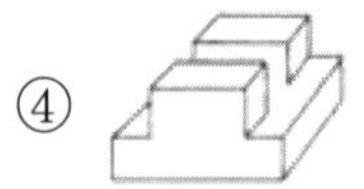

09 다음 입체도에서 화살표 방향의 투상도로 가장 적합한 것은?

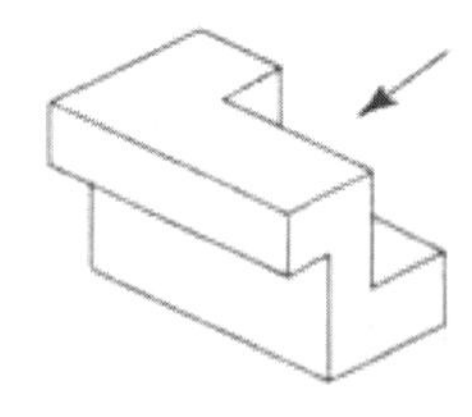

①

②

③ 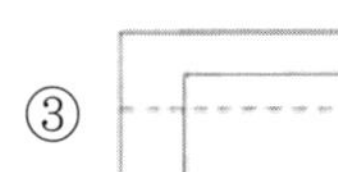

④

정답 8 ③ 9 ②

03 도형의 표시방법

1 도형의 표시방법

도형은 정확하게 도시되어야 하고, 알기 쉽게 그려야할 필요가 있다. 대상물의 모양이나 특징을 가장 잘 나타낼 수 있도록 정면도를 선정하여야 한다. 도형의 대부분은 정투상도(제1각법, 제3각법)으로 표현하지만, 정투상도로 이해하기 힘든 부분은 특수 투상법으로 표현하여 형상물을 이해할 수 있도록 해야 한다.

(1) 정투상도의 표시방법

① **정면도의 표시방법** : 대상물의 모양, 기능을 가장 명확하게 나타내는 면을 선정하고, 대상물을 도시하는 상태는 도면의 목적에 따라 다음의 한 가지에 따른다.

01	**원통 절삭일 경우** : 작업의 가공량이 많은 쪽을 우측에 위치하도록 한다.	02	**평면 절삭일 경우** : 그 길이 방향을 수평으로 하고 가공면이 도면의 정면도에 나타나도록 표시한다.

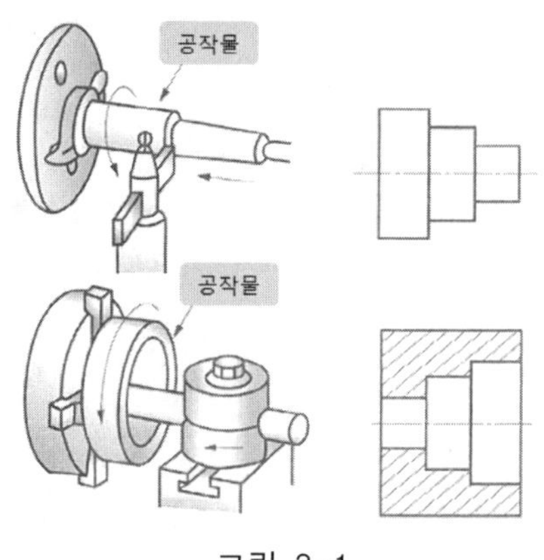

그림 3-1

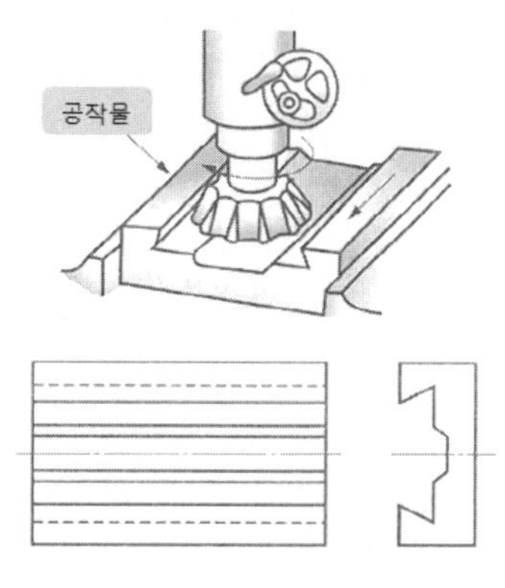

그림 3-2

㉠ 조립도는 주로 기능을 나타내는 도면으로 대상물을 사용하는 상태로 표시한다.

㉡ 물체의 중요한 면은 가급적 투상면에 평행하거나 수직이 되도록 표시한다.

㉢ 가공을 위한 도면은 가공 공정에 있어서 가공량이 가장 많은 공정을 기준으로 작업자가 이해하기 쉽고 쉽게 작업할 수 있도록 도면에 도시하여야 한다.

㉣ 특별한 이유가 없는 경우에 대상물을 가로 길이로 표시하고 그림3-3과 같이 정면도만으로 모양이나 치수를 도시할 수 있는 것은 다른 투상도로 표시하지 않는다.

㉤ 서로 관련되는 그림의 배치는 그림3-4와 같이 가급적 숨은선은 사용하지 않는다.

01　　　　　02

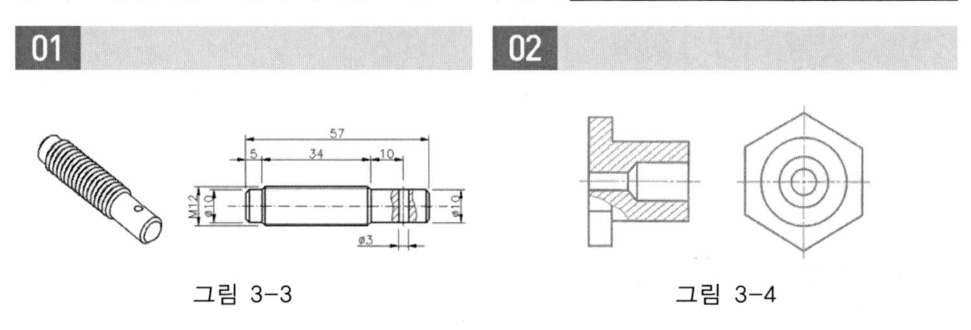

그림 3-3　　　　　그림 3-4

(2) 특수 투상법의 표시방법

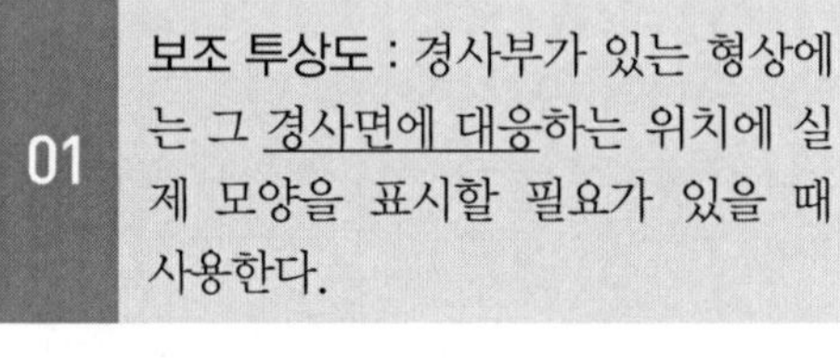
01 **보조 투상도** : 경사부가 있는 형상에는 그 경사면에 대응하는 위치에 실제 모양을 표시할 필요가 있을 때 사용한다.

02 **부분 투상도** : 도면의 일부를 도시하는 것으로 충분한 경우에는 필요한 부분만을 투상하여 사용한다.

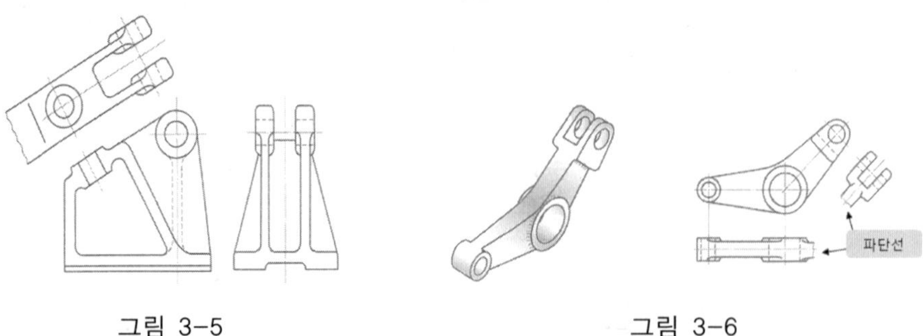

그림 3-5　　　　　그림 3-6

03 **부분 확대도** : 특정한 부분의 도형이 작아서 그 부분을 자세하게 나타낼 수 없거나 치수 기입할 수 없을 때 사용한다.

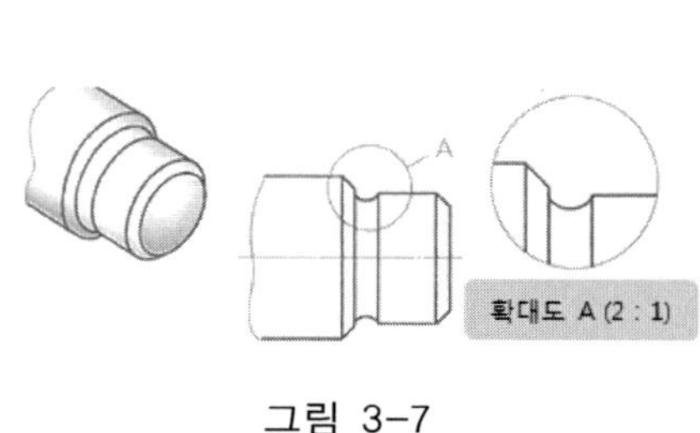
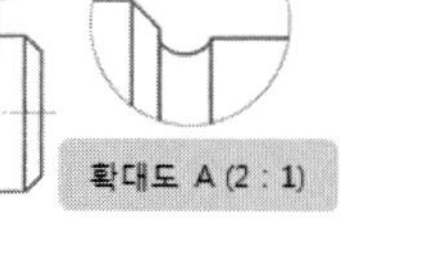

그림 3-7

04 **국부 투상도** : 형상의 구멍, 홈 등과 같이 한 부분의 모양을 도시하는 것으로 충분한 경우에는 그 필요한 부분만을 사용한다.

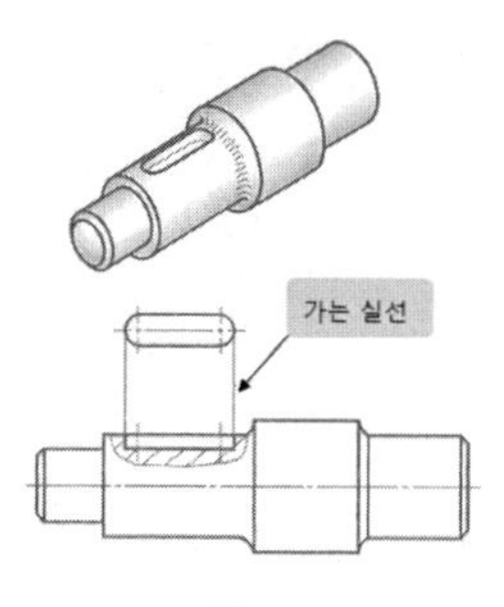

그림 3-8

05 **회전 투상도** : 형상물의 일부가 어느 각도를 가지고 있기 때문에 그 실제 모양을 나타내기 위해서는 그 부분을 회전해서 사용한다.

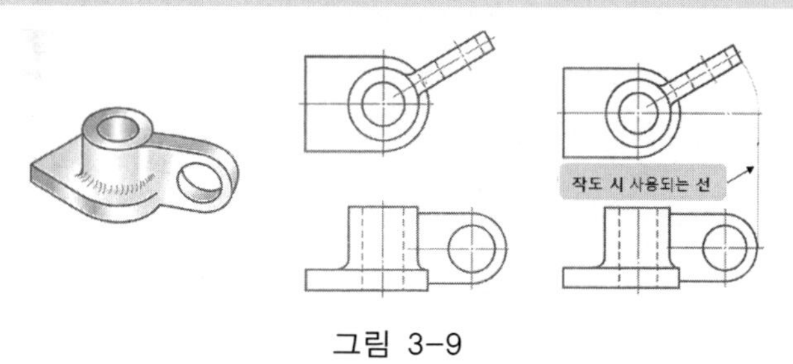

그림 3-9

2 단면의 표시방법

(1) 단면도의 정의

형상물을 명확하게 표시할 필요가 있는 곳에 임의로 자른 경우 앞 부분을 떼어 내고 보이는 형태로 도시하면 내부의 형상이라도 숨은선을 나타내지 않고 외형선으로 나타나게 도면을 제도하는 방법이다.

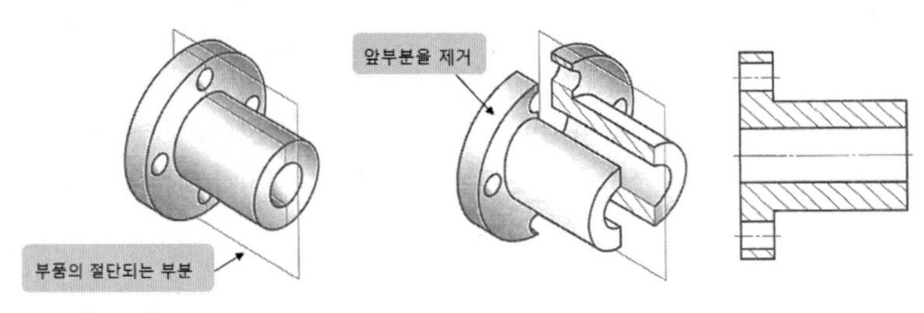

그림 3-10

참고 단면으로 나타낸 것을 분명하게 할 필요가 있기 때문에 일정한 간격의 빗금인 해칭(hatching)을 반드시 해야 한다.

(2) 단면도의 절단 위치

① 단면은 원칙적으로 기본 중심선에서 절단한 면으로 표시하며 그림3-11은 중심선에 절단선을 기입하지 않는다.

② 단면은 필요한 경우에는 기본 중심선이 아닌 곳에서 절단한 면으로 표시해도 좋다. 단, 이때에는 절단선에 의하여 절단위치를 표시한다. 그림3-12와 같이 절단 위치를 표시하는 문자를 기입하는 경우에는 절단 방향에 관계 없이 항상 바로 쓴다.

01 기본 중심선 절단

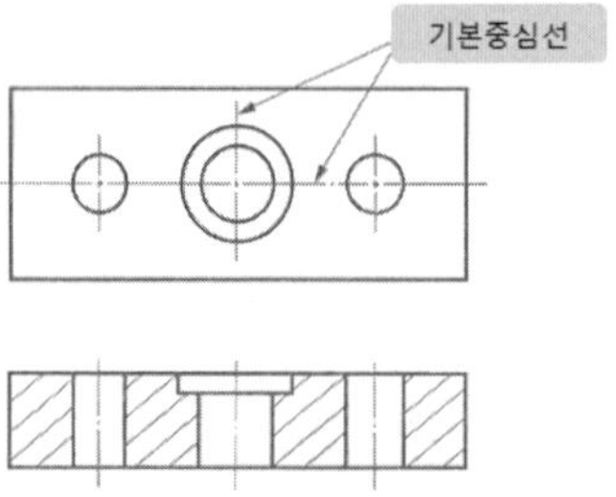

기본중심선

그림 3-11

02 기본 중심선이 아닌 곳에 절단

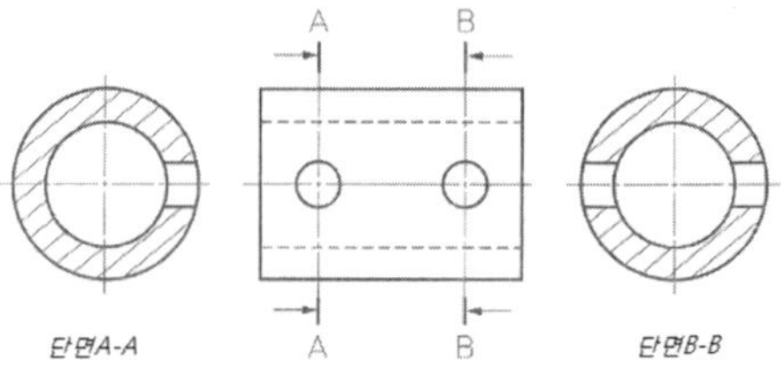

A B

단면A-A A B 단면B-B

그림 3-12

③ 인접한 단면의 해칭은 그림 3-13과 같이 선의 방향, 각도, 간격을 달리하여 구별한다.

④ 박판, 개스킷 등에 절단면이 아주 얇은 경우에는 그림3-14와 같이 절단면을 검게 칠하거나 실제 치수와 관계없이 한 개의 굵은 실선으로 표시한다.

03 단면도 표시

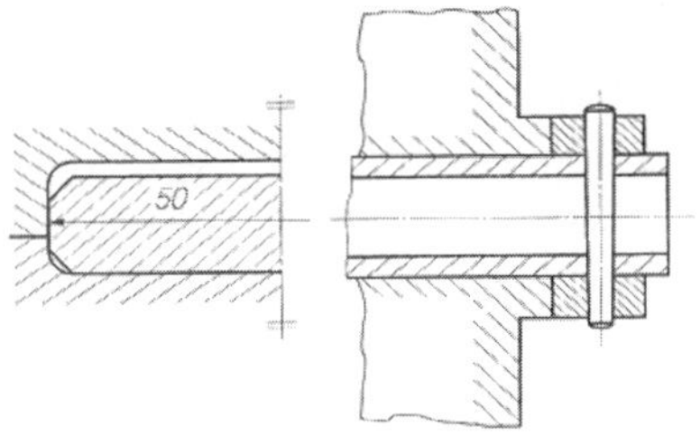

그림 3-13

04 얇은 제품의 단면 표시

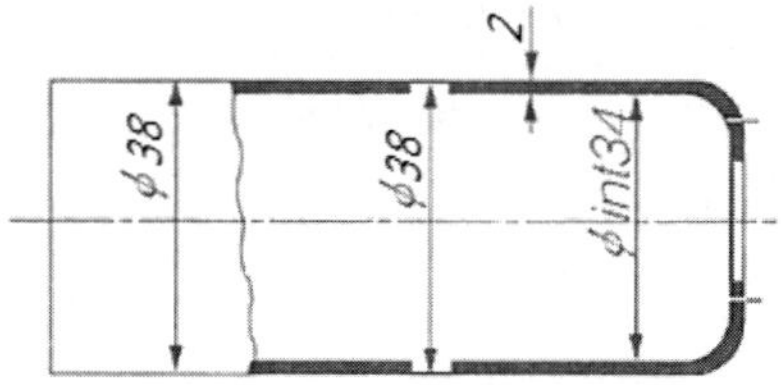

그림 3-14

⑤ 절단 뒷면에 나타나는 내부 모양은 그림 3-15와 같이 원통면의 한계와 끝을 외형선으로 나타내야 한다.

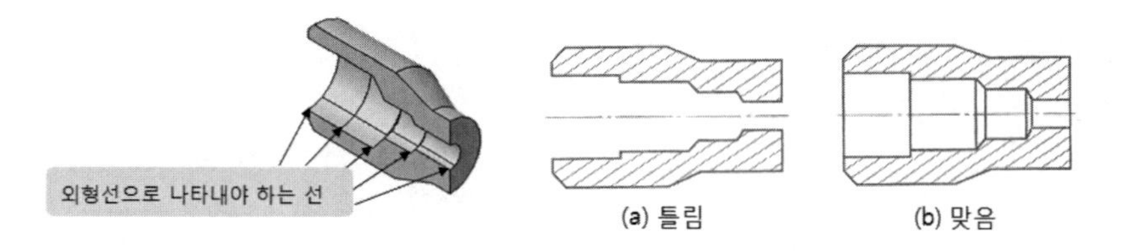

그림 3-15

⑥ <u>숨은선은 단면도에 되도록 기입하지 않는다.</u>

⑦ 투상도에서 가상의 절단면 설치 위치와 한계의 표시는 그림 3-16과 같은 절단부 쇄선(가는 1점 쇄선과 굵은 실선)으로 나타낸다.

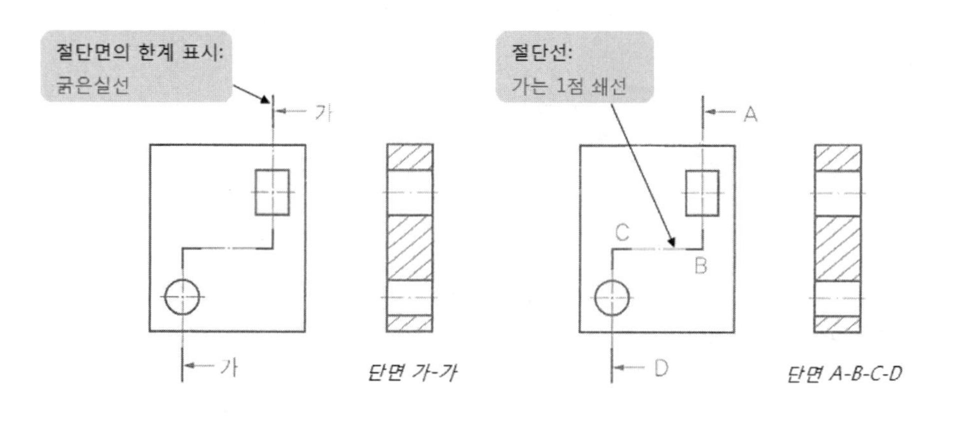

그림 3-16

(3) 단면도의 종류

01 **전단면도(온 단면도)** : 형상물을 둘로 절단해서 전체를 단면으로 도시하는 방법이다.

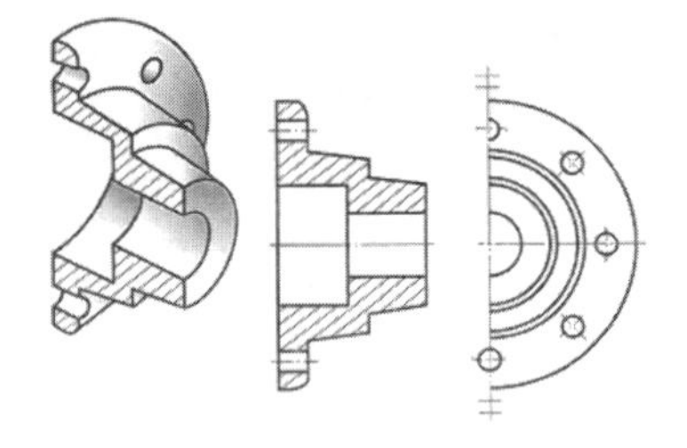

그림 3-17

02 **한쪽 단면도(반 단면도)** : 형상물을 1/4로 절단해서 절단면과 외형도 조합으로 도시하는 방법이다.

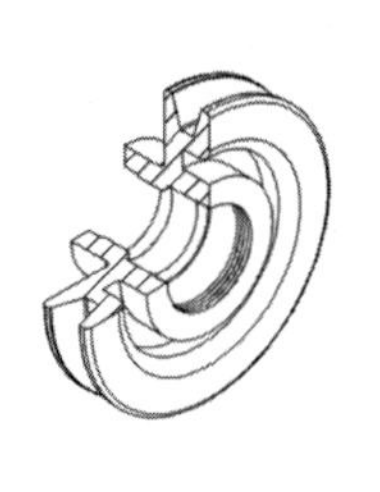
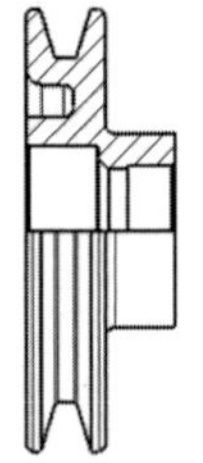

그림 3-18

03 **부분 단면도(반 단면도)** : 일부분을 잘라내고 필요한 내부 모양을 도시하는 방법이다.

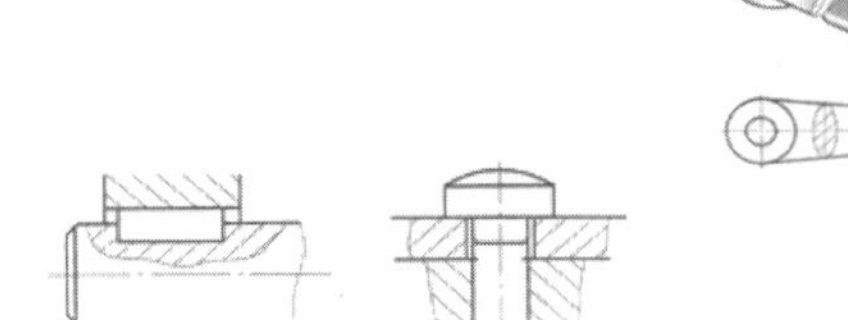

그림 3-19

04 **회전도시 단면도**

- 바퀴의 암, 리브, 훅, 축 구조물 부재 등은 절단면을 90도 회전하여 도시하는 방법이다.
- 도형 내에 회전 도시 단면을 나타낼 때에는 가는실선으로 그리고, 도형 밖에 그릴 때에는 절단부위 앞뒤를 파단선으로 파단하여 외형선으로 나타낸다.

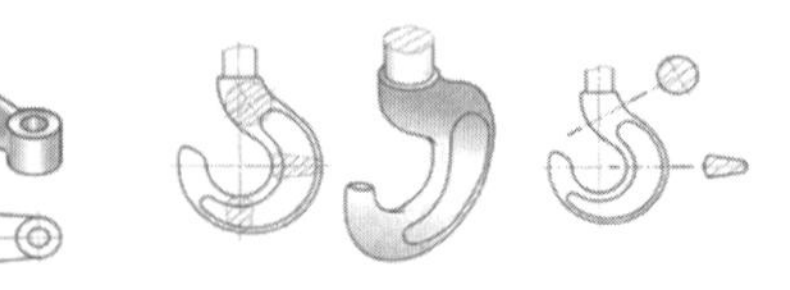
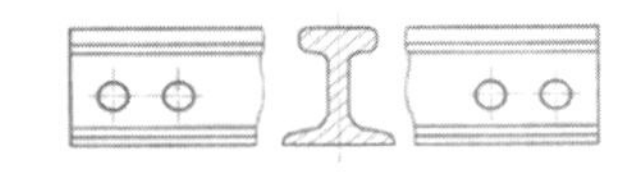

그림 3-20

(4) 길이방향으로 절단하지 않는 부품들

길이방향으로 절단하지 않는 부품은 절단해도 의미가 없거나 절단함으로써 오히려 이해를 방해하는 것은 원칙적으로 길이 방향으로 절단하지 않는다. 그림 3-21은 길이 방향으로 절단하지 않는 부품들이다.

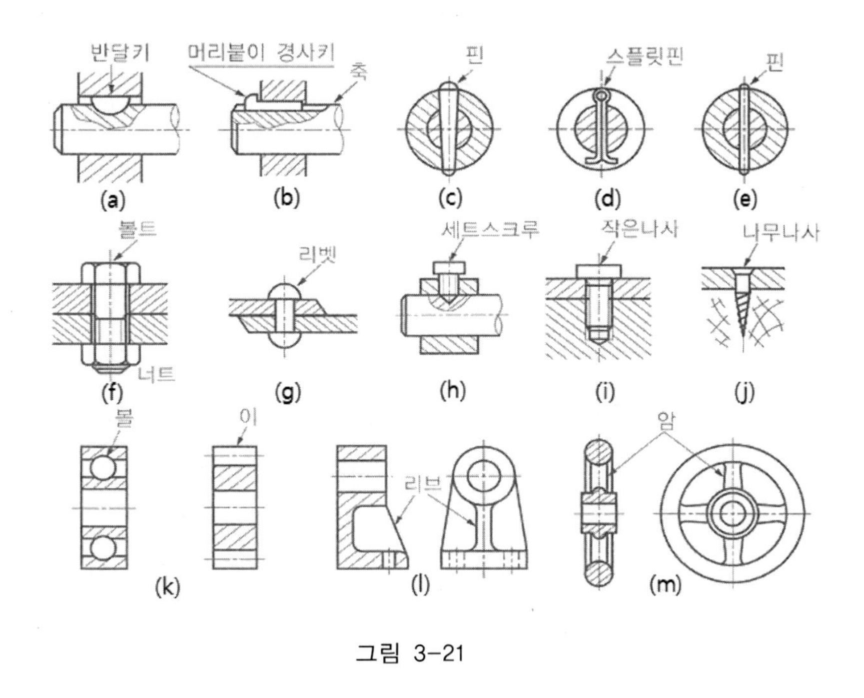

그림 3-21

3 그 밖의 도시 방법

(1) 대칭 도형의 생략

중심선의 한쪽면 도형만 도시하고, 그림3-22와 같이 대칭 중심선의 양쪽에 짧은 두 개의 가는실선(대칭도시기호)을 표시하고 생략한다. 또는 그림3-23과 같이 대칭 중심선을 조금 넘은 부분까지 그리면 대칭도시기호는 생략한다.

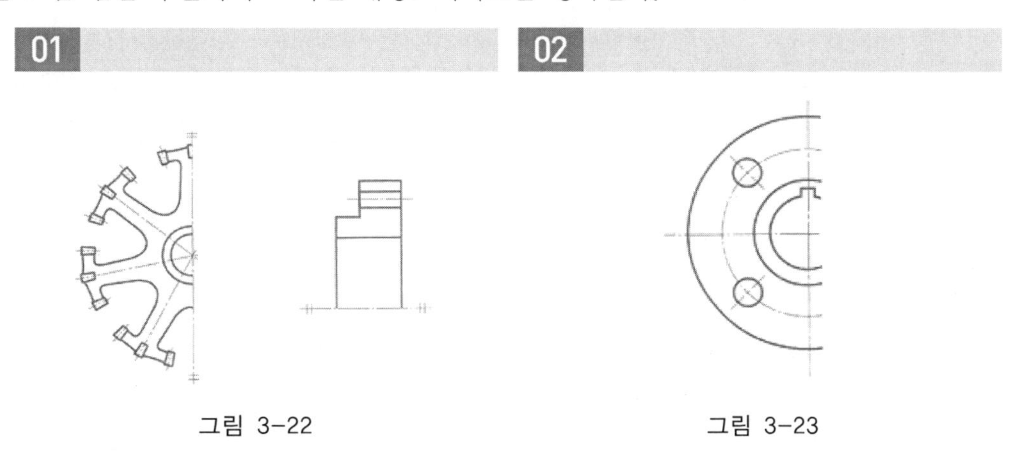

그림 3-22

그림 3-23

(2) 반복 도형의 생략

볼트, 리벳 등과 같은 형태의 구멍이 그림3-24와 같이 다수 배열되어 있는 경우에는 반복되는 부분에 피치선과 중심선과의 교점에 의해 표시할 수 있다.

(3) 물체가 긴 경우의 단축에 의한 생략

형상물이 동일한 단면형상을 가진 긴 물품 또는 긴 테이퍼를 가진 물품은 그림 3-25와 같이 중간부를 파단선으로 도시하고 중간부를 생략해서 짧게 도시할 수도 있다.

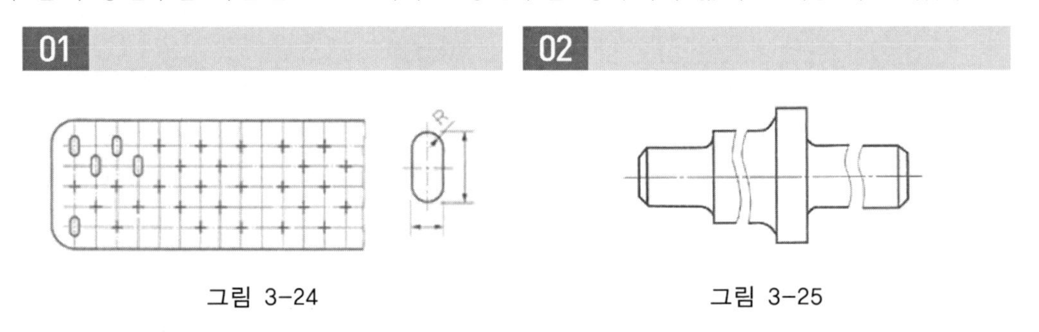

그림 3-24 그림 3-25

(4) 가상선의 표시방법

그림3-26과 같이 도면의 이해를 쉽게 하기 위해서는 가상선을 사용하여 나타내며 가상선은 가는 이점쇄선으로 나타낸다.

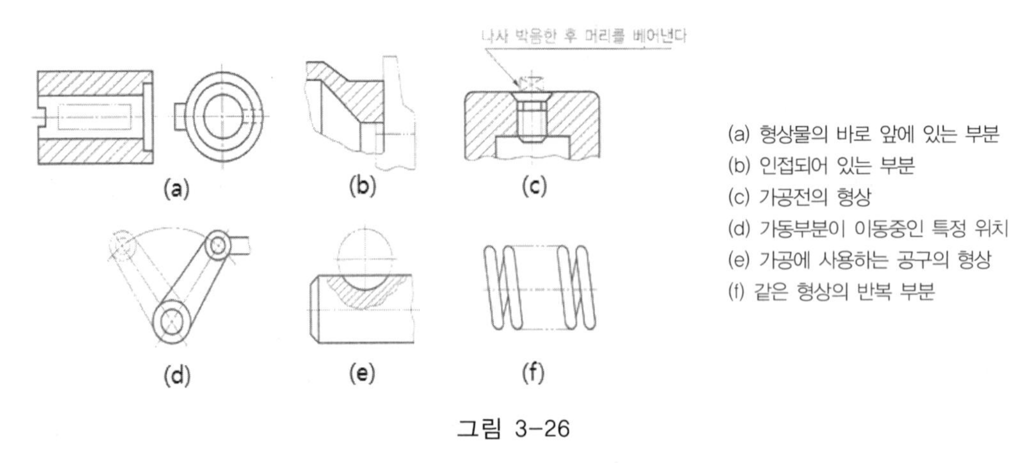

그림 3-26

(5) 도형의 특정한 부분을 평면으로 나타내는 표시방법

도형의 일부분이 평면으로 되어 있을 때에는 그림3-27과 같이 가는 실선으로 대각선을 그어 나타낸다.

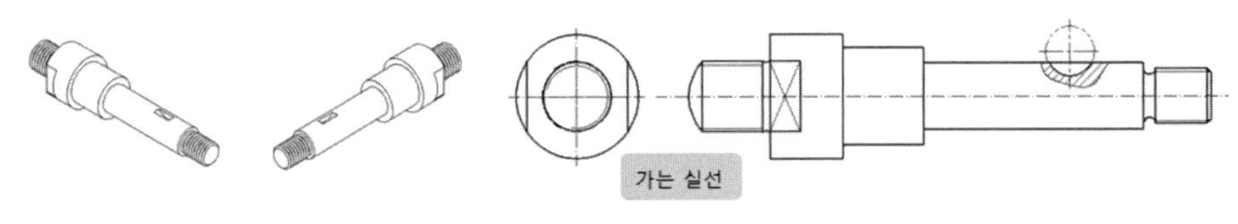

그림 3-27

(6) 곡면과 곡면 또는 평면이 교차하는 부분의 표시방법

곡면과 평면이 교차하는 부분이나 파이프와 같은 형상에 구멍이 뚫린 부분은 그림 3-28과 같이 간략하게 직선으로 나타낸다.

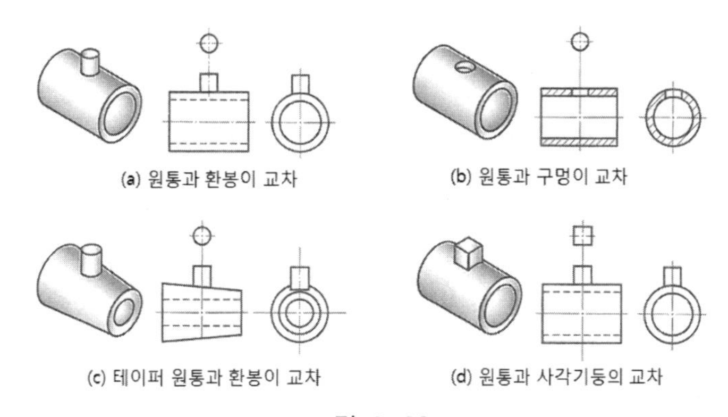

(a) 원통과 환봉이 교차 (b) 원통과 구멍이 교차

(c) 테이퍼 원통과 환봉이 교차 (d) 원통과 사각기둥의 교차

그림 3-28

(7) 특수 가공 부분의 표시방법

부품의 일부분에 특수한 가공(열처리 등)을 하는 부분의 범위는 그림3-29와 같이 외형선에 평행하게 약간 띄워서 굵은 1점쇄선으로 나타낸다.

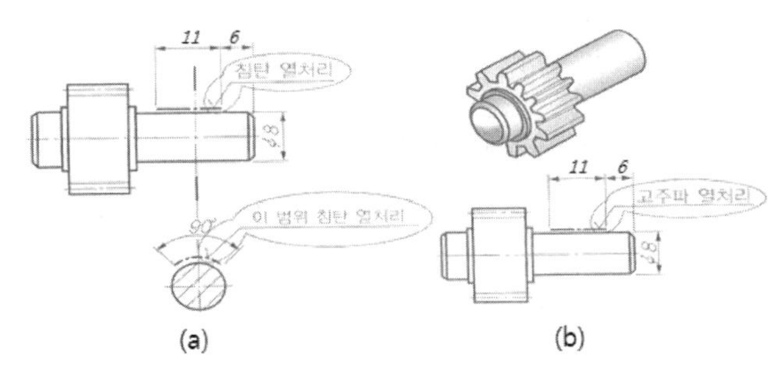

(a) (b)

그림 3-29

CHAPTER 03

단원종합문제

01 투상법의 종류 중 경사면 투상에 가장 적합한 것은?

① 보조 투상도 ② 부분 투상도
③ 부분 확대도 ④ 국부 투상도

02 물체의 구멍이나 홈과 같은 것을 그 일부만의 모양과 크기만 나타내어도 이해가 가능한 경우 그 필요한 부분만을 도시하는 투상도는?

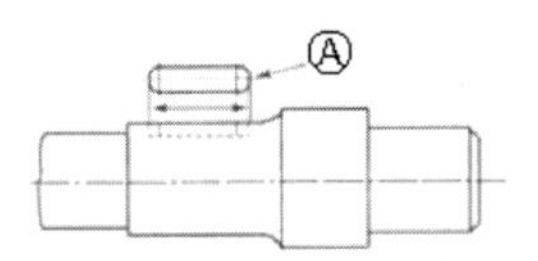

① 보조 투상도 ② 부분 투상도
③ 부분 확대도 ④ 국부 투상도

03 다음과 같이 나타내는 투상도 명칭으로 가장 적합한 것은?

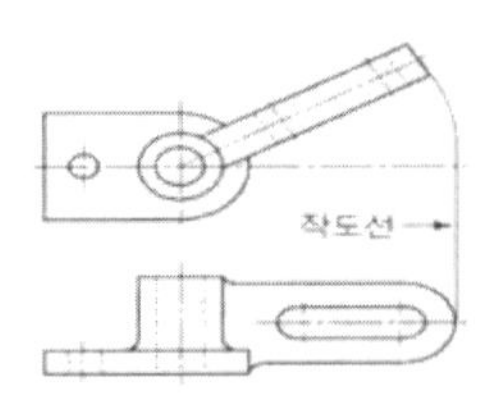

① 보조 투상도 ② 부분 투상도
③ 부분 확대도 ④ 회전 투상도

04 단면도에서 해칭에 관한 설명 중 틀린 것은?

① 해칭은 주된 중심선에 대하여 45°로 하는 것이 좋다.
② 해칭을 하는 부분 안에 글자, 기호를 기입하기 위해 해칭을 중단할 수 있다.

정답 1 ① 2 ④ 3 ④ 4 ③

③ 해칭선의 간격이나 해칭선의 굵기로 단면을 구분할 수 있다.
④ 인접단면의 해칭은 선의 방향이나 각도를 변경한다.

05 **다음 중 전단면도가 필요한 경우로 가장 적합한 것은?**

① 상하 또는 좌우 대칭형인 형상물을 1/4로 떼어내어 대상물을 외형과 절단면을 동시에 표기하는 방법이다.
② 형상물을 둘로 절단해서 형상물 전체를 단면으로 도시하는 방법이다.
③ 일부분을 잘라내고 필요한 내부 모양을 그리기 위한 방법으로 파단선을 그어서 단면 부분의 경계를 표시하는 방법이다.
④ 핸들, 바퀴암, 리브 등 구조물의 부재 등을 절단면을 90°로 회전하여 표시하는 방법이다.

06 **핸들이나 바퀴의 암, 축의 단면을 도형내의 절단한 곳에 겹쳐서 90° 회전시켜서 도시할 때 사용되는 선은?**

① 굵은 실선　　② 가는 실선
③ 가는 1점 쇄선　　④ 가는 2점 쇄선

07 **다음과 같은 단면도는?**

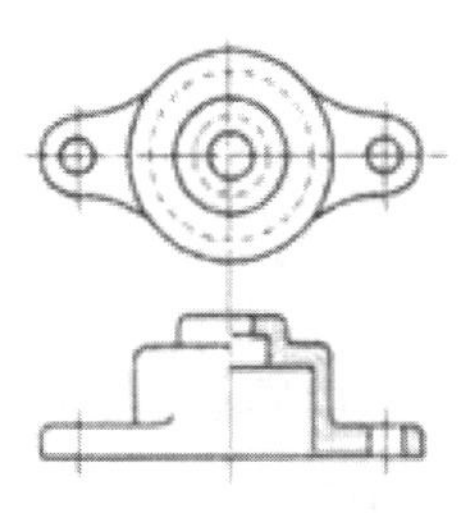

① 전 단면도　　② 부분 단면도
③ 한쪽 단면도　　④ 회전 도시 단면도

정답　5 ②　6 ②　7 ③

08 **다음과 같은 단면도는?**

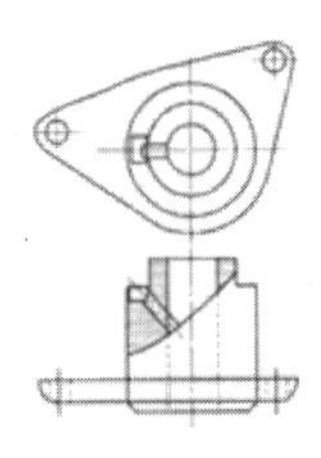

① 전 단면도 ② 부분 단면도
③ 한쪽 단면도 ④ 회전 도시 단면도

09 **중심선을 기준으로 좌, 우 또는 상하의 도형이 같을 때 중심선의 한쪽 도형만 그리고, 중심선의 양끝 부분에 짧은 2개의 나란한 가는선을 그리는 것을 무엇이라고 하는가?**

① 평행 기호 ② 중심 기호
③ 식별 기호 ④ 대칭 도시 기호

10 **형상물이 대칭일 때 올바르지 않는 것은?**

① 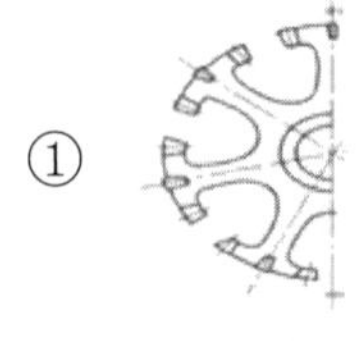 ② 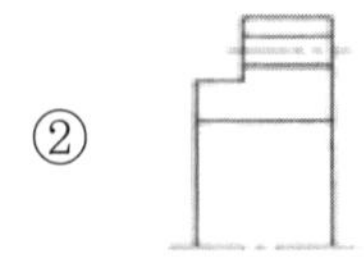

③ 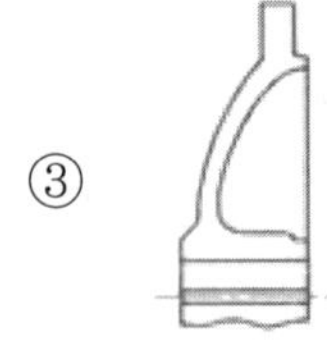 ④ 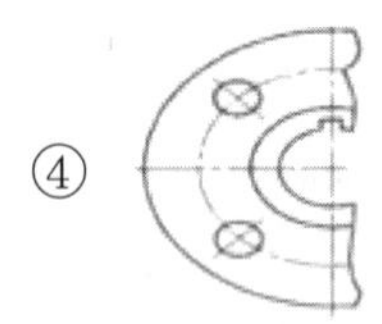

11 **축의 도시 방법의 설명 중 옳은 것은?**

① 긴 축은 중간을 파단하여 짧게 그릴 수 없다.
② 일부 면이 평면일지라도 축에 평면 표시를 할 수 없다.
③ 길이 방향으로 절단하여 단면도시를 할 수 있다.
④ 길이 방향으로 절단하여 부분단면을 그릴 수 있다.

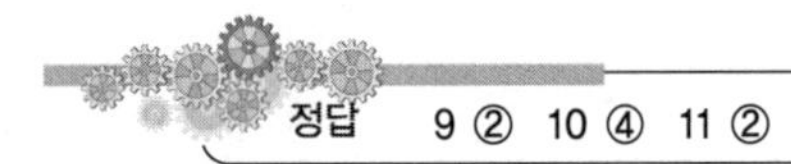

정답 9 ② 10 ④ 11 ②

04 치수의 기입방법

1 기본 사항

(1) 치수기입 방법의 기본 사항

① 치수기입은 단순히 형상물의 치수를 표시할 뿐만 아니라 가공방법 등에 직접적으로 관계가 되고, <u>경제적인 생산에 영향을 미치므로 가장 고도의 능력을 필요</u>로 한다.

② 치수는 두 개의 점, 두 개의 선, 두 개의 평면사이 또는 점, 직선, 평면의 상호간의 거리를 표시하기 위하여 그림4-1과 같이 사용한다.

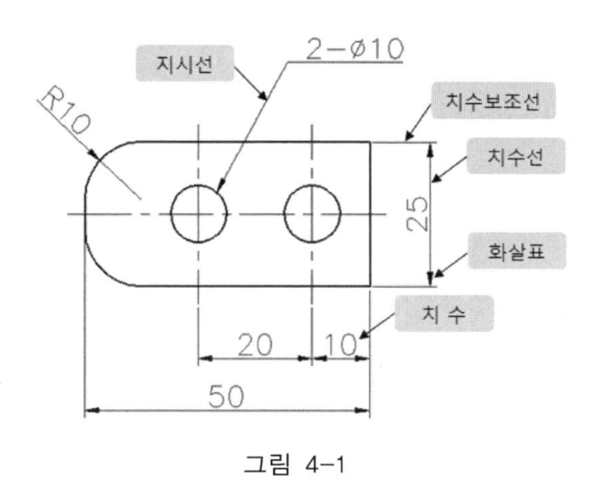

그림 4-1

③ 치수의 의미를 명확하게 하기 위해서 치수 보조기호를 사용한다.

구분	기호	읽기	사용법
지름	∅	파이	지름 치수의 치수 수치 앞에 붙인다.
반지름	R	알	반지름 치수의 치수 수치 앞에 붙인다.
구의 지름	S∅	에스파이	구의 지름 치수의 치수 수치 앞에 붙인다.
구의 반지름	SR	에스알	구의 반지름 치수의 치수 수치 앞에 붙인다.
정사각형의변	□	사각	정사각형 한변 치수의 치수 수치 앞에 붙인다.
판의 두께	t	티	판 두께 치수의 치수 수치 앞에 붙인다.
원호 길이	⌒	원호	원호 길이 치수의 치수 수치 앞에 붙인다.
45도 모따기	C	시	45도 모따기 치수의 치수 수치 앞에 붙인다.
이론적으로 정확한 치수	▭	테두리	이론적으로 정확한 치수의 치수 수치를 둘러싼다.
참고 치수	(　)	괄호	참고치수의 치수수치에 괄호를 한다.

(2) 치수기입 방법의 일반형식

① 치수선은 그림4-2와 같이 원칙적으로 지시하는 길이, 각도 등을 측정하는 방향으로 평행하게 인출해서 치수를 나타낸다.

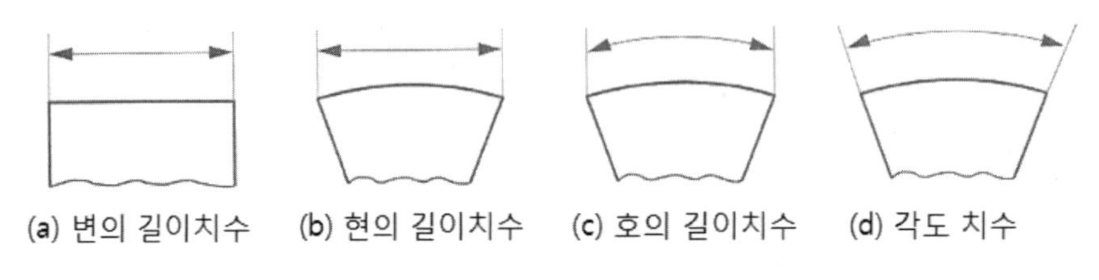

그림 4-2

② 치수선의 양끝은 일반적으로 그림4-2(a)와 같이 나타내고, 테이퍼 진 부분은 그림4-2(b), 치수 보조선 사이가 좁아 화살표가 들어갈 여유가 없는 경우에는 화살표 대신에 검은 둥근점을 사용한다.

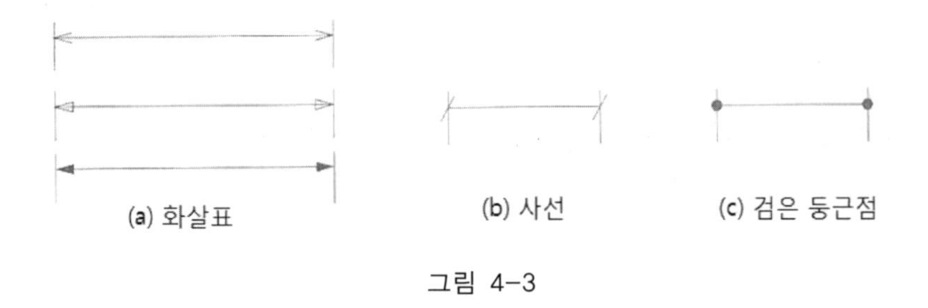

그림 4-3

③ 치수선은 원칙적으로 그림4-4(a)와 같이 치수 보조선을 사용하지만, 그림4-4(b)와 같이 외형선 또는 중심선을 치수 보조선으로 사용할 수 있다.

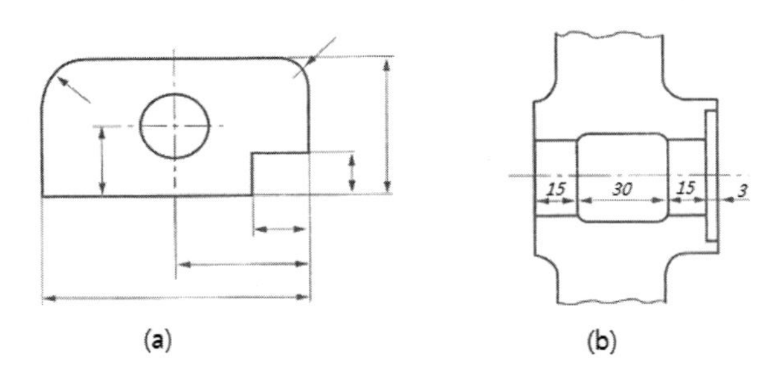

그림 4-4

④ 각도를 기입하는 경우는 그림4-5와 같이 2 변 또는 연장선 사이에 원호로 표시한다.

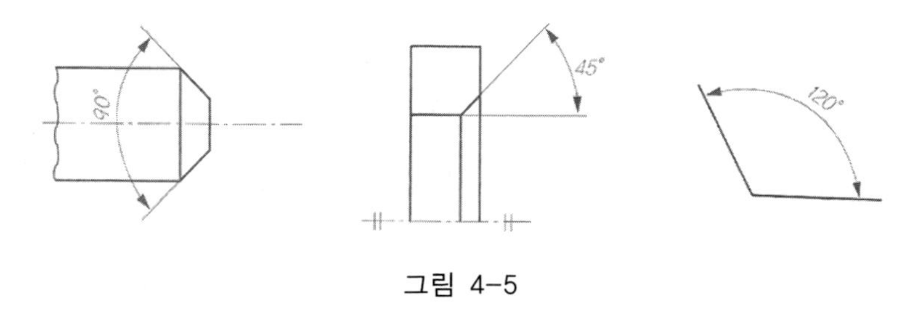

그림 4-5

⑤ 특정한 부분이 너무 작거나 좁은 경우의 치수 기입은 그림 4-6과 같이 치수선이 작아서 숫자를 기입할 공간이 없을 경우에는 지시선을 사용한다.

⑥ 형상의 내부에서 지시할 때에는 그림 4-7과 같이 화살표 대신에 검은 둥근점을 사용한다.

⑦ 좁은 공간의 치수기입은 그림 4-8과 같이 검은 둥근점 또는 사선을 사용한다.

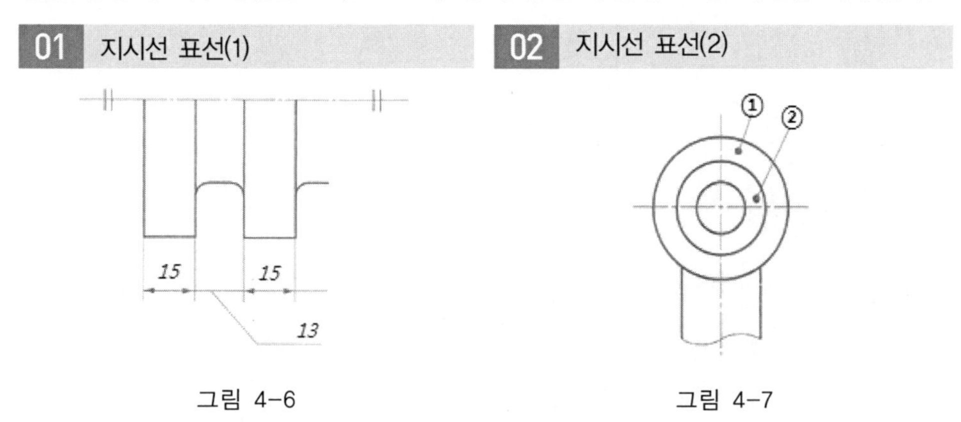

그림 4-6

그림 4-7

03 좁은 공간에서 치수기입

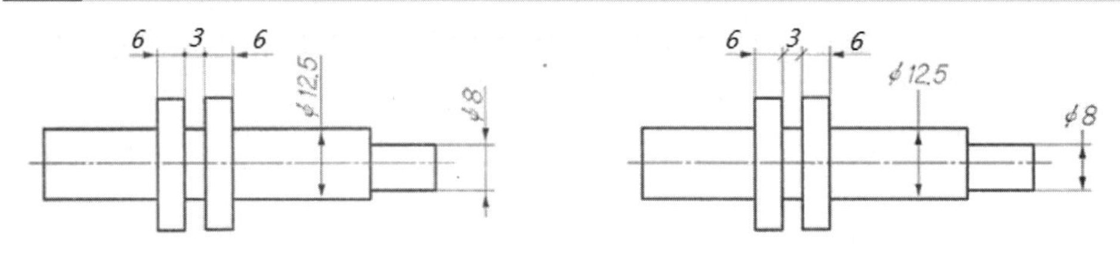

그림 4-8

2 치수의 배치 방법

치수가 결정되면 어떠한 방법으로 치수를 배치해야 할 것인가를 생각해야하며, 도면에 표시된 부품의 기능과 가공방법 등의 조건에 따라 치수를 배치하는 방법을 달리하여 도면을 보는 사람이 명확하게 치수를 읽을 수 있도록 해야 한다.

(1) 직렬 치수기입

직렬 치수기입은 그림4-9와 같이 치수에 주어진 일반공차가 차례로 누적되어도 문제가 없는 경우에 사용하며, 기계 분야보다는 건축, 토목 등의 철골 구조물 등의 설계 도면에 주로 사용한다.

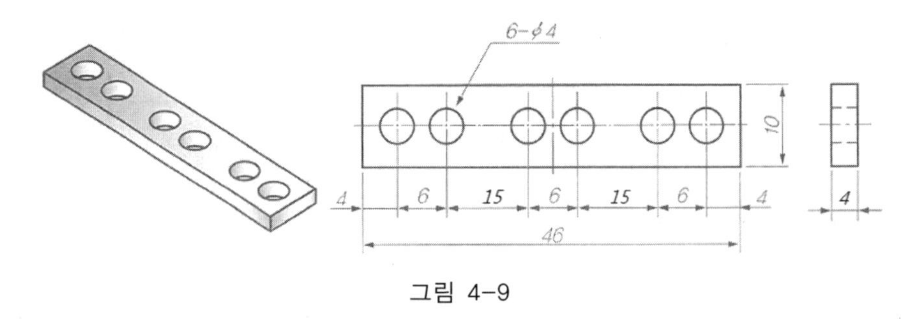

그림 4-9

(2) 병렬 치수기입

병렬 치수기입은 그림4-10과 같이 각 치수의 일반공차는 다른 치수의 공차에 영향을 주지 않으며, 기준면에 해당하는 치수 보조선의 위치는 제품의 가공, 검사, 조립, 기능, 측정 등의 조건을 고려하여 정한다.

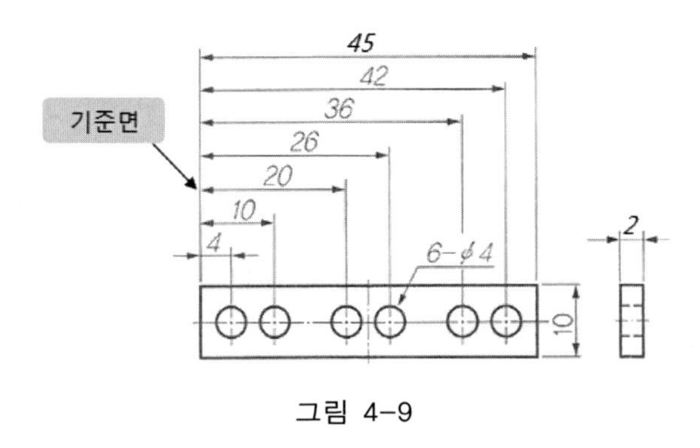

그림 4-9

(3) 누진 치수기입

누진 치수기입은 병렬 치수기입 방법과 같은 의미를 가지면서 하나의 연속된 치수선으로 간편하게 표시한다. 그림4-10과 같이 치수의 기점 기호는 (o)으로 나타내고, 치수선의 다른 끝은 화살표로 나타낸다.

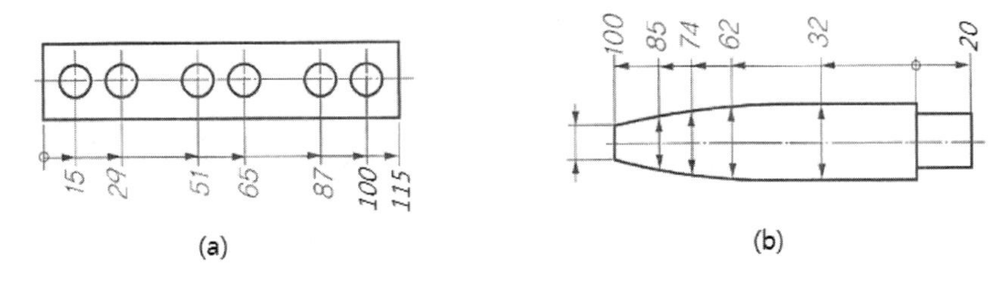

그림 4-10

(4) 좌표 치수기입

좌표 치수기입은 그림4-11과 같이 구멍의 위치나 크기 등에는 좌표를 사용하는 것이 좋으며, 일반적으로 프레스 금형 설계와 사출 금형 설계에 많이 사용된다.

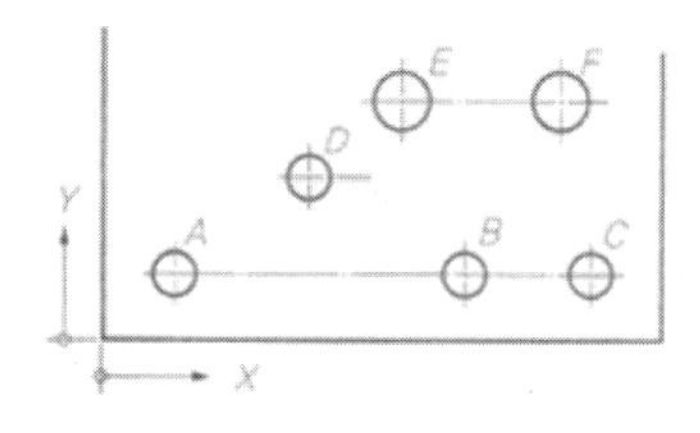

	X	Y	ϕ
A	20	20	14
B	140	20	14
C	200	20	14
D	60	60	14
E	100	90	26
F	180	90	26
G			
H			

그림 4-11

3 여러 가지 요소의 치수기입

(1) 정사각형 변의 크기 및 두께 치수 기입

① 원형인 물체가 정사각형의 모양을 포함하고 있는 경우에는 우측면도를 그리지 않고 그림4-12와 같이 표시한다.

② 정사각형의 안쪽과 바깥쪽 투상도의 치수는 그림4-13과 같이 표시한다.

③ 구멍의 위치가 정사각형으로 배치된 경우에는 그림4-14와 같이 표시한다.

01 단면에 직접기입

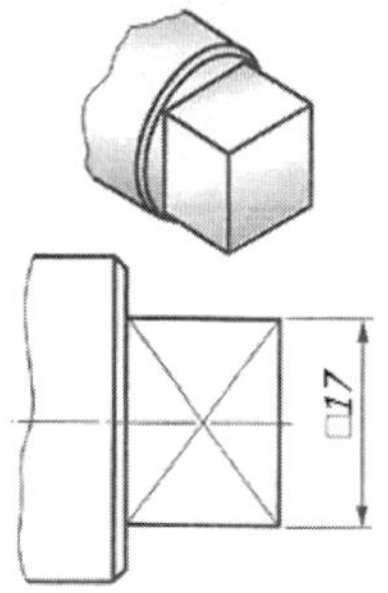

그림 4-12

02 한변의 치수에 기입

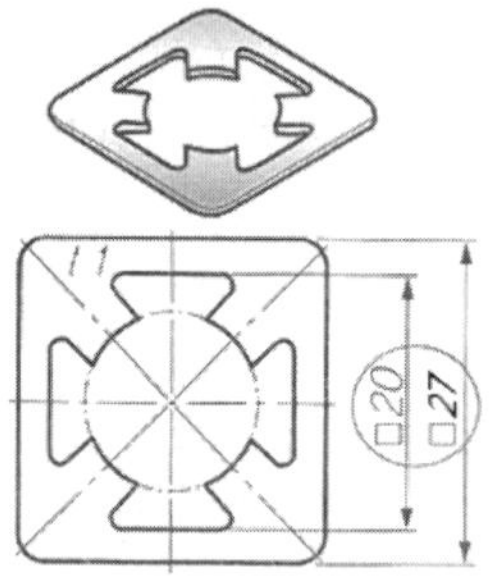

그림 4-13

03 위치 치수기입

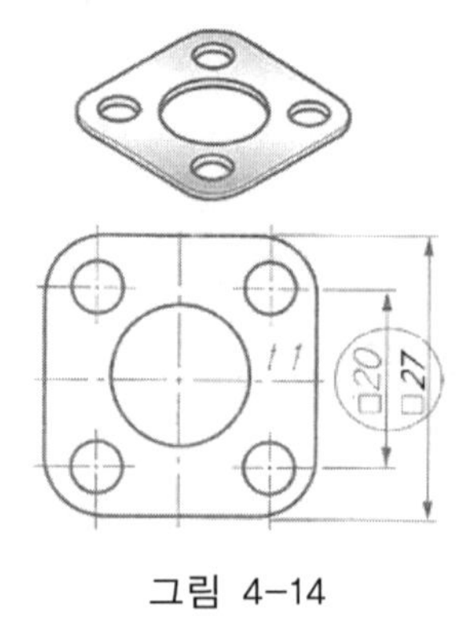

그림 4-14

(2) 판의 두께 치수 기입

정면도에 그 두께의 치수를 나타내는 경우에는 그림4-15와 같이 그 도면 부근 또는 보기 쉬운 위치에 t를 기입하여 두께를 표시한다.

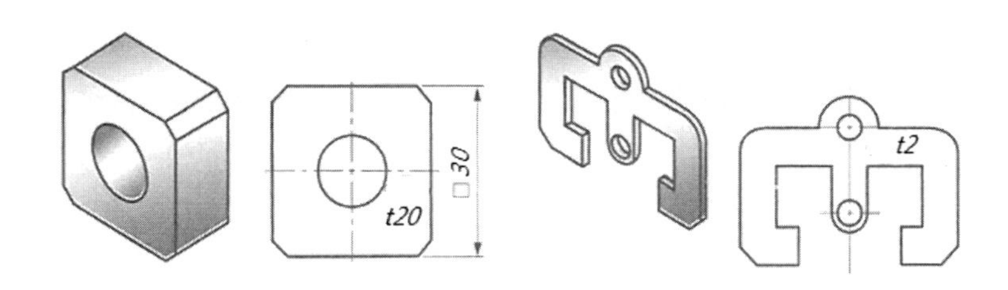

그림 4-15

(3) 여러 개의 같은 간격 구멍 치수 기입

볼트, 리벳, 핀 등 같은 구멍이 하나의 투상도에 여러 개 있을 경우에는 그림4-16과 같이 지시선을 사용하여 구멍의 총 수 다음에 짧은 선(-)을 긋고 구멍의 치수를 기입한다.

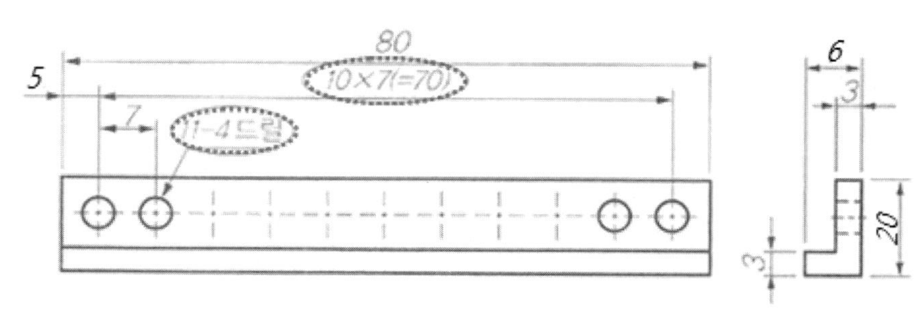

그림 4-16

(4) 자리파기의 치수 기입

① **스폿페이싱의 구멍 치수 기입** : 스폿페이싱은 주조로 제작된 반제품 상태에서 볼트, 너트, 와셔 등의 앉음 자리를 좋게 하기 위해 평면상태로 표면을 깎는 정도의 자리파기는 그림4-17과 같이 그 지름을 지시하는 치수 다음에 문자기호로 "자리파기"라 기입하고, 그 깊이는 기입하지 않는다.

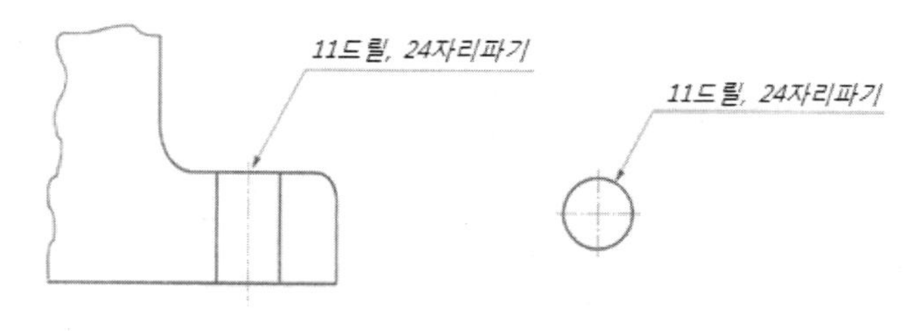

그림 4-17

② **카운터보링의 구멍 치수 기입** : 카운터보링은 볼트의 머리를 공작물 표면으로부터 묻히게 하기 위해 그림4-18과 같이 그 지름을 지시하는 치수 다음에 문자기호로 "깊은자리파기"라 기입하고, 그 깊이를 기입한다.

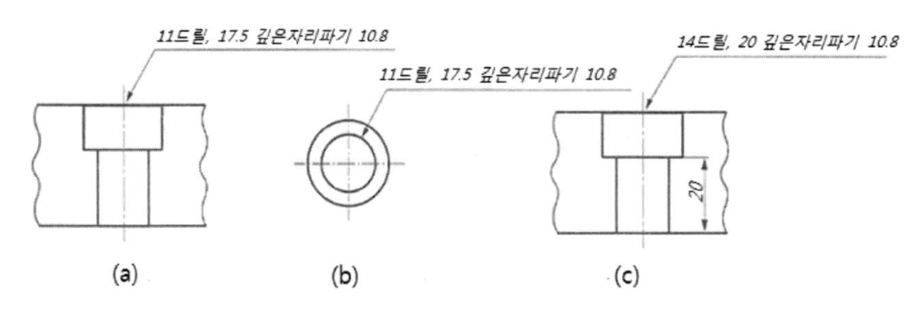

그림 4-18

(4) 테이퍼 및 기울기의 치수 기입

① 테이퍼 치수기입은 그림4-19와 같이 중심선 위 또는 경사면에 지시선을 사용하여 투상도 밖에 기입하다.

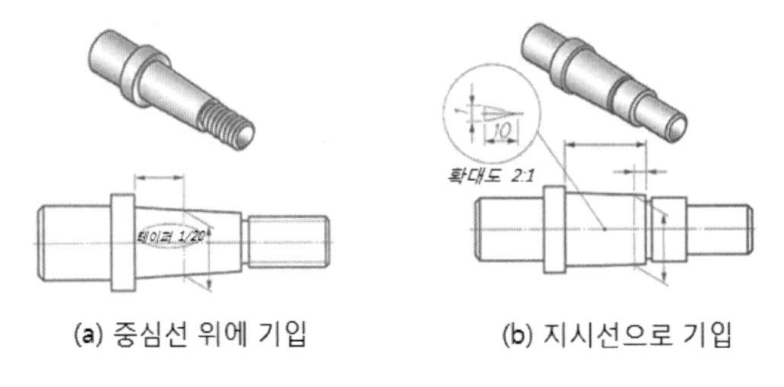

(a) 중심선 위에 기입 (b) 지시선으로 기입

그림 4-19

② 기울기 치수기입은 그림4-20과 같이 기울어진 경사면 또는 지시선을 사용하여 기입한다.

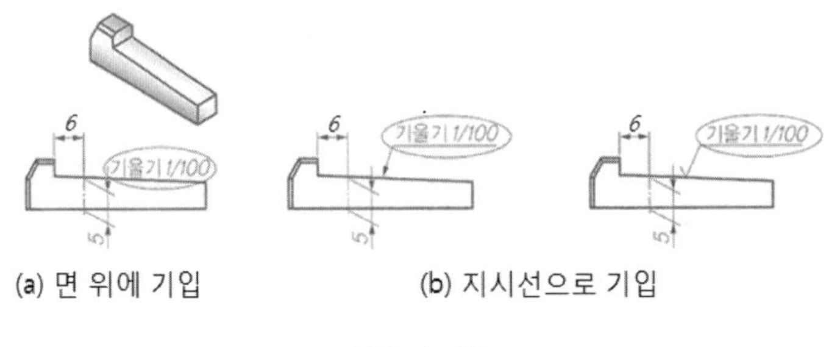

(a) 면 위에 기입 (b) 지시선으로 기입

그림 4-20

(5) 형강, 강관 등의 표시

① 그림4-21과 같이 형강 등의 치수는 다음 표에 나타낸 표시방법에 의하여 각각의 도형에 따라 기입한다. 일반적으로 "단면치수-길이"로 나타낸다.

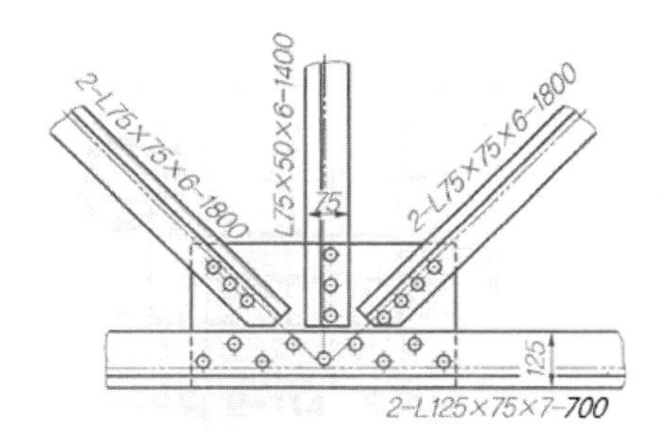

그림 4-21

종류	단면모양	표시방법	종류	단면모양	표시방법
등변ㄱ형강		L A×B×t-L	경Z형강		ʅ H×A×B×t-L
부등변 ㄱ형강		L A×B×t-L	립ㄷ형강		C H×A×C×t-L
부등변부등 두께ㄱ형강		L A×B×t_1×t_2-L	립Z형강		ʅ H×A×C×t-L
I 형강		I H×B×t-L	모자형강		Л H×A×B×t-L
ㄷ형강		[H×B×t_1×t_2-L	환강		보통 φ A-L
구평형강		J A×t-L	강관		φ A×t-L

T형강	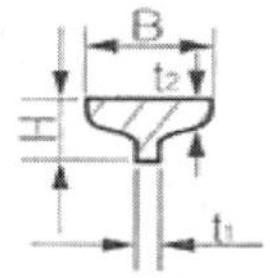	TB×H×t1×t2-L	각강관	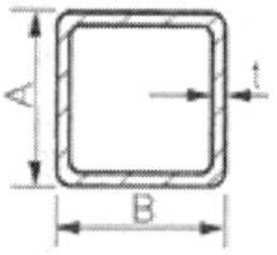	□A×B×t-L
H형강	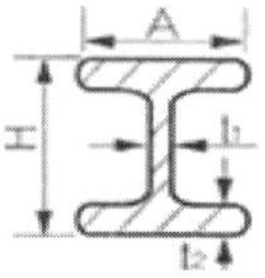	HH×A×t1×t2-L	각강	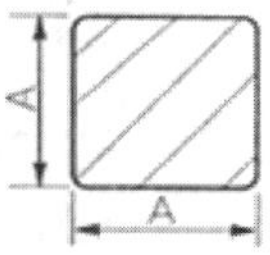	□A-L
경ㄷ형강	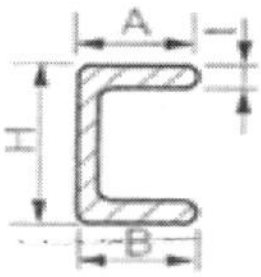	[H×A×B×t-L	평강	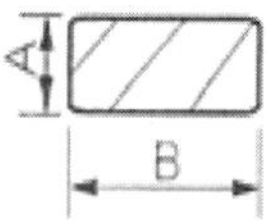	▭B×A-L

CHAPTER 04

단원종합문제

01 기계제도에 있어서 치수의 기입방법에 관한 설명으로 틀린 것은?

① 치수는 필요에 따라 기준이 되는 점, 선 또는 면을 기준으로 하여 기입한다.

② 관련되는 치수는 되도록 한 곳에 모아서 기입한다.

③ 치수는 복잡하지 않도록 전체 도면에 분산시켜 기입한다.

④ 치수는 되도록 계산하여 구할 필요가 없도록 기입한다.

02 다음 도면에서 참고 치수를 나타내는 것은?

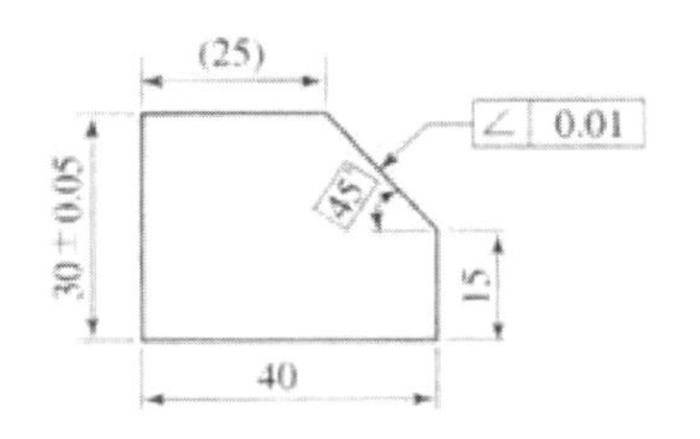

① 30±0.05 ② (25)

③ ∠0.01 ④ 40

03 다음 기호 설명 중 틀린 것은?

① SØ: 면 ② SR: 구의 반지름

③ □: 정삭각형 ④ t: 두께

04 모따기(CHAMFER)의 설명으로 틀린 것은?

① C5는 45°의 경사로 모따기 하는 것이다.

② 모따기의 각도는 45°가 아니어도 된다.

정답 1 ③ 2 ② 3 ① 4 ③

③ C5는 경사면의 길이가 5 mm가 된다.

④ C5는 45°의 경사로 깊이가 5 mm 이다.

05 다음의 치수 배치 방법은?

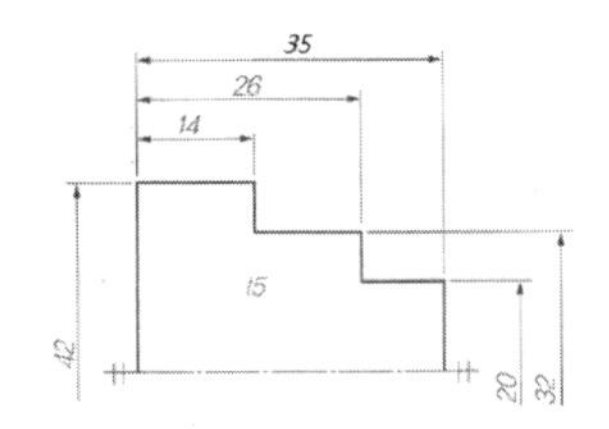

① 직렬 치수 기입 ② 병렬 치수 기입

③ 누진 치수 기입 ④ 공간 치수 기입

06 도면에서 치수와 각도를 기입하는 경우 치수선의 끝에 붙여 그 한계를 표시하는 끝 부분의 기호가 잘못된 것은 어느 것인가?

①  ②

③ ④

07 다음 호의 길이를 바르게 표시한 것은?

① 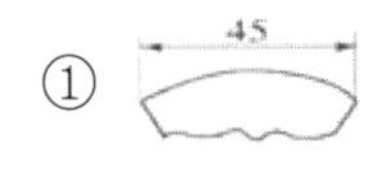

②

③ 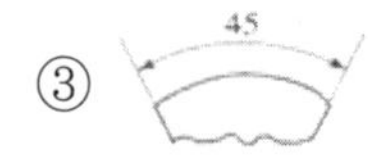

④

08 다음의 A의 치수는?

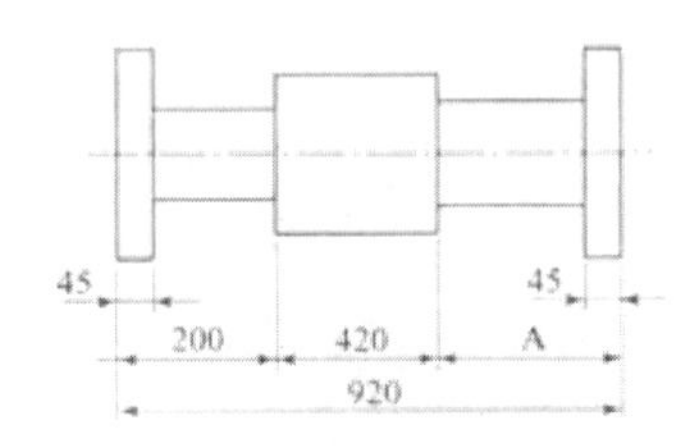

정답 5② 6① 7② 8③

① 200 ② 210
③ 300 ④ 320

09 **다음 도면과 같이 얇은 판에 구멍을 가공할 경우 가공할 구멍의 크기와 개수는?**

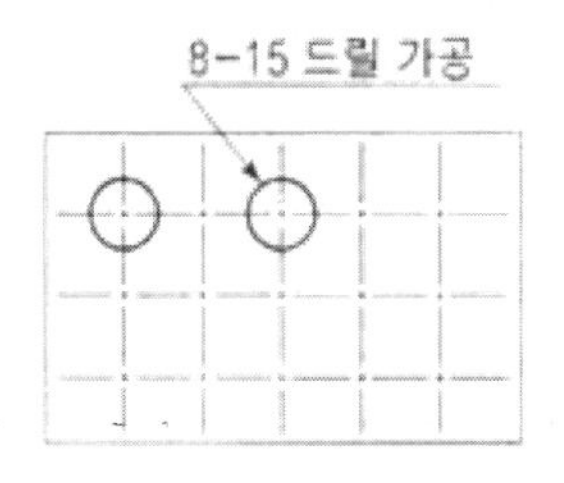

① 지름 15 mm, 구멍수 15개 ② 지름 15 mm, 구멍수 8개
③ 지름 8 mm, 구멍수 8개 ④ 지름 8 mm, 구멍수 15개

10 **다음 도면에서 L의 길이는?**

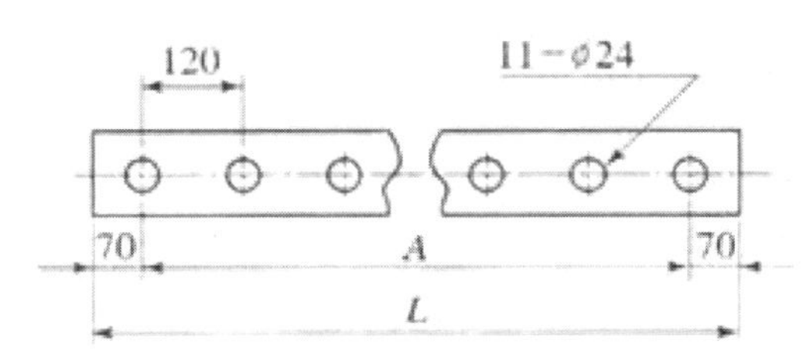

① 1200 ② 1270
③ 1340 ④ 1400

정답 9 ② 10 ③

05 공차와 끼워맞춤

1 치수공차

도면에 기입되는 치수는 완성된 제품의 치수를 기입하는 것으로 실제로 부품을 가공할 때 도면에 기입된 치수로 오차 없이 가공하는 것을 불가능하다. 따라서 제품의 용도나 목적 등에 따라 그 기준 값보다 크거나 작게 나오게 하여 치수 범위 안(치수공차)에 가공하게 하는 것이 필요하다. 즉, 치수공차를 정해주는 것은 다른 부품과의 조립관계에 있어서도 매우 중요하다.

(1) 치수공차의 용어

그림5-1은 치수공차의 용어를 그림을 통해서 나타낸 것이다.

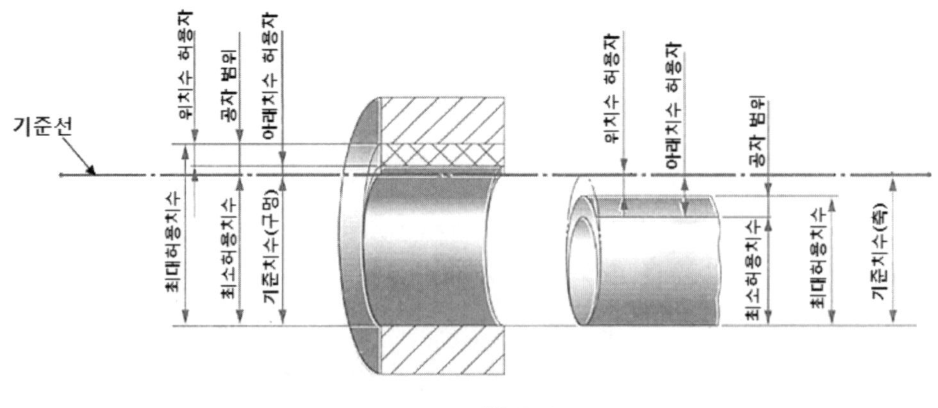

그림 5-1

① **실 치수** : 최종 가공되어 실제로 측정되는 치수이다.

② **기준 치수** : 가공의 기준이 되는 치수이다.

③ **최대 허용 치수** : 형체의 허용되는 최대치수이다.

④ **최소 허용 치수** : 형체의 허용되는 최소치수이다.

⑤ **위 치수 허용차** : 최대허용치수 - 기준치수이다.

⑥ **아래 치수 허용차** : 최소허용치수 - 기준치수이다.

⑦ **치수공차** : 최대허용치수 - 최소허용치수 또는
위 치수 허용차 - 아래 치수 허용차 이다.

(2) 치수공차의 적용 예

치수 공차의 예	축 : $10^{+0.5}_{+0.1}$	$10^{-0.1}_{-0.5}$
기준치수	10 mm	10 mm
위 치수 허용차	+0.5 mm	−0.1 mm
아래 치수 허용차	+0.1 mm	−0.5 mm
최대 허용 치수	10.5 mm	9.9 mm
최소 허용 치수	10.1 mm	9.5 mm
치수 공차	0.4 mm	0.4 mm

2 끼워 맞춤

기계 부품을 조립할 때 원형이나 각형으로 제작된 축과 구멍 등이 미끄럼 운동, 회전 운동 또는 고정 상태로 조립되는 경우가 대부분이다. 따라서, 구멍과 축의 조립되는 관계를 끼워 맞춤이라 한다.

구멍과 축을 끼워맞춤할 때는 목적에 따라 축과 구멍에 일정한 간격이 있어 헐거운 상태로 결합될 수도 있고, 축보다 구멍이 작아 억지로 결합될 수도 있다. 그림5-2와 같이 구멍이 축보다 큰 경우는 틈새 현상이 나타나며, 축이 구멍보다 큰 경우에는 죔새 현상이 나타난다.

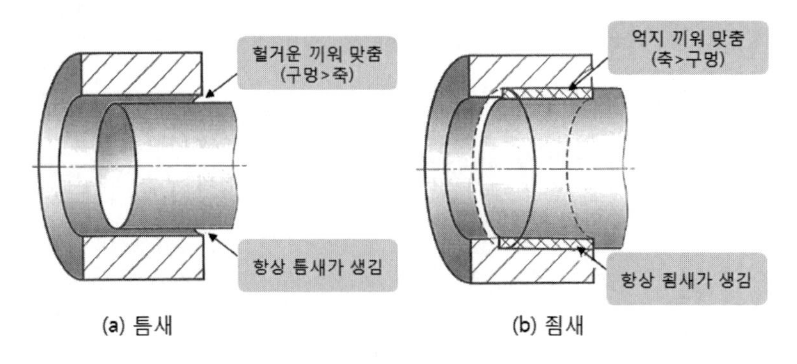

(a) 틈새 (b) 죔새

그림 5-2

(1) 끼워 맞춤의 종류

① **헐거운 끼워 맞춤 :** 구멍의 최소치수가 축의 최대치수보다 큰 경우로, 항상 틈새가 생기는 상태를 말한다. 주로 미끄럼 운동이나 회전운동이 필요한 부품에 적용된다.

	구멍	축	적용
최대 허용치수	100.05	99.95	최소틈새 = 구멍 최소 - 축 최대 = 100.00-99.95=0.05
최소 허용치수	100.00	99.90	최대틈새 = 구멍 최대 - 축 최소 = 100.05-99.90=0.15

② **억지 끼워 맞춤 :** 구멍의 최대치수가 축의 최소치수보다 작은 경우로, 항상 죔새가 생기는 상태를 말한다. 주로 기계 조립에서 분해와 조립을 하지 않는 부품에 적용된다.

	구멍	축	적용
최대 허용치수	99.95	100.05	최소죔새 = 축 최소 - 구멍 최대 = 100.00-99.95=0.05
최소 허용치수	99.90	100.00	최대죔새 = 축 최대 - 구멍 최소 = 100.05-99.90=0.15

③ **중간 끼워 맞춤 :** 부품의 기능과 역할에 따라 틈새 또는 죔새가 생기는 상태를 말한다. 주로 헐거운 끼워 맞춤이나 억지 끼워 맞춤으로 얻을 수 없는 부품에 적용한다.

(2) 끼워 맞춤의 방식

① **구멍 기준 끼워 맞춤 :** 그림5-3과 같이 구멍의 아래치수 허용차가 0인 끼워맞춤 방식으로 H(대문자)기호 구멍을 기준으로하고, 이에 적당한 축을 선정하여 필요

로 하는 죔새나 틈새를 얻는 끼워맞춤 방식이다. 구멍이 축보다 가공하거나 검사하기 어려우므로 구멍 기준 끼워 맞춤을 선택하는 것이 편리하며, 일반적인 기계 설계 도면에 적용한다.

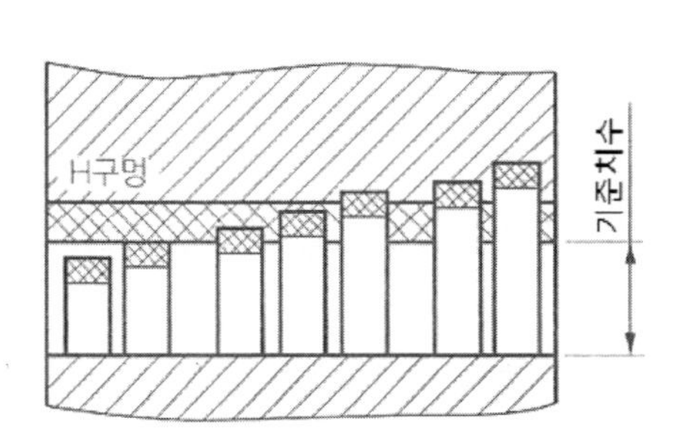

기준 구멍	축의 공차역 클래스								
	헐거운			중간			억지		
H6		g5	h5	js5	k5	m5			
	f6	g6	h6	js6	k6	m6	n6	p6	
H7	f6	g6	h6	js6	k6	m6	n6	p6	r6
	f7		h7	js7					
H8	f7		h7						
	f8		h8						

그림 5-3

② **축 기준 끼워맞춤** : 그림5-4와 같이 축의 위치수 허용차가 0인 끼워맞춤 방식으로 h(소문자)기호 축을 기준으로하고, 이에 적당한 구멍을 선정하여 필요로 하는 죔새나 틈새를 얻는 끼워맞춤 방식이다. 주로 표준품을 사용해야 하는 경우와 기능상 필요한 설계 도면에서는 축 기준 끼워 맞춤 방식을 적용한다.

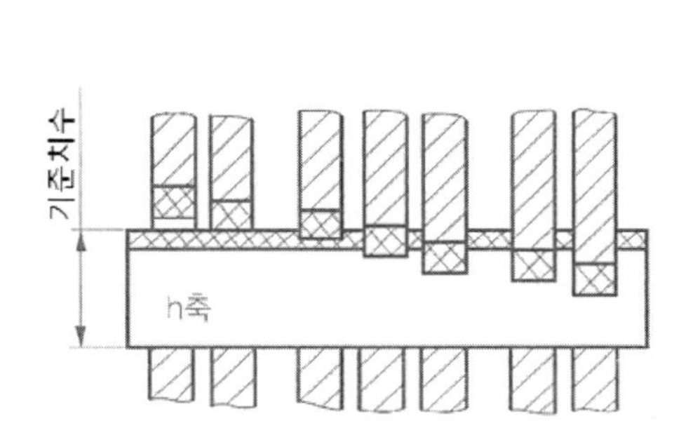

기준 축	구멍의 공차역 클래스								
	헐거운			중간			억지		
h5			H6	JS6	K6	M6	N6	P6	
h6	F6	G6	H6	JS6	K6	M6	N6	P6	
	F7	G7	H7	JS7	K7	M7	N7	P7	R7
h7	F7		H7						
	F8		H8						
h8	F8		H8						

그림 5-4

(3) IT 기본 공차(IT: International Tolerance)

기준 치수가 크면 공차의 허용범위를 크게 하여야 하며, 정밀도는 기준 치수와 공차의 비율로 표시된다. IT 기본 공차는 치수 공차와 끼워 맞춤 공차로 정해진 모든 공차를 의미하는 것으로 치수의 구분에 따라 IT01~IT18까지 20 등급으로 구분하고 있다.

① IT 기본 공차 적용 범위

구분	초정밀 그룹	정밀 그룹	일반 그룹
	게이지 제작 공차	끼워 맞춤 공차	일반 공차
구 멍	IT 1 ~ IT 5	IT 6 ~ IT 10	IT 11 ~ IT 18
축	IT 1 ~ IT 4	IT 5 ~ IT 9	IT 10 ~ IT 18
가공 방법	래핑, 호닝, 초정밀 연삭 등	연삭, 정밀선삭, 리밍, 밀링 등	주조, 프레스, 압연, 압출 등
공차 범위	0.001 mm	0.01 mm	0.1 mm

② IT 기본 공차 수치(단위: μm)

치수	등급	IT4	IT5	IT6	IT7
초과	이하				
–	3	3	4	6	10
3	6	4	5	8	12
6	10	4	6	9	15
10	18	5	8	11	18
18	30	6	9	13	21
30	50	7	11	16	25
50	80	8	13	19	30
80	120	1	15	22	35
120	180	12	18	25	40
180	250	14	20	29	46
250	315	16	23	32	52
315	400	18	25	36	57
400	500	20	27	40	63

③ **공차역의 위치** : 같은 치수와 등급에 속하는 허용 공차의 구멍이나 축이라도 공차역의 위치에 따라 허용 한계 치수와 기준치수와의 관계가 다르다. 그림5-5와 같이 구멍은 영문자의 대문자를 사용하며 H(대문자)를 기준으로 좌측(A)으로 갈수록 구멍이 커지고, 우측(Z)으로 갈수록 구멍이 작아진다. 반대로 축은 영문자의 소문자를 사용하며 h(소문자)를 기준으로 좌측(a)으로 갈수록 축이 작아지고, 우측(z)으로 갈수록 커진다.

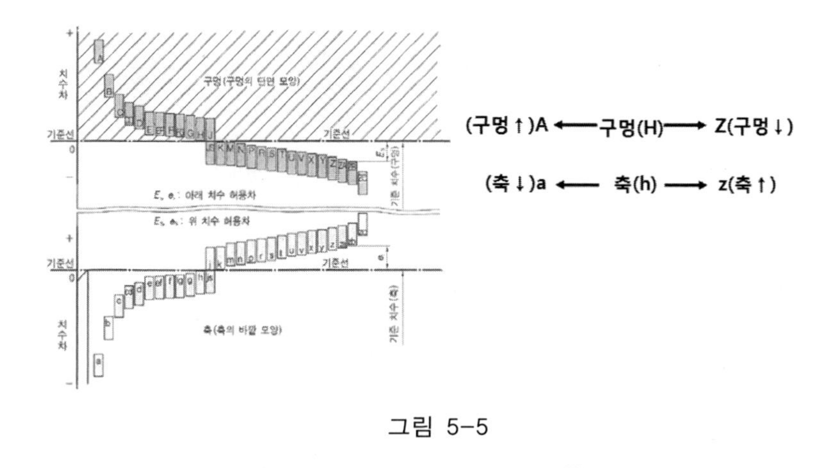

그림 5-5

3 치수 공차와 끼워 맞춤 공차 기호 기입

(1) 길이 치수의 허용한계 기입 방법

① 기준 치수 다음에 치수 허용차의 수치를 그림5-6(a)과 같이 한 단계 아래 크기로 기입한다.

② 위 치수 허용차 또는 아래 치수 허용차 중 어느 한쪽의 치수가 0일 경우에는 그림 5-6(b)와 같이 0만 표시하고 + 기호나 - 기호를 붙이지 않는다.

③ 위 치수 허용차와 아래 치수 허용차가 같을 때에는 그림5-6(c)와 같이 ±기호를 붙여서 기입한다.

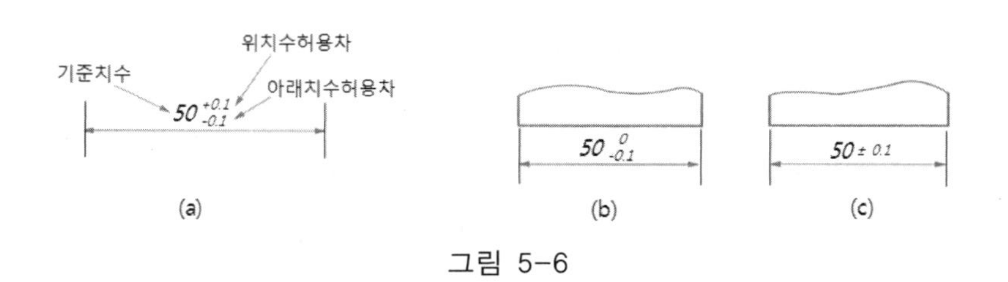

그림 5-6

④ 허용 한계 치수를 그림5-7(a)과 같이 최대 허용 치수와 최소 허용 치수에 의하여 표시할 수 있다.

⑤ 허용 한계 치수를 그림5-7(b)과 같이 최대 허용 치수 또는 최소 허용 치수의 어느 한쪽만을 지정할 필요가 있을 때에는 치수 앞에 최대 또는 최소라고 기입하거나 뒤에 max 또는 min이라고 기입한다.

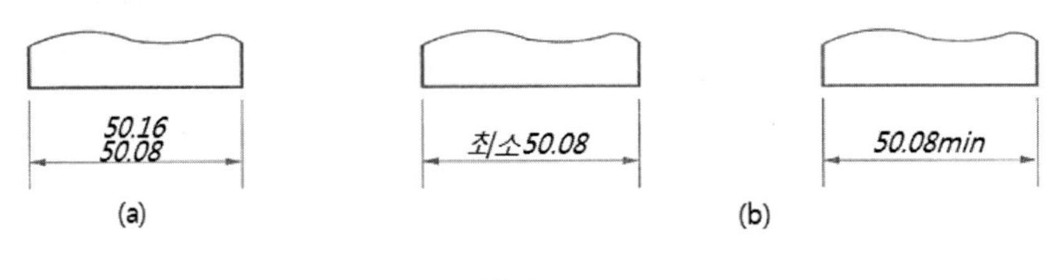

그림 5-7

⑥ 기준 치수 뒤에 그림5-8(a)와 같이 끼워 맞춤 공차의 기호를 기입한다.

⑦ 위 치수 허용차 및 아래 치수 허용차를 그림5-8(b)와 같이 끼워 맞춤 공차 기호 다음의 괄호 안에 덧 붙여 기입할 수 있다.

⑧ 최대 허용 치수 및 최소 허용 치수를 그림5-8(c)와 같이 끼워 맞춤 공차 기호 다음의 괄호 안에 덧 붙여 기입할 수 있다.

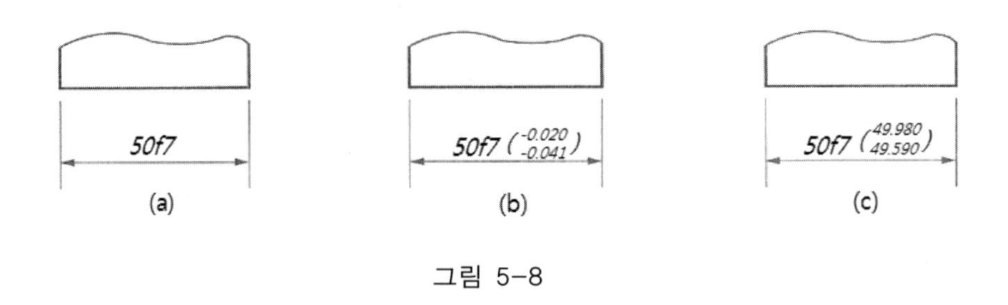

그림 5-8

(2) 조립한 상태에서 허용한계 치수 기입 방법

① 조립된 부품에 대하여 그림5-9(a)와 같이 각각의 기준 치수 및 치수 허용차를 치수선 위쪽에 기입하거나, 그림5-9(b)와 같이 기준 치수 앞에 그들의 부품 명칭 또는 부품번호를 인출하여 기입한다. <u>어떤 경우에든지 구멍 치수는 축의 치수 위쪽에 기입</u>한다.

② 조립된 부품의 허용 한계 치수는 구멍에 대한 기호를 위 (그림5-9(c))또는 앞(그림5-9(d))으로 하여 기입한다.

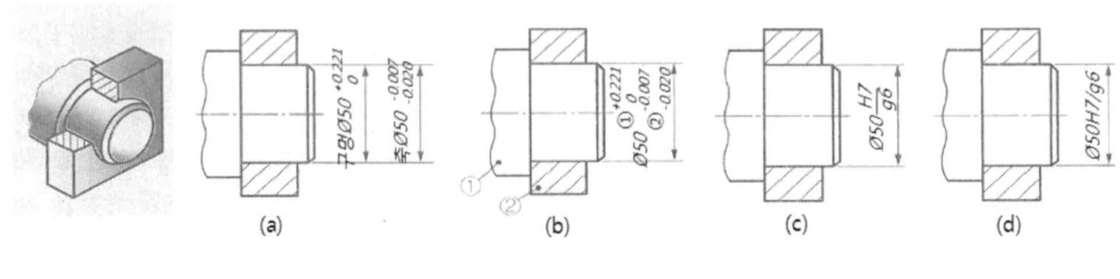

그림 5-9

CHAPTER 05 단원종합문제

01 끼워맞춤 공차에 사용되는 축의 IT의 공차 급수에 해당하는 것은?

① IT6 ~ IT10　　② IT5 ~ IT9
③ IT5 ~ IT8　　④ IT6 ~ IT12

02 50H7에서 "7"이 나타내는 것은?

① 기준 치수　　② IT 공차의 등급
③ 구멍의 크기　　④ 한계 치수

03 기준치수가 30, 최대 허용치수 29.96, 최소 허용치수 29.94 일 때 윗치수 허용차는?

① −0.06　　② +0.06
③ −0.04　　④ +0.04

04 구멍의 최소 허용치수보다 축의 최대 허용치수가 작은 끼워 맞춤은 무엇인가?

① 헐거운 끼워 맞춤　　② 억지 끼워 맞춤
③ 중간 끼워 맞춤　　④ 구멍 끼워 맞춤

05 조립한 상태에서 허용한계 치수 기입방법이 잘못 표시된 것은?

① ϕ22H7/h6　　② ϕ22h6/H7
③ $\phi 22\frac{H7}{h6}$　　④ 구멍 $\phi 22^{+0.02}_{0}$ / 축 ϕ22 [illegible]

정답　1② 2② 3③ 4① 5②

06 다음은 억지끼워 맞춤을 나타내고 있다. 최대 죔새는 얼마인가?

	축	구멍
최대허용치수	20.05	19.95
최소허용치수	20.02	19.85

① 0.03　　② 0.07
③ 0.20　　④ 0.10

07 구멍의 치수는 $80^{+0.025}_{0}$, 축의 치수가 $80^{-0.025}_{-0.050}$ 이라면 무슨 끼워 맞춤인가?

① 헐거운 끼워 맞춤　　② 억지 끼워 맞춤
③ 중간 끼워 맞춤　　④ 구멍 끼워 맞춤

08 다음 중 ∅50H7의 기준 구멍에 가장 헐거운 끼워 맞춤이 되는 축의 공차 기호는?

① H7e7　　② H7g7
③ H7h7　　④ H7u7

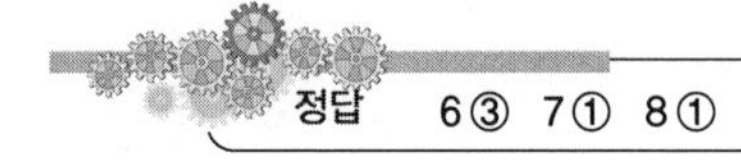

정답　6③ 7① 8①

06 기하 공차

1 기하 공차의 정의

(1) 기하 공차란

치수와 치수공차만으로 가공 및 치수검사를 통과하여 제작자에 조립하는 과정에서 제품 모양이 일그러지거나 틀어질 경우 그림6-1과 같이 모양에 따른 오차로 인해 대량의 조립 불능 부품이 발생한다. 따라서, 부품 특성에 따라 모양을 규제하는 것을 기하공차라 한다.

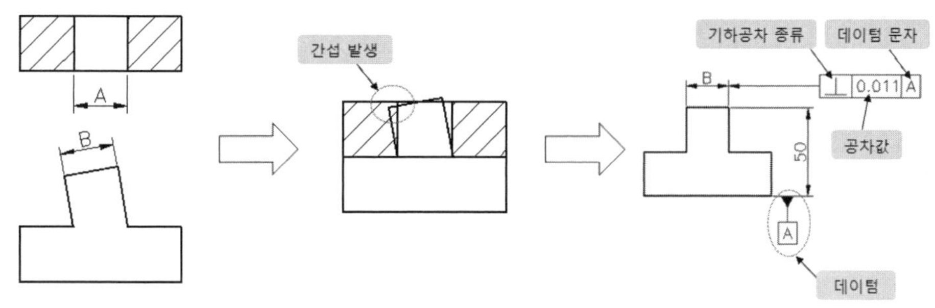

그림 6-1

(2) 기하 공차 기입의 필요성

① 도면에서 기하공차의 적용은 설계자–제작자–검사자간의 같은 해석이 되도록 한다.

② 종래의 치수 공차의 불완전성으로 인한 조립 불능 부품과 성능 문제를 해결할 수 있다.

③ 기술 수준 향상에 따라 부품 정밀도 요구로 인해 필요하다.

④ 생산의 국제화에 따라 호환성의 요구로 인해 필요하다.

2 기하 공차의 도시방법

(1) 데이텀 표시

① 대상면에 직접 관계 되는 경우 데이텀은 지시하는 문제 기호에 의하여 나타내고, 그림6-2(a)와 같이 빈틈 없이 칠해도 되고, 그림6-2(b)와 같이 칠하지 않아도 된다.

② 규제하는 형체가 단독 형체인 경우에는 KS B 0243 기준 하에 문자 기호를 공차 기입틀에 기입 하지 않는다. 데이텀은 그림6-2(c)와 같이 대상되는 면에 지시해도 되고, 치수선상에 지시해도 된다.

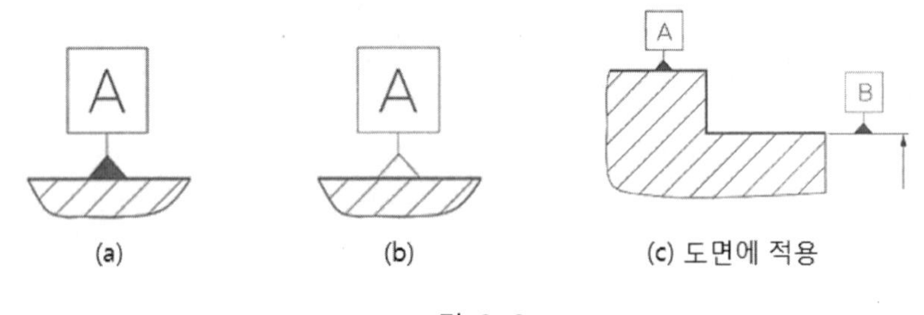

그림 6-2

(2) 공차 기입 표시 사항

① 기하 공차의 종류 기호, 공차 값, 데이텀 기호를 기입하는 직사각형의 틀(공차 기입 틀)은 필요에 따라 그림6-3과 같이 구분된다.

② 기하 공차의 종류 기호, 공차 값, 데이텀의 순으로 그림6-3(b)와 같이 기입틀 안에 기입한다.

③ 기하 공차의 종류가 단독형체인 경우에는 그림6-3(a)와 같이 기입틀 안에 기입한다.

④ 데이텀이 복수일 경우에는 그림6-3(c)와 같이 나타낸다.

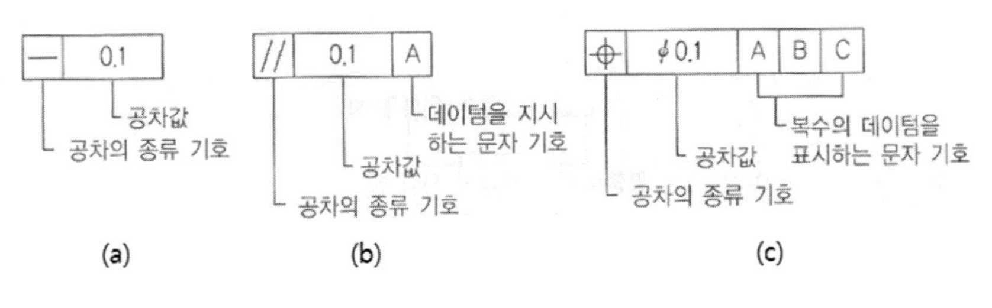

그림 6-3

⑶ 기하 공차의 한정된 범위 표시 사항

① 기하 공차의 기호와 적용 범위가 그림6-4(a)와 같이 한정적인 경우에는 아주 굵은 1점 쇄선으로 한정된 범위를 나타낸다.

② 임의의 위치에서 특정 길이 마다에 대하여 공차를 지시할 경우에는 그림6-4(b)와 같이 사선(/)을 사용할 수도 있다.

③ 전체 공차 값과 일정 길이마다의 공차 값을 그림6-4(c)와 같이 동시에 지정할 수도 있다.

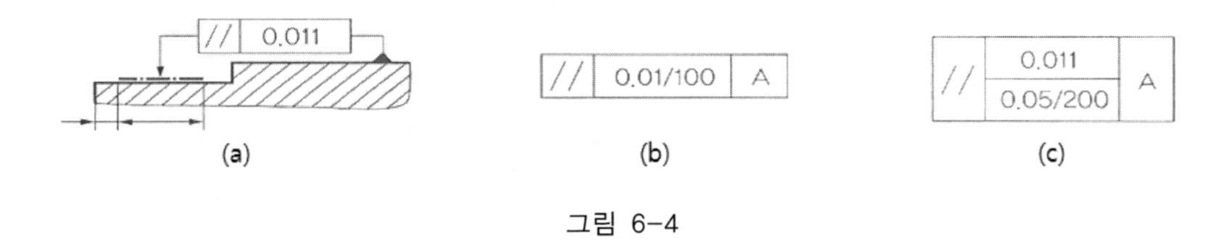

그림 6-4

④ 위치도, 윤곽도, 경사도에 공차를 기입할 경우에는 그림6-5와 같이 이론적으로 정확한 위치, 윤곽 또는 각도를 정하는 치수에 사각 틀을 써서 표시하기도 한다.

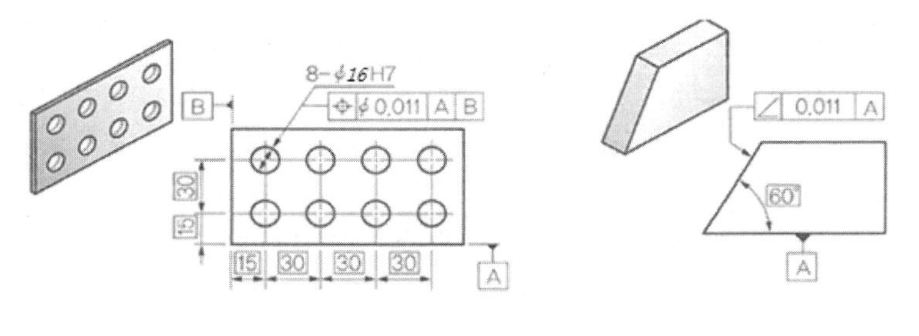

그림 6-5

⑤ 같은 형체에 2 개 이상의 다른 종류의 기하 공차를 표시할 경우에는 그림6-6과 같이 각각의 직사각형의 틀(공차 기입 틀)을 상하로 나누어 기입한다.

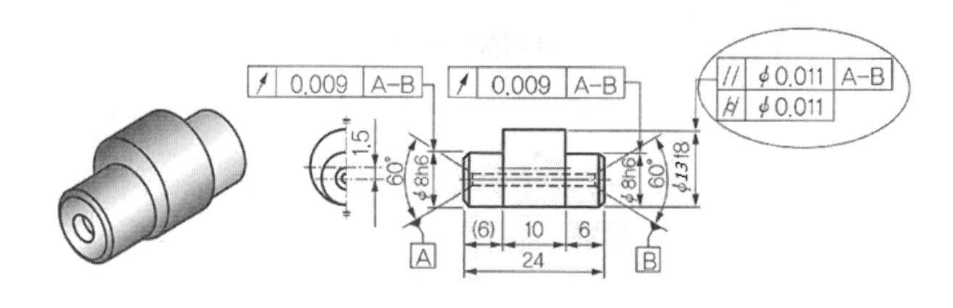

그림 6-6

(4) 기하 공차의 종류

기하 공차의 종류는 크게 모양 공차, 자세 공차, 위치 공차, 흔들림 공차로 이루어진다. 설계자가 기계 부품의 모양을 구성하는 형체, 자세, 위치에 대하여 정밀한 공차를 선택하고 부여하여야 한다. 기하학적인 공차 범위로 가공하게 하기 위한 규정은 KS B 0608에 명시되어 있다.

적용하는 형태	구분	기호	종류	의미
단독 형체 (데이텀 필요 없음)	모양 공차	—	진직도	축 또는 회전체 표면에 적용하는 이론 직선으로부터의 편차
		▱	평면도	이상평면으로부터의 편차
		○	진원도	한 중심점으로부터 같은 거리에 있는 조건
		⌭	원통도	한 중심축으로부터 같은 거리에 있는 조건
단독 형체 또는 관련 형체	-	⌒	선의 윤곽도	이론 윤곽(선)으로부터의 편차
		⌓	면의 윤곽도	이론 윤곽(면)으로부터의 편차
관련 형체 (데이텀 반드시 필요함)	자세 공차	//	평행도	기준에 대하여 완전 평행으로부터의 편차
		⊥	직각도	기준에 대하여 완전 직각으로부터의 편차
		∠	경사도	기준에 대하여 정확한 경사로부터의 편차
	위치 공차	⌖	위치도	기본치수로 정의된 이론위치로부터의 허용 지름 편차
		◎	동축도, 동심도	같은 축선상의 조립되는 각각의 축선상의 편차
		⌯	대칭도	대칭형체의 중심평면의 양측에 같은량으로 배치되는 변동 전폭의 편차
	흔들림 공차	↗	원주 흔들림	부품형체의 원주 흔들림의 편차
		⌰	온 흔들림	부품회전 중 모든 원주/윤곽에 동시에 적용하는 흔들림의 편차

(5) 최대 실체 공차방식

치수공차와 기하공차 사이의 관계가 형체의 최대 실체 상태를 기본으로 주어지는 공차 방식이다. 형체의 실치수와 최대실체치수의 차이 만큼 기하공차에 추가 여유가 허용되는 방법이다.

① **최대 실체치수**(Maximum Material Size, MMS) : 허용 한계 치수내에서 질량이 최대가 되도록 가공 했을 때의 실 치수를 말한다.

② **최대 실체 공차방식 적용의 예**

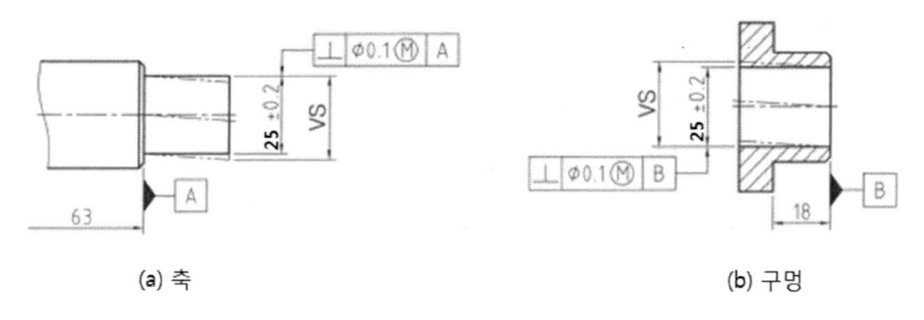

(a) 축　　(b) 구멍

그림 6-7

③ **실치수와 허용되는 직각도 공차와의 관계 정리**

축			구멍		
실치수	적용 ×	적용 ○	실치수	적용 ×	적용 ○
24.8	∅0.1	∅0.5	24.8(MMS)	∅0.1	∅0.1
24.9	∅0.1	∅0.4	24.9	∅0.1	∅0.2
25	∅0.1	∅0.3	25	∅0.1	∅0.3
25.1	∅0.1	∅0.2	25.1	∅0.1	∅0.4
25.2(MMS)	∅0.1	∅0.1	25.2	∅0.1	∅0.5

④ **실효치수** : 축과 구멍의 조립관계에서 가장 빡빡하게 결합될 때의 치수를 말한다.

㉠ 축의 실효치수 = 축의 MMS + 기하공차

예 축의 실효치수 = 25.2 + 0.1 = 25.3

㉡ 구멍의 실효치수 = 구멍의 MMS - 기하공차

예 구멍의 실효치수 = 24.8 -0.1 = 24.7

CHAPTER 06 단원종합문제

01 기하공차를 두는 이유가 아닌 것은?

① 고도의 정밀도를 갖는 제품을 만들기 위해 쓴다.
② 대량생산으로 원가를 절감 하기 위해 쓴다.
③ 종래의 치수 공차만으로는 제품간의 호환성을 주기 어렵기 때문에 쓴다.
④ 고정도의 생산 제품을 설계하기 위해 쓴다.

02 기하 공차 기호 표시가 틀린 것은?

① 동축도 : ◎　　② 진직도 : —
③ 직각도 : ⊥　　④ 원주 흔들림 : ∠

03 다음 기하 공차 기호 중 데이텀을 적용해야 되는 것은?

① ⌭　　② ○
③ ∠　　④ —

04 ISO 형상공차에서 표시된 [// | 0.01 | A] 에서 A가 표시하는 것은?

① 가공 방법　　② 정도 등급
③ 기준 데이텀　　④ 평행도 공차

05 기준 데이텀에 대하여 지정길이 100 mm에 대하여 평행도가 0.05 mm의 허용 값을 가지는 것을 바르게 나타낸 것은?

① [0.05/100 | // | B]　　② [// | 0.05/100 | B]
③ [▱ | 0.05/100 | B]　　④ [B | ▱ | 0.05/100]

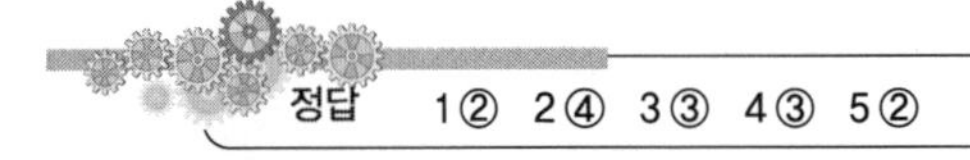
정답　1②　2④　3③　4③　5②

06 다음 기하공차의 종류 중 어디에 속하는가?

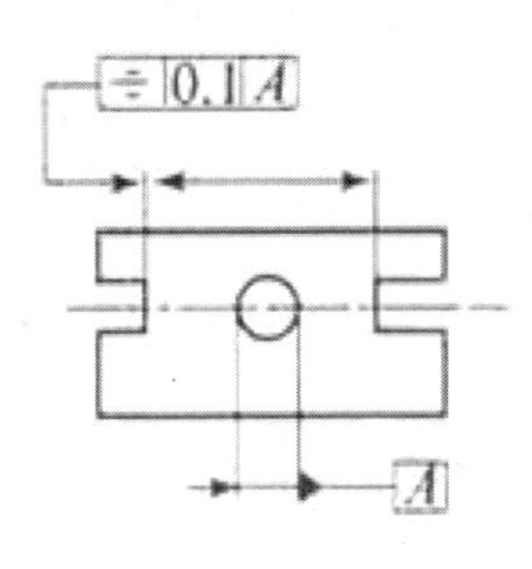

① 진직도 ② 대칭도
③ 원통도 ④ 평행도

07 다음 기하공차의 종류를 표시한 것이다. 기하공차의 종류는?

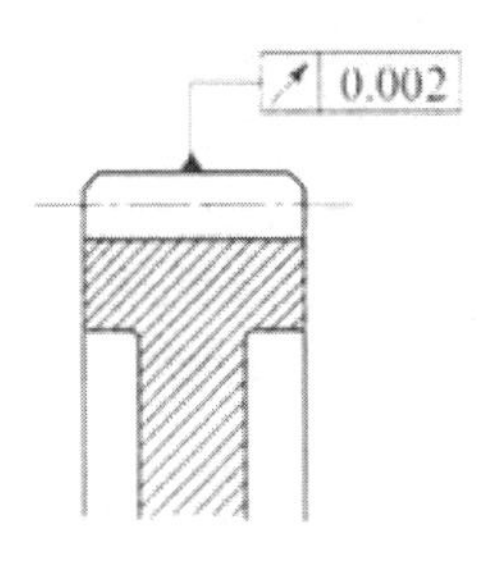

① 진직도 ② 대칭도
③ 흔들림 ④ 평행도

08 다음과 같은 기하공차 도시방법에 관한 설명으로 맞는 것은?

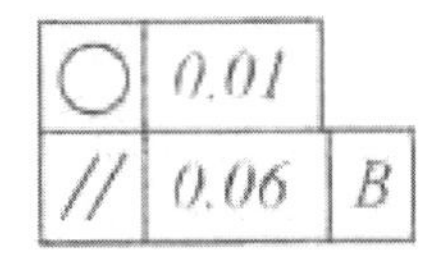

① KS에 없는 규격 방법이다.
② 진원도 데이텀이 B이다.

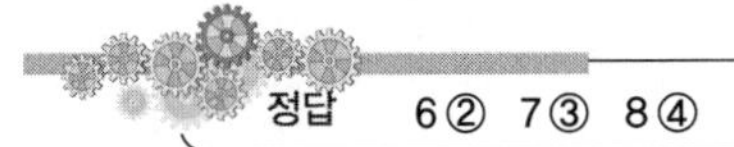
정답 6② 7③ 8④

③ 단독 형체에는 적용되지 않는 공차들이다.

④ 한 개의 형체에 두 개의 공차를 지시하는 경우이다.

09 다음과 같은 기하공차 도시 기호 설명으로 맞는 것은?

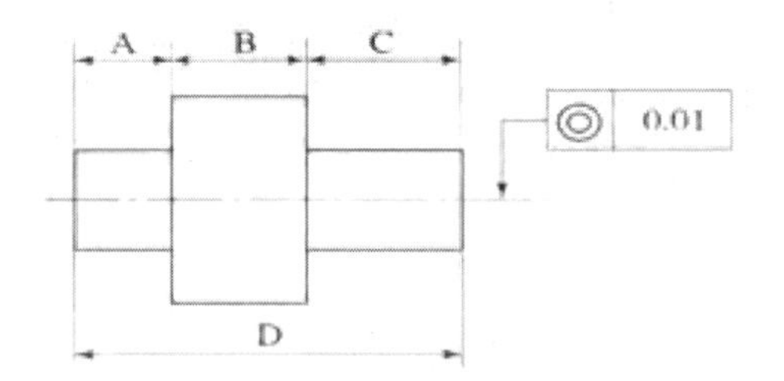

① D 부분의 동심도

② A 부분의 동심도

③ B 부분의 동심도

④ C 부분의 동심도

정답 9 ①

07 표면 거칠기의 지시와 다듬질 기호

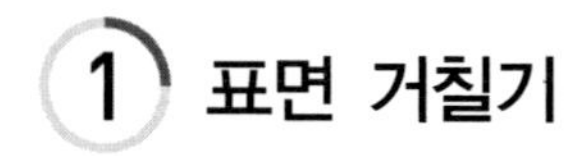

1 표면 거칠기

(1) 표면 거칠기의 정의

제품의 표면과 직각인 평면으로 절단했을 때, 그림7-1(a)과 같이 그 단면에 나타나는 윤곽을 확대한 것을 단면 곡선이라고 한다. 그리고 표면 거칠기는 이 단면 곡선에 나타나는 표면 기복 모양(그림7-1(b))을 계산 또는 측정에 의한 값(그림7-1(c))으로 한국 산업 규격(KS B 0161)에서는 중심선 평균 거칠기(Ra), 최대 높이(Ry), 10점 평균 거칠기(Rz)를 규정하고 있다.

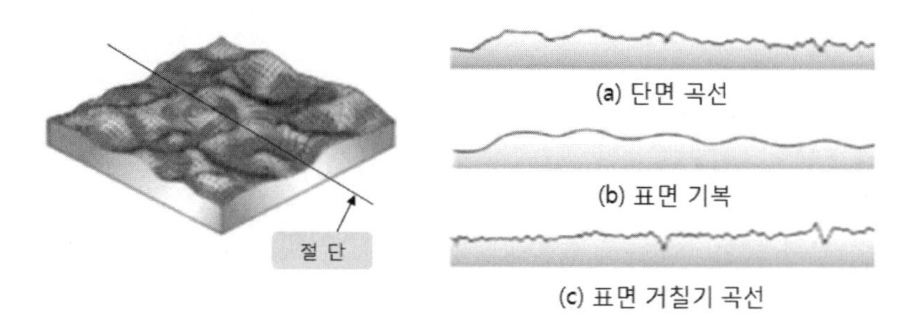

그림 7-1

① **중심선 평균 거칠기**(Ra) : 중심선 평균 거칠기는 그림7-2와 같이 그 중심선의 방향으로 측정 길이(L)만큼 샘플링한 표면 거칠기 곡선에서 그 중심선의 윗 부분의 면적(①+②+③+④+⑤+⑥+⑦+⑧+⑨)을 측정 길이로 나눌 때 얻게 되는 값을 μm 단위로 나타낸 것이다.

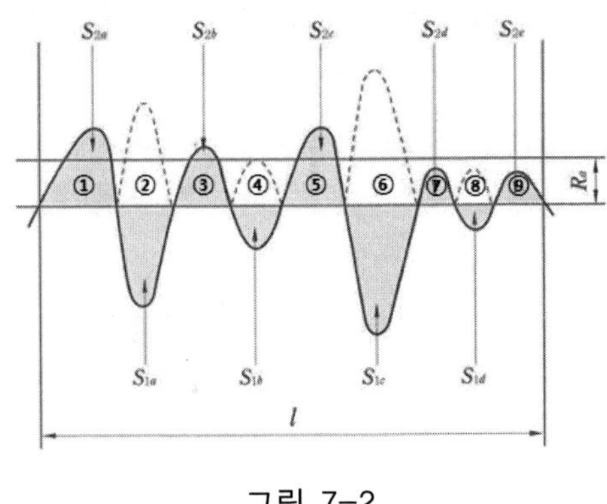

그림 7-2

② **최대 높이**(Ry) : 최대 높이는 그림7-3과 같이 그 중심선의 방향으로 측정길이(L) 만큼을 샘플링한 표면 거칠기 곡선에서 그 부분의 가장 높은 곳과 가장 깊은 골과의 높이 차를 단면 곡선의 세로 배율의 방향으로 측정하여 얻게 되는 값을 μm 단위로 나타낸 것이다.

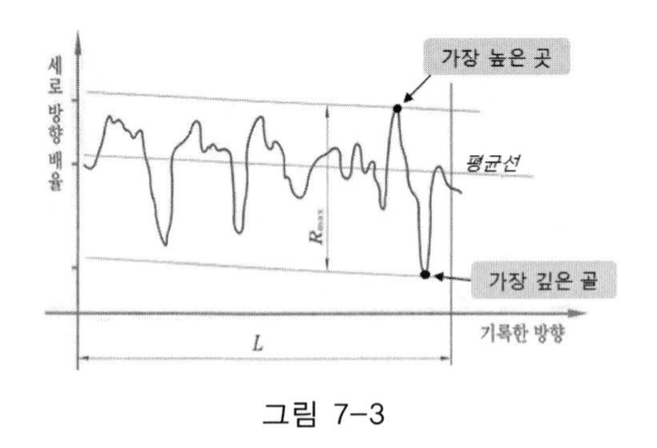

그림 7-3

③ **10점 평균 거칠기**(Rz) : 10점 평균 거칠기는 그림 7-4와 같이 그 중심선의 방향으로 측정길이(L) 만큼을 샘플링한 표면 거칠기 곡선에서 그 부분의 가장 높은 쪽에서 다섯 번째 봉우리까지의 평균값과 깊은 쪽에서의 다섯 번째 골 밑까지의 평균값과의 차이를 μm 단위로 나타낸 것이다.

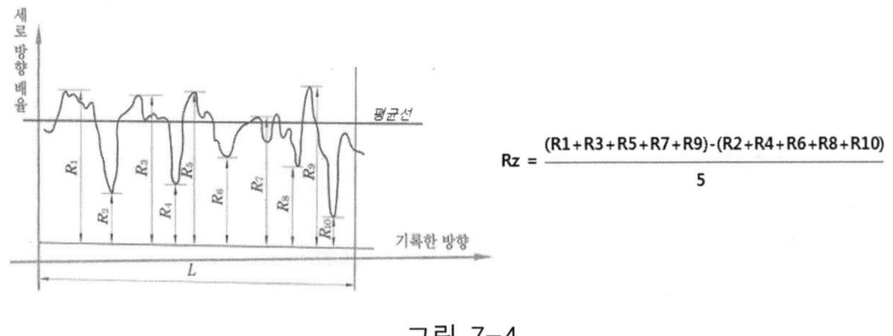

그림 7-4

(2) 표면 거칠기의 지시 방법

① 중심선 평균 거칠기(Ra)는 최대 값만을 지시하는 경우에는 그림 7-5와 같이 지시 기호의 위쪽이나 아래쪽에 그 값을 기입한다.

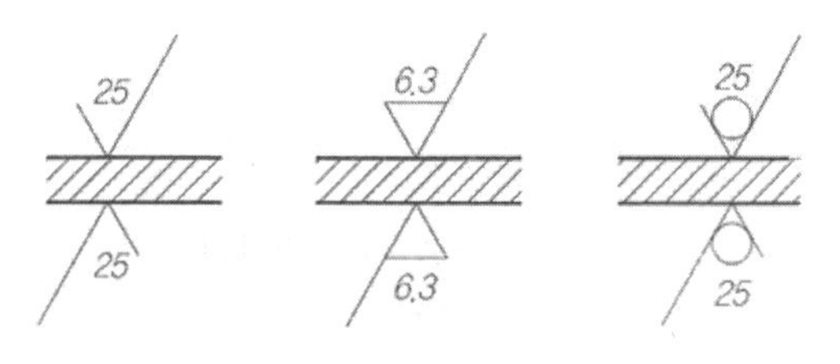

그림 7-5

② 중심선 평균거칠기(Ra)의 어느 구간으로 지시하는 경우에는 그림 7-6과 같이 지시기호의 위쪽에는 상한 값을, 아래쪽에는 하한 값을 기입한다.

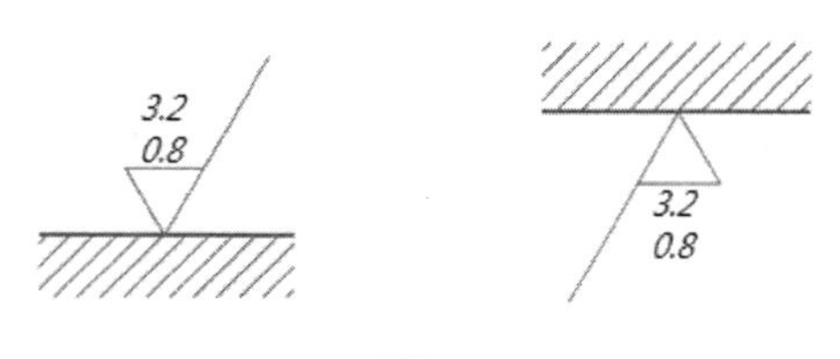

그림 7-6

③ 최대 높이(Ry)의 지시 값은 그림7-7과 같이 지시 기호의 긴쪽 다리에 가로선을 붙이고, 그 아래쪽에 지시 값을 기입한다.

(a) 최대값 지시 (b) 최대, 최소값 지시

그림 7-7

④ 기준길이 및 평가 길이를 지시할 필요가 있을 경우에는 그림7-8과 같이 표면 거칠기의 지시 값 아래쪽에 기입한다.

(a) 기준길이 지시 (b) 기준길이 및 평가길이 지시

그림 7-8

⑤ 가공 방법의 지시기호 기입은 그림7-9와 같이 가로선 위쪽에 문자 또는 가공방법의 기호로 기입한다.

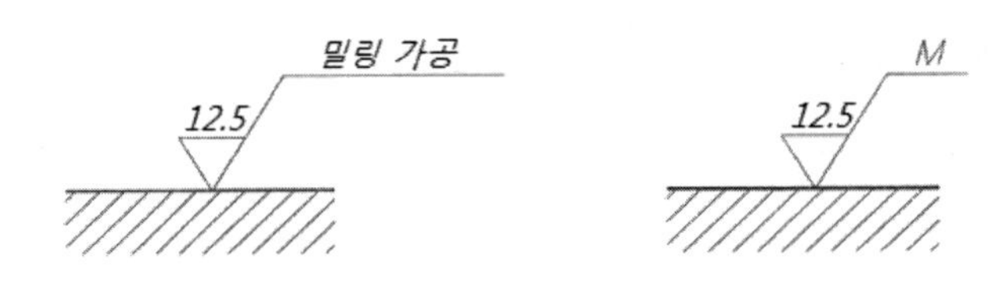

그림 7-9

가공방법	약 호		가공방법	약 호	
	i	ii		i	ii
선반가공	L	선삭	호닝가공	GH	호닝
드릴가공	D	드릴링	액체 호닝가공	SPLH	액체호닝
보링가공	B	보링	배럴 연마가공	SPBR	배럴연마
밀링가공	M	밀링	버프 다듬질	SPBF	버핑
평삭가공 (플레이너)	P	평삭	블라스트 다듬질	SB	블라스팅
형삭가공 (셰이퍼)	SH	형삭	랩 다듬질	FL	래핑
브로칭가공	BR	브로칭	줄 다듬질	FF	줄다듬질
리머가공	FR	리밍	스크레이퍼 다듬질	FS	스크래이핑
연삭가공	G	연삭	페어퍼 다듬질	FCA	페어퍼 다듬질
밸트 연삭가공	GBL	밸트연삭	정밀주조	CP	정밀주조

⑥ 가공 후 표면에 나타나는 줄 무늬 방향을 지시하여야 할 때에는 그림7-10과 같이 규정하는 기호를 가공면의 지시 기호 오른쪽에 기입한다.

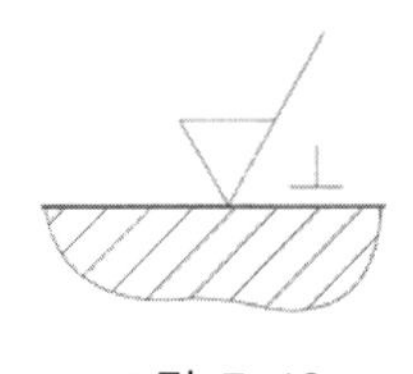

그림 7-10

기호	의미	설명도
=	가공에 의한 커터의 줄무늬 방향이 기호를 기입한 그림의 투상면에 평행하다. 예 셰이퍼핑 면	커터의 줄무늬 방향
⊥	가공에 의한 커터의 줄무늬 방향이 기호를 기입한 그림의 투상면에 직각이다. 예 셰이퍼핑 면, 선삭, 원통 연삭면	커터의 줄무늬 방향
X	가공에 의한 커터의 줄무늬 방향이 기호를 기입한 그림의 투상면에 경사지고 두 방향으로 교차한다. 예 호닝 다듬질 면	커터의 줄무늬 방향
M	가공에 의한 커터의 줄무늬 방향이 여러방향으로 교차 또는 무방향이다. 예 래핑 다듬질면, 슈퍼피니싱	M
C	가공에 의한 커터의 줄무늬 방향이 기호를 기입한 면의 중심에 대하여 대략 동심원 모양이다. 예 끝면 절삭면(선삭)	C
R	가공에 의한 커터의 줄무늬 방향이 기호를 기입한 면의 중심에 대하여 대략 레이디얼 모양이다.	R

⑦ 각 지시 기호의 기입 위치는 표면거칠기의 값, 컷 오프값, 기준길이, 가공 방법, 줄무늬 방향의 기호, 표면 파상도 등을 그림7-11과 같은 위체 배치하여 표시한다.

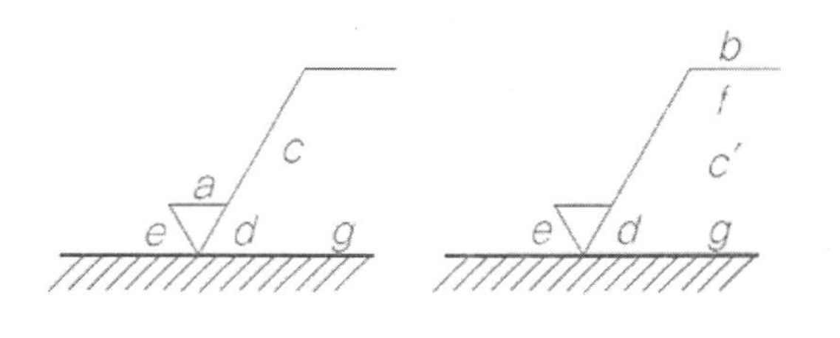

a: Ra의 값(μm)
b: 가공 방법
c: 컷 오프값, 평가 길이
c′: 기준 길이, 평가 길이
d: 줄무늬 방향의 기호
e: 기계 가공의 공차
f: Ra 이외의 표면 거칠기 값
g: 표면 파상도(KS B 0610에 따름)

그림 7-11

2 표면 거칠기의 적용

표면 거칠기의 적용에 있어서 가공면이 정밀하면 가공 공정은 많아지고, 또한 정밀도가 불필요한 부분에 정밀도를 요구하게 되면 그 만큼의 가공시간과 가공비가 많이 들므로 다음표와 같은 기준으로 표면 거칠기를 적용 하는 것이 바람직하다.

명칭	다듬질 기호 (기존 방식)	표면거칠기 기호 (새로운 방식)	적용 기준
–	∼		기계가공 및 제거가공을 하지 않는 부분으로서 특별히 규정하지 않는다. 주조, 압연, 단조품의 표면에 적용한다.
거친 다듬질	▽	w	선반, 밀링, 드릴링 등의 기계가공으로 가공 흔적이 뚜렷하게 남을 정도의 거친면에 적용한다. 끼워맞춤이 없는 가공면에 적용한다.
중 다듬질	▽▽	x	기계가공(1차 가공)후 연삭(2차 가공)가공 등으로 가공 흔적이 희미하게 남을 정도의 보통 가공면에 적용한다. 단지 끼워맞춤만 있고 마찰 운동은 하지 않는 가공면에 적용한다. 예 키홈, 축, 커버와 몸체의 끼워 맞춤부
상 다듬질	▽▽▽	y	기계가공(1차 가공)후 연삭, 래핑(2차 가공)가공 등으로 가공 흔적이 전혀 남아 있는 않는 정밀 가공면에 적용한다. 끼워 맞춤 후 서로 마찰운동을 하는 부분에 적용한다. 예 베어링 끼워 맞춤부
정밀 다듬질	▽▽▽▽	z	기계가공(1차 가공)후 연삭, 래핑, 호닝, 버핑(2차 가공)가공 등으로 광택이 나며, 거울면 처럼 깨끗한 초정밀 가공면에 적용한다. 각종 게이지류 측정면 또는 유압실린더 안지름 면에 적용한다.

CHAPTER 07 단원종합문제

01 KS B 0161에 규정하는 표면거칠기에서 기준길이의 5번째 높은산과 5번째 낮은 골을 지나는 두 직선의 간격을 측정하여 평균의 차를 미크론 단위로 나타낸 것은?

① 중심선 평균 거칠기(Ra) ② 10점 평균 거칠기(Rz)
③ 최대 높이(Rmax) ④ 기준 길이 평균거칠기(RL)

02 표면 거칠기 표시에서 제거 가공을 해서는 안된다는 지시 기호는?

① ②
③ ④ x

03 최대 높이 거칠기를 지시하는 경우 올바른 것은?

① $R_a = 10$ λ_c 2.5 ② $R_{max} = 25$
③ 25 λ_c 0.8 ④ 6.3 1.6

04 다음은 중심선 평균거칠기 표시로 상한값과 하한값을 나타낸 것 중 옳은 것은?

① 1.6 − 6.3 ② 6.3 − 1.6
③ 1.6 6.3 ④ 6.3 1.6

정답 1② 2③ 3② 4④

05 다음 표시방법에서 C가 의미하는 것은?

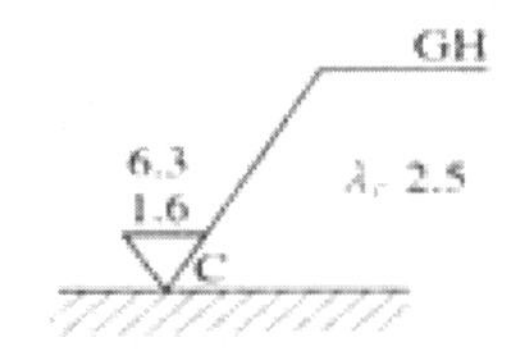

① 가공으로 생긴선이 동심원이다.
② 가공으로 생긴선이 방사상이다.
③ 가공으로 생긴선이 두방향으로 교차이다.
④ 가공으로 생긴선이 투상면에 직각이다.

06 다음 중 가공에 의한 줄무늬 방향 기호의 표시가 맞는 것은?

① 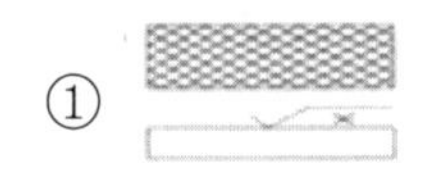
②
③ 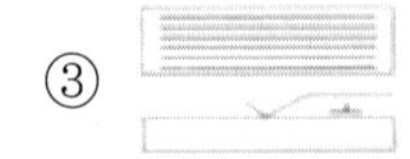
④

07 줄무늬 방향 기호 중에서 가공에 의한 커터의 줄무늬가 여러 방향으로 교차 또는 무 방향으로 래핑 다듬질 한 면 등을 나타내는 기호는?

① =　　② C
③ X　　④ M

08 다음의 가공 방법 중에서 표면 거칠기가 가장 정밀하게 나오는 가공 방법은?

① 선삭　　② 밀링
③ 단조　　④ 래핑

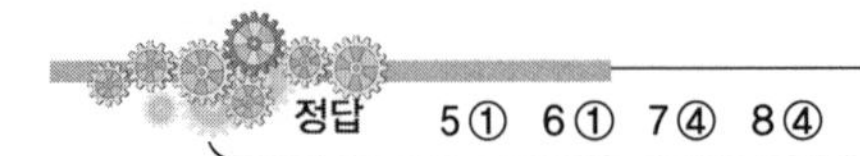
정답　5① 6① 7④ 8④

09 **가공 방법의 기호에서 G로 표시된 것은 무엇을 나타내는가?**

① 선삭 ② 평삭
③ 연삭 ④ 드릴링

10 **다음과 같은 줄무늬 방향이 기입면의 중심에 대하여 대략 동심원 모양일 때 기호는?**

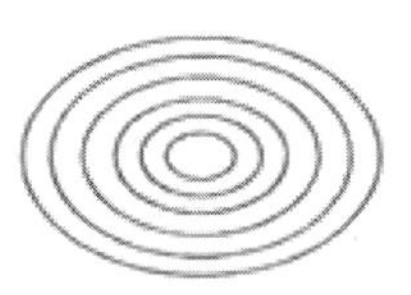

① X ② M
③ R ④ C

정답 9③ 10④

NCS 기반 교육과정을 적용한

기계제도

AutoCAD

기초 이론 및 실습 다지기

기계제도 기초 실습

PART 02

01 Auto CAD란 무엇인가?

☑ Auto CAD의 정의

(1) Auto Computer Aided Design의 약자이며, 미국의 Auto Desk사에서 만들어 낸 프로그램으로, 1982년 12월에 열린 컴덱스 무역 전시회에 처음으로 선보였다.

(2) Auto CAD는 범용 CAD 프로그램으로 사용자 나름의 응용 분야에 맞게 규격화할 수 있는 강력한 드로잉 기구라고 말할 수 있다.

(3) Auto CAD를 사용하면 전통적인 제도 방식에 비해 훨씬 빠르고 정확한 드로잉을 작성할 수 있다.

(4) 또한 Auto CAD는 작성한 드로잉을 데이터 파일에 저장해 둠으로써 필요할 때마다 불러보거나 편집 또는 인쇄할 수 있는 장점을 가지고 있다.

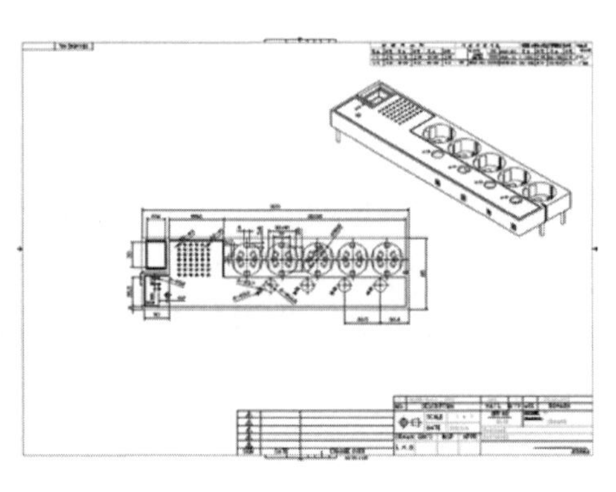

콘센트 커버 상부 설계 도면

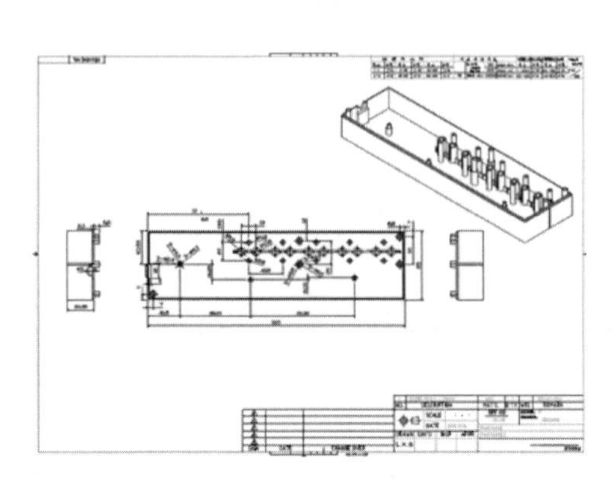

콘센트 커버 하부 설계 도면

02 Auto CAD 시작하기

1 Auto CAD의 실행

(1) 바탕화면에 있는 AutoCAD 2013 아이콘을 더블 클릭한다.

(2) Auto CAD가 실행되면 가장 기본적인 작업환경공간을 만들기 위해 작업공간전환을 클릭하고, AutoCAD 클래식을 선택한다.

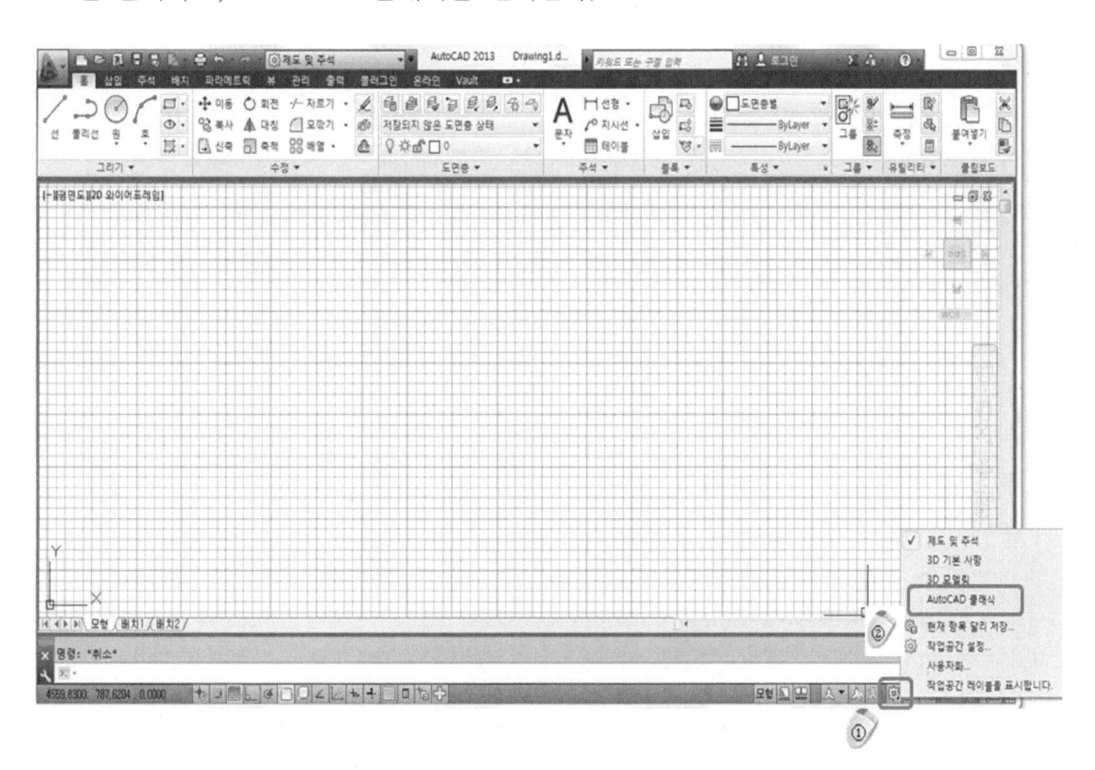

(3) Auto CAD 기본 작업환경이 만들어진다.

2 Auto CAD의 화면구성

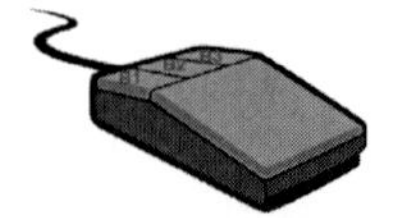

(1) Auto CAD에서 마우스 사용은 3 버튼을 권장한다.

마우스 버튼	설명
B1	• 메뉴 및 도구 등 각종 개체들을 선택한다.
B2	• 휠 버튼을 누른 상태에서 Drag하면 화면 중심이 이동된다. • 휠 버튼 상·하 회전하면 화면이 확대/축소 된다. • 휠 버튼을 더블클릭하면 전체 도형이 화면에 꽉 차게 보인다.
B3	• 바로가기 메뉴(Pop-up Menu)를 사용할 수 있다.

(2) Auto CAD 기본 작업환경 공간은 다음과 같다.

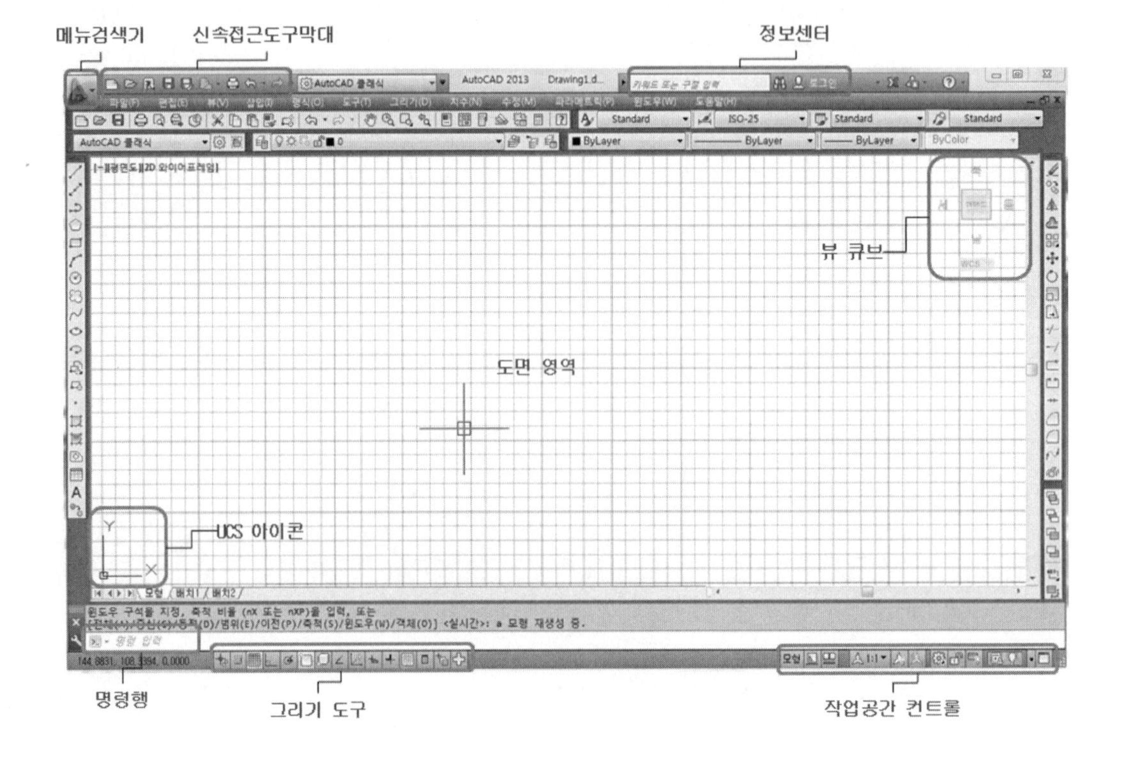

3 주요단축키 명령어

기능	명령어	단축키	설명
설정 기능	OPTION	OP	☑ Auto CAD 설정 값 조절하기
	DIM STYLE	D	☑ 치수 스타일 설정하기
	LAYER	LA	☑ 도면층 설정하기
그리기 기능	LINE	L	☑ 선 그리기
	CIRCLE	C	☑ 원 그리기
	RECTANG	REC	☑ 직사각형 그리기
	ARC	A	☑ 호 그리기
	POLYGON	POL	☑ 다각형 그리기
	FILLET	F	☑ 모깎기(필렛) 하기
	CHAMFER	CHA	☑ 모따기(챔퍼) 하기
	SPLINE	SPL	☑ 불규칙한 모양의 곡선 그리기
	ELLIPSE	EL	☑ 타원 그리기
	XLINE	XL	☑ 무한선 그리기
	DONUT	DO	☑ 채워진 링 또는 솔리드로 채워진 원 그리기
편집기능	ERASE	E	☑ 객체 지우기
	MOVE	M	☑ 객체 이동하기
	OFFSET	O	☑ 객체 간격띄우기
	TRIM	TR	☑ 객체 자르기
	EXPLODE	X	☑ 객체 분리하기
	COPY	CO	☑ 객체 복사하기
	LENGTHEN	LEN	☑ 객체 길이 조정하기
	LTSCALE	LTS	☑ 도면의 선 종류 축척하기
	ROTATE	RO	☑ 객체 회전하기
	MIRROR	MI	☑ 객체 대칭하기
	SCALE	SC	☑ 객체 축척하기
	ARREY	AR	☑ 객체의 사본 배열하기(원형, 사각)
	HATCH	H	☑ 같은 패턴으로 영역 채우기
	EXTEND	EX	☑ 객체 연장하기
	BREAK	BR	☑ 객체 끊기
	STRETCH	S	☑ 객체 늘이기 또는 수축하기
	MTEXT	MT	☑ 다중 행 문자쓰기
	DDEDIT	ED	☑ 문자, 치수 편집하기
	ZOOM	Z	☑ 다양한 방법으로 화면을 확대/축소 하기
	U		☑ 가장 최근의 작업으로 되돌리기

4 CAD에서 꼭 알아야할 선의 종류 및 용도

용도에 의한 명칭	형상의 굵기	단위(mm)	기능
외형선	━━━━━	0.5~0.7	☑ 물체의 보이는 부분의 형상을 나타내는 선
숨은선	- - - - - - - - -	0.3~0.4	☑ 물체의 보이지 않는 부분을 나타내는 선
중심선	━ · ━ · ━	0.1~0.25	☑ 도형의 중심을 표시하는데 쓰이는 선
가는실선	―――――	0.3~0.4	☑ 치수선, 지시선, 치수보조선, 파단선, 해칭선 등을 나타내는 선

5 옵션(OPTIONS) 기능(단축키: OP)

(1) 화면 색상

일반적으로 Auto CAD 화면의 색상은 검은색으로 설정한다.

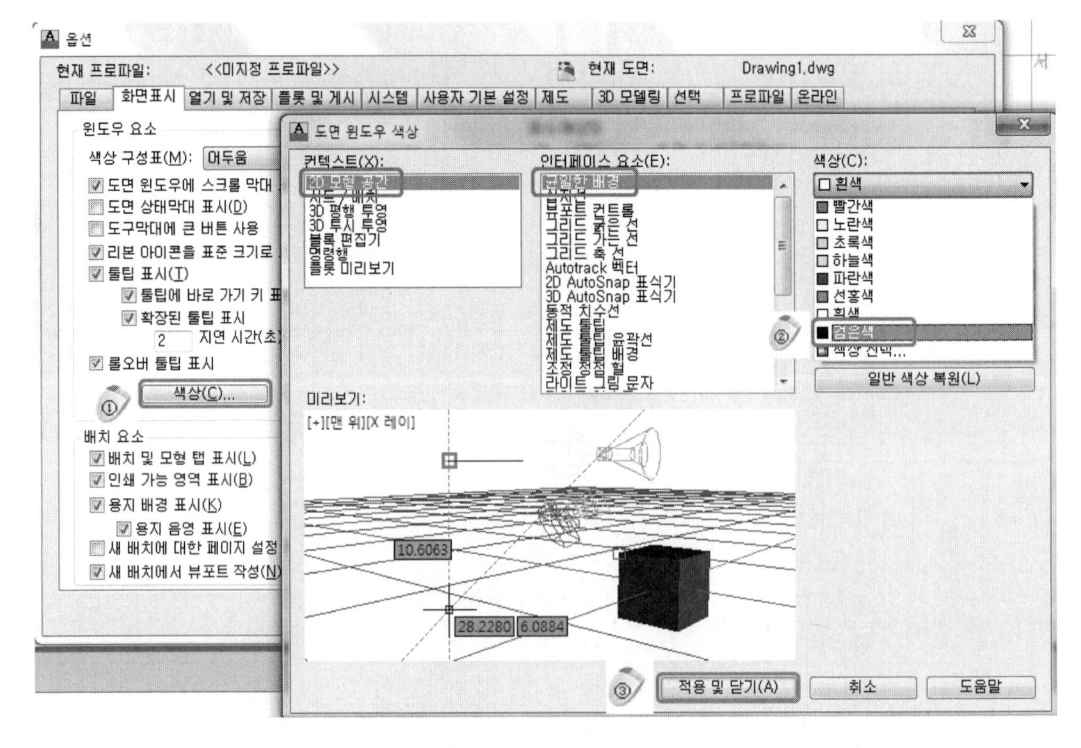

(2) 십자선 크기

사용자에 적합한 크기로 설정한다.

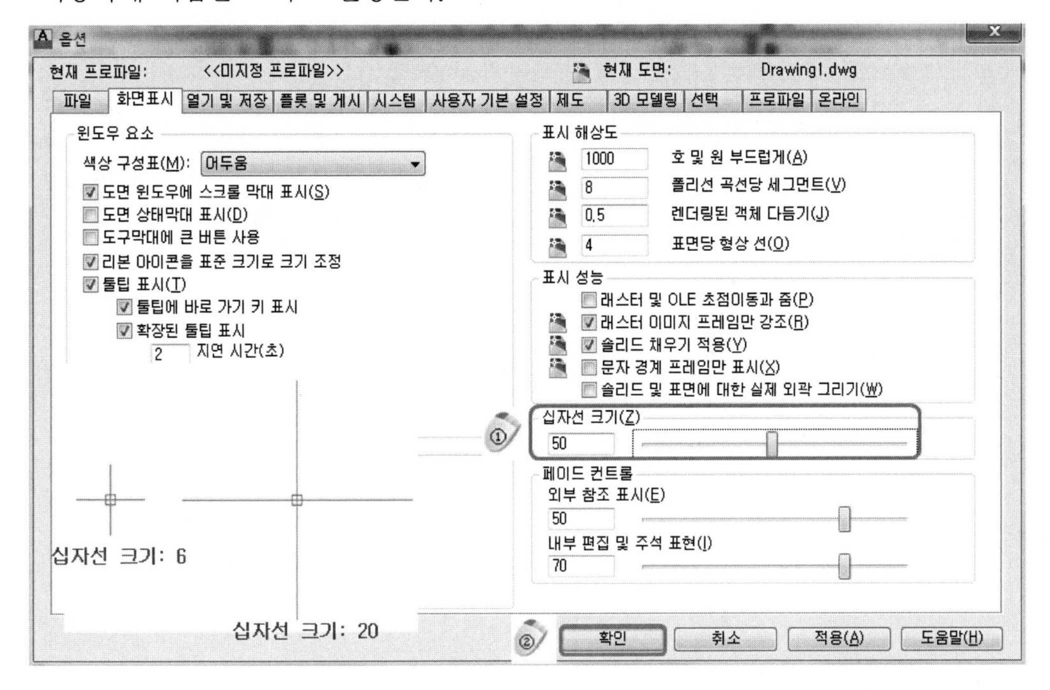

(3) AutoSnap 표식기 크기

사용자에 적합한 크기로 설정한다.

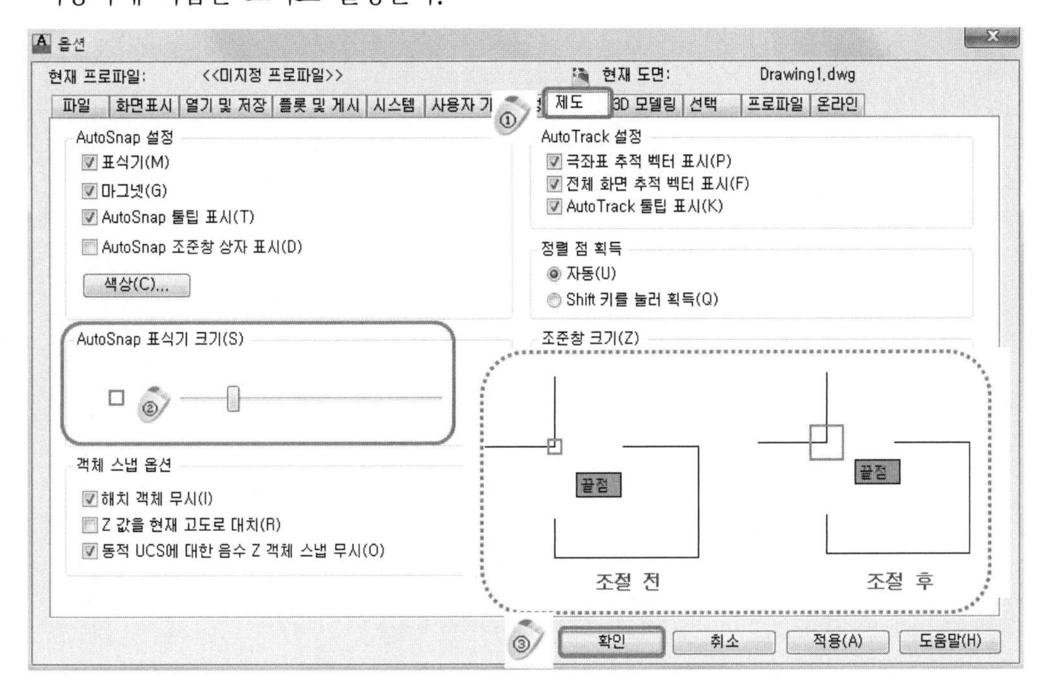

(4) 확인란 크기

사용자에 적합한 크기로 설정한다.

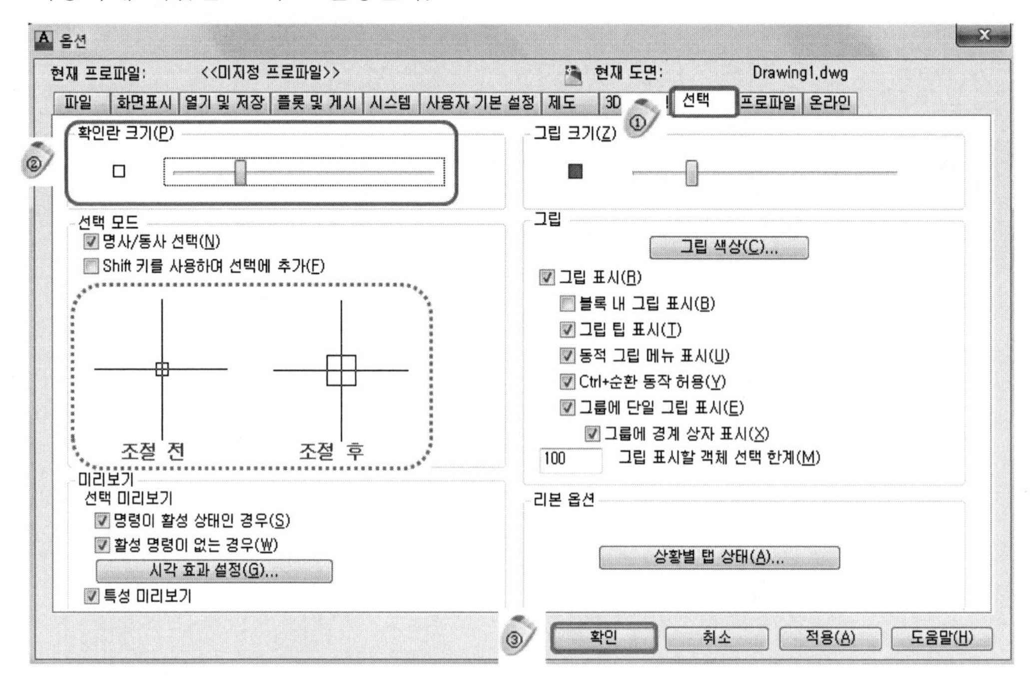

(5) 표시 해상도

사용자에 적합한 크기로 설정한다.

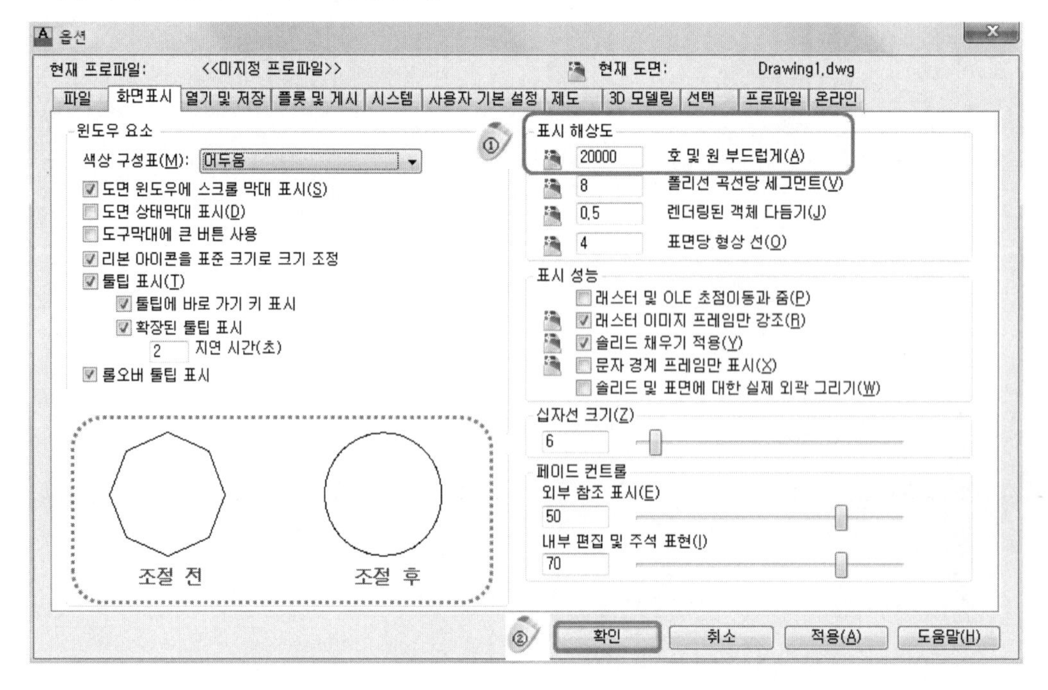

6 Layer 설정(단축키: LA 또는)

(1) LAYER를 선 색상과 선의 종류에 맞게 설정한다.(기계설계산업기사 기준)

LAYER	선 색상	선 종류
외형선	초록색	Contunuous
중심선	빨간색 또는 흰색	center
숨은선	노란색	hidden

(2) 세부적인 선 색상과 선의 종류의 설정은 다음과 같다.

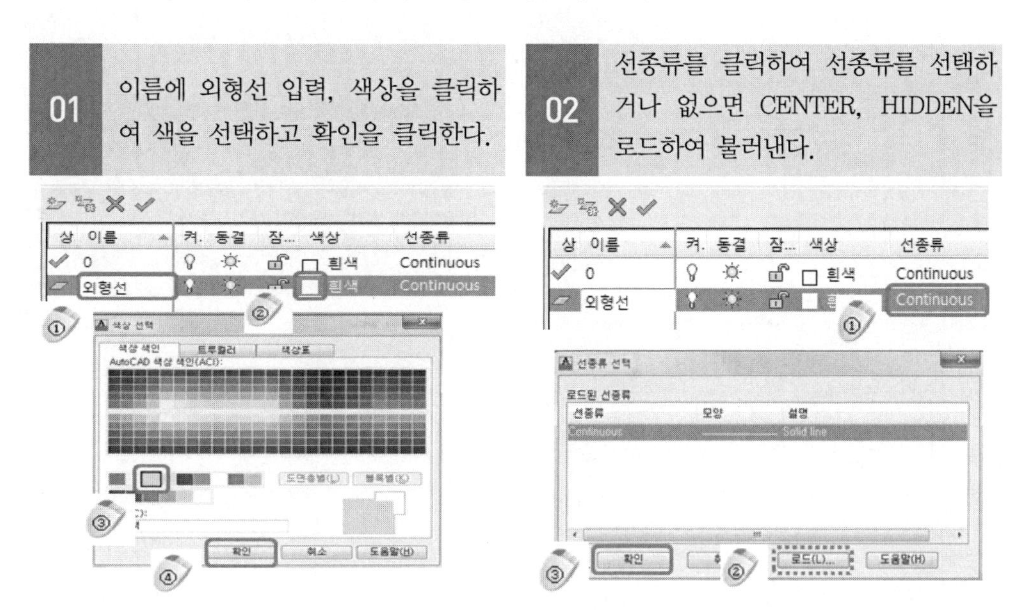

01 이름에 외형선 입력, 색상을 클릭하여 색을 선택하고 확인을 클릭한다.

02 선종류를 클릭하여 선종류를 선택하거나 없으면 CENTER, HIDDEN을 로드하여 불러낸다.

7 치수 스타일 설정(단축키: D 또는)

(1) 치수 스타일을 바꾸기 위해 수정을 클릭한다.

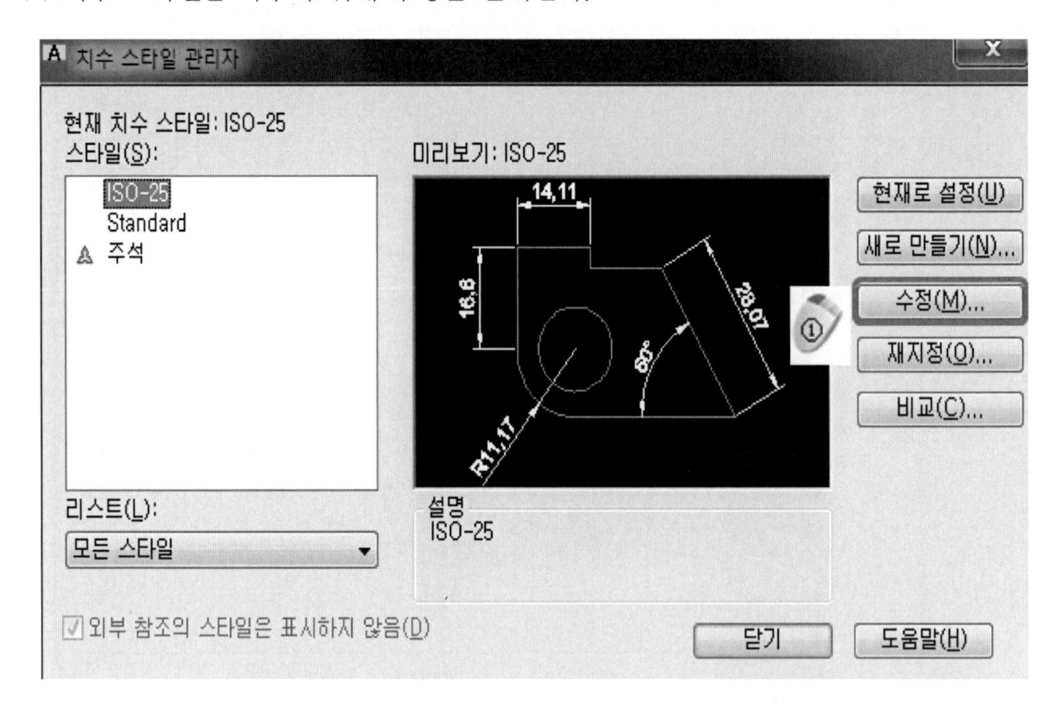

(2) 선을 선택한 후에 치수선, 치수보조선 색상을 빨간색 또는 흰색으로 선택한다.

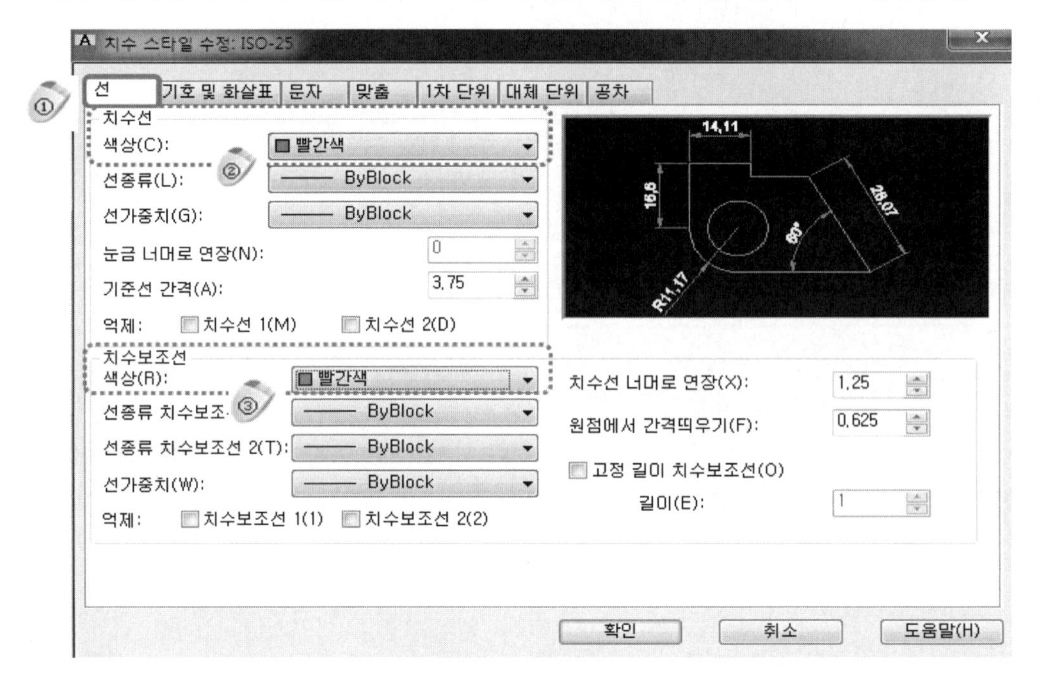

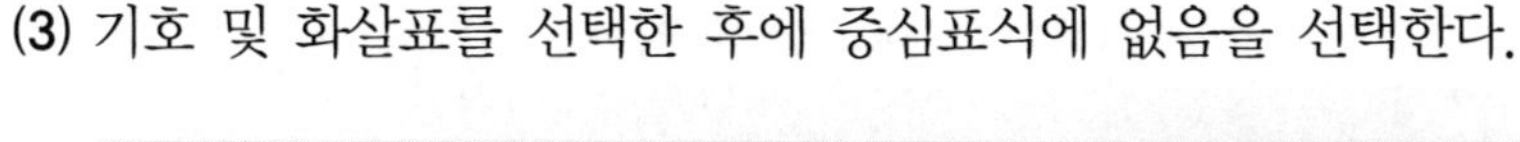

(3) 기호 및 화살표를 선택한 후에 중심표식에 없음을 선택한다.

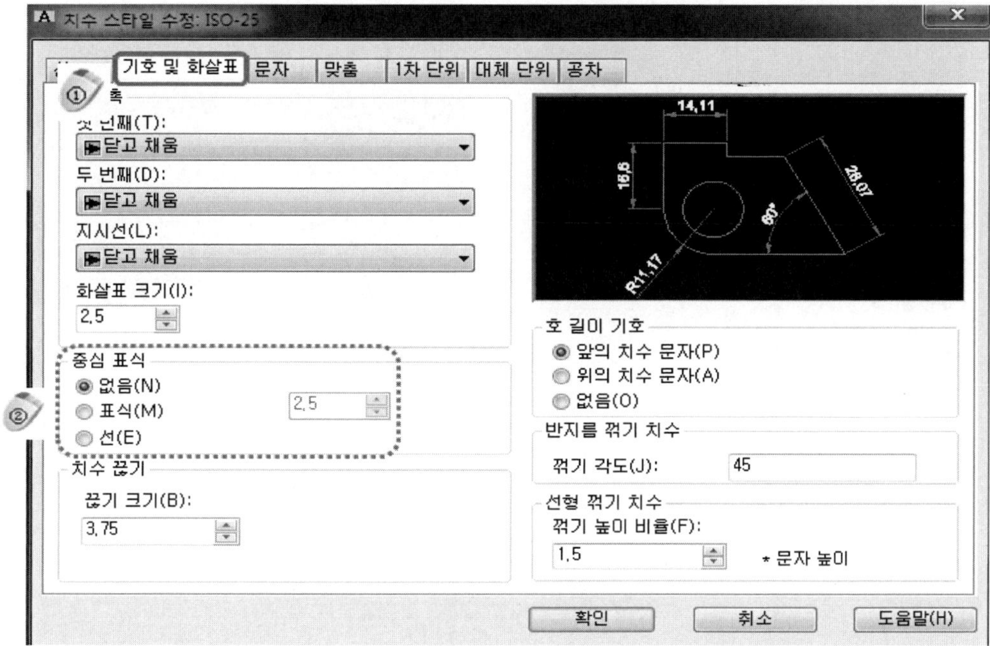

(4) 문자를 선택한 후에 문자 색상을 노란색을 선택하고 문자높이를 3.5 입력한 후에 문자스타일을 클릭한다. 그리고 글꼴 이름을 romans.shx를 선택하고 적용, 닫기를 클릭한다.

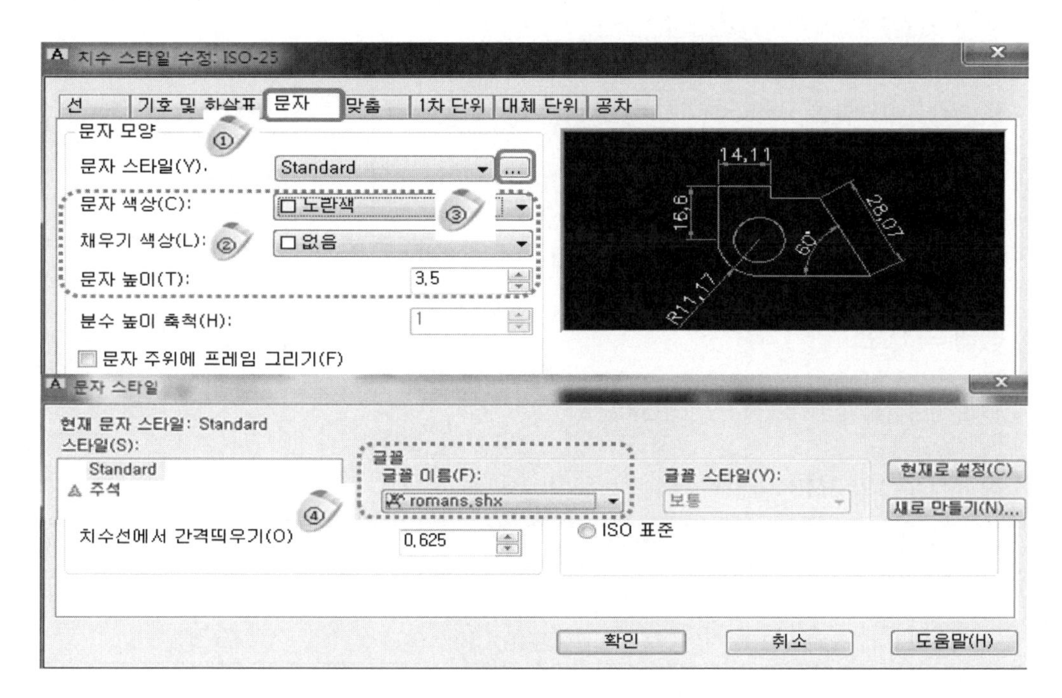

(5) 1차 단위를 선택한 후에 소구 구분 기호를 마침표를 선택하고 확인을 클릭한다.

8 좌표의 이해

(1) 절대 좌표

항상 원점(0, 0)을 기준으로 좌표를 지정한다.

(2) 상대 좌표

마지막 점을 기준으로 떨어져 있는 상대적인 거리를 이용하여 좌표를 지정한다.

(3) 상대 극좌표

거리와 각도를 이용하며 시계반대방향이 + 각도이다.

(4) Auto CAD의 표현 방법

절대 좌표	상대 좌표	상대 극좌표
X, Y	@X, Y	@거리〈각도
예 40, 30	예 @40, 30	예 @50〈60

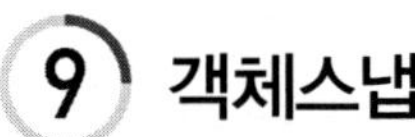

9 객체스냅 설정(단축키: F3 또는)

☑ 마우스 포인트로 위치를 지정할 때, 객체의 특정 점으로만 위치를 지정할 수 있도록 사용하는 보조기구이다. 따라서 보다 쉽게 도면을 그리기 위해서는 반드시 필요하다.

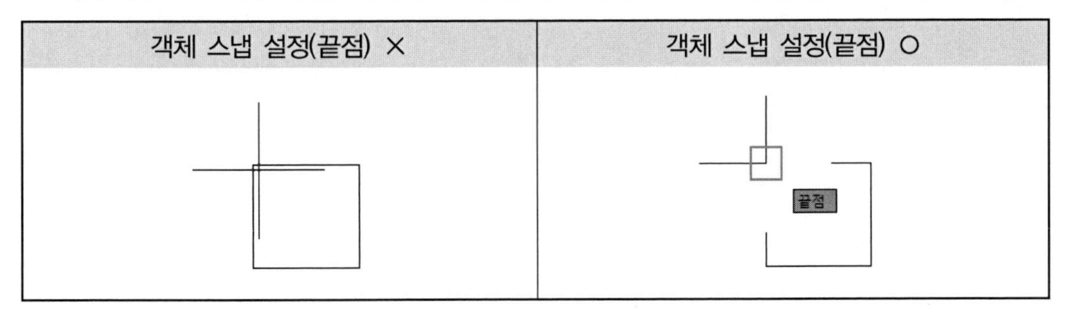

(1) Ctrl 키 누른 상태에서 오른쪽 마우스 버튼을 클릭하거나 객체스냅 표시에서 오른쪽 마우스 버튼을 클릭하여 설정을 선택한다.

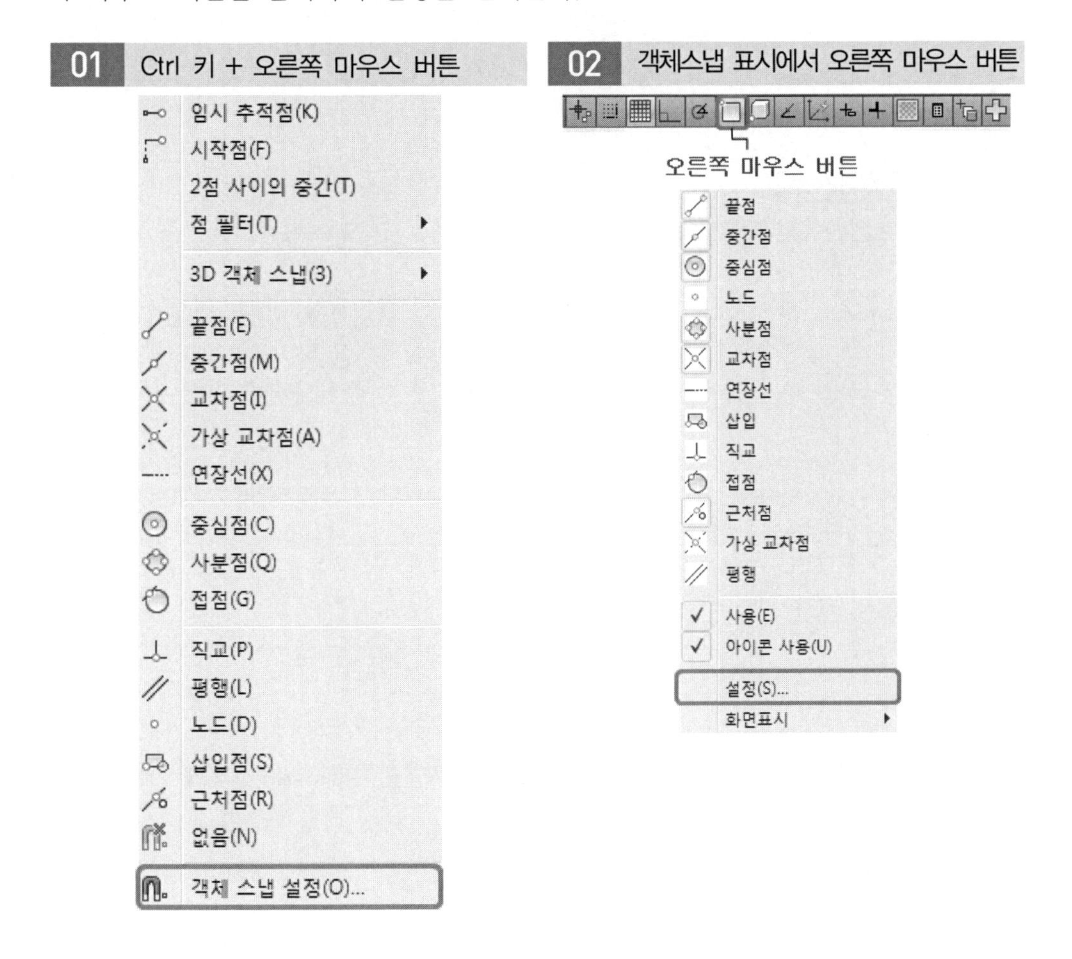

(2) 객체 스냅 모드에서 사용자에 필요한 것만 선택하고, 확인을 클릭한다.

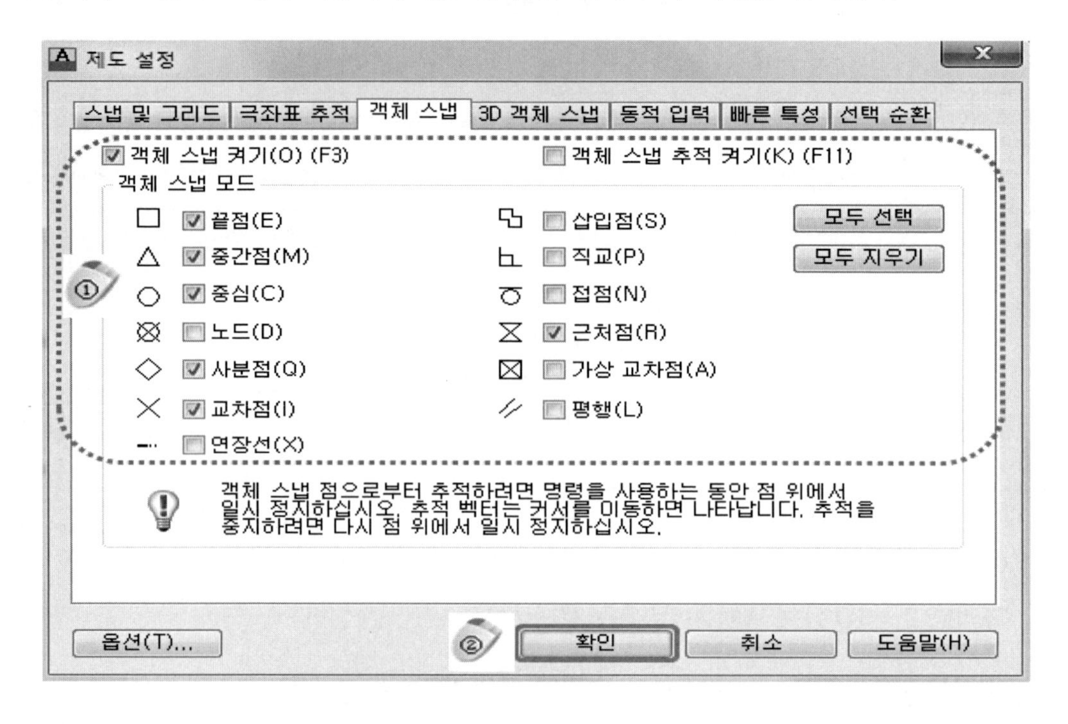

⑩ 객체 선택

01 윈도우 선택 : 커서를 왼쪽에서 오른쪽으로 끌었을 때 실선의 직사각형 영역안에 완전히 포함된 객체만 선택한다.

02 클로우스 선택 : 커서를 오른쪽에서 왼쪽으로 끌었을 때 점선의 직사각형에 포함되거나 걸치는 객체들을 선택한다.

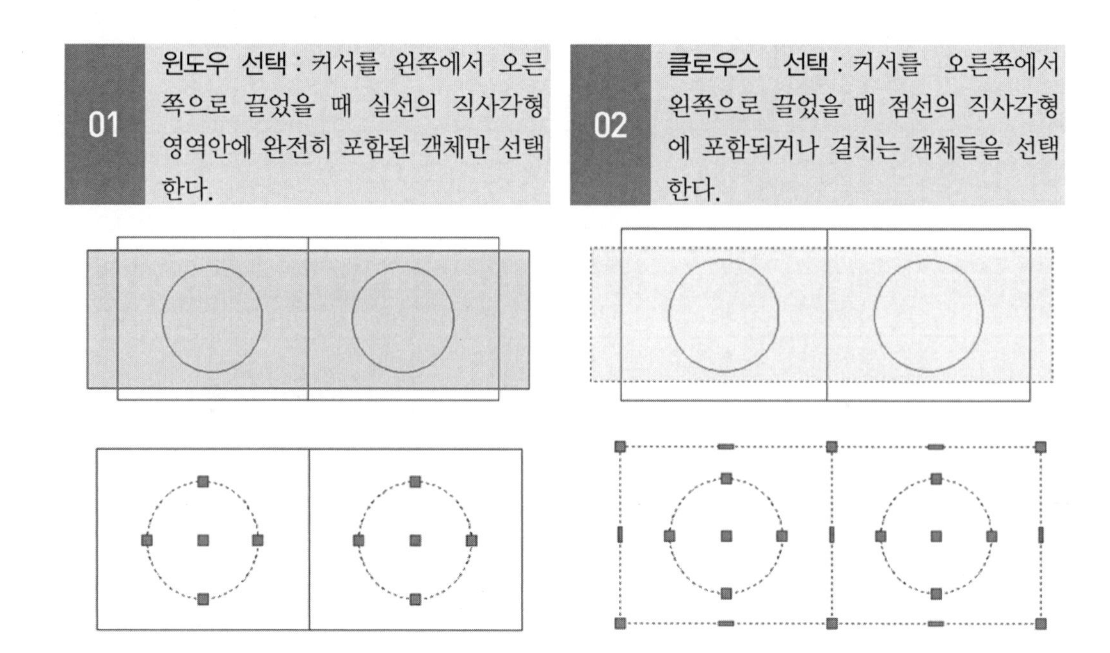

03 Auto CAD 기초 도면

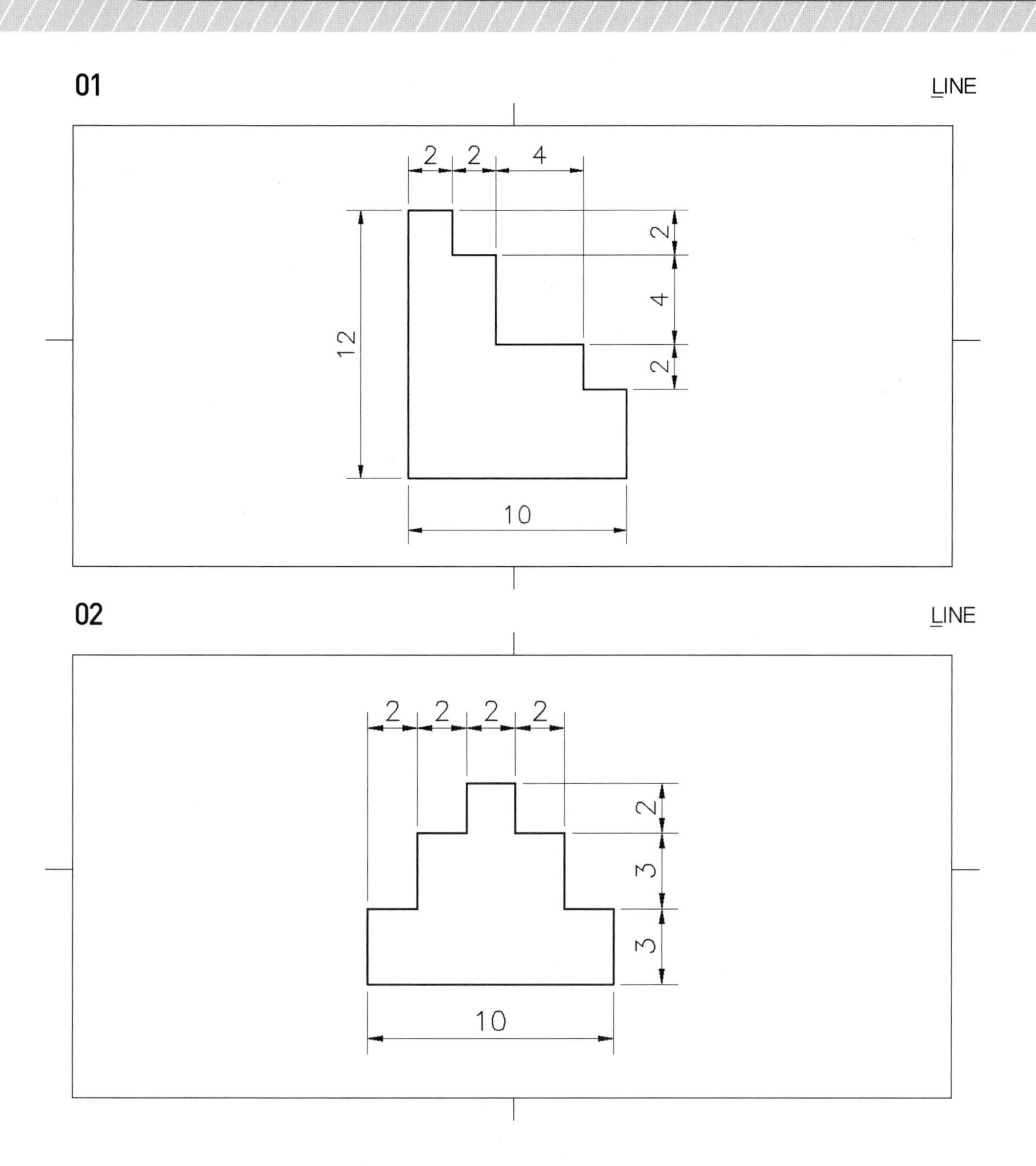

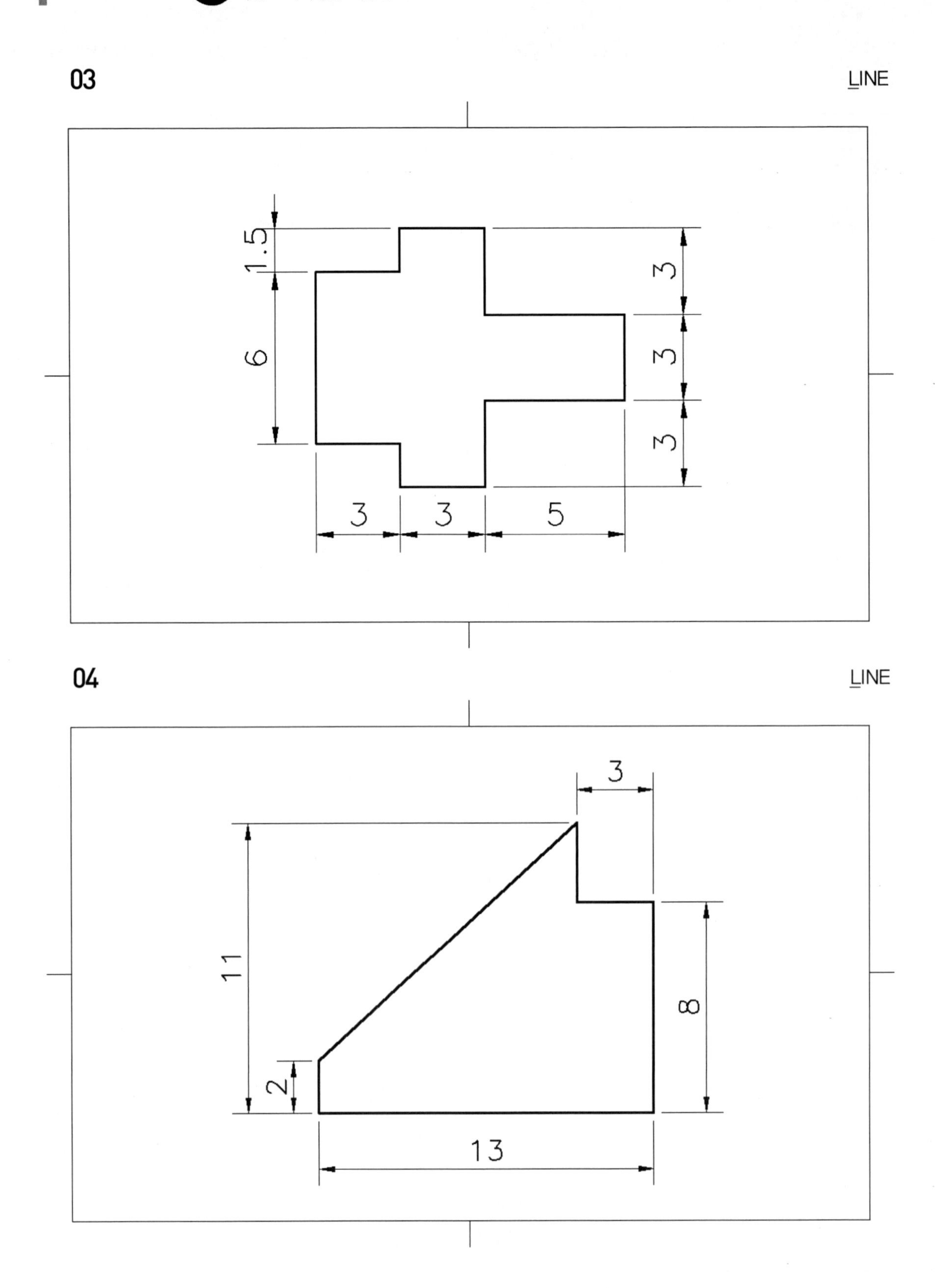
03
LINE
1.5
6
3
3
3
3
3
5
04
LINE
3
11
2
8
13

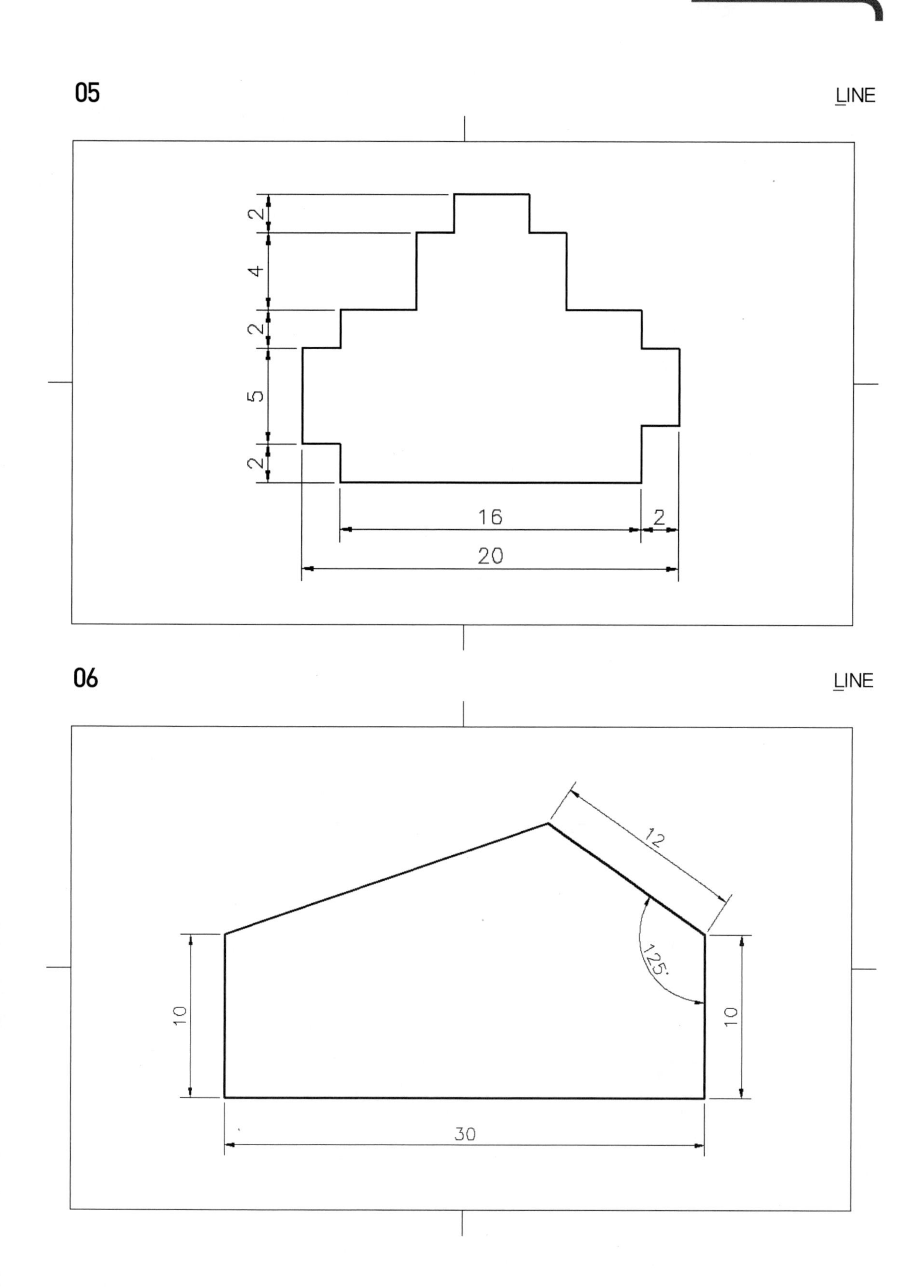
05
LINE
2
4
2
5
2
16
2
20
06
LINE
12
125°
10
10
30

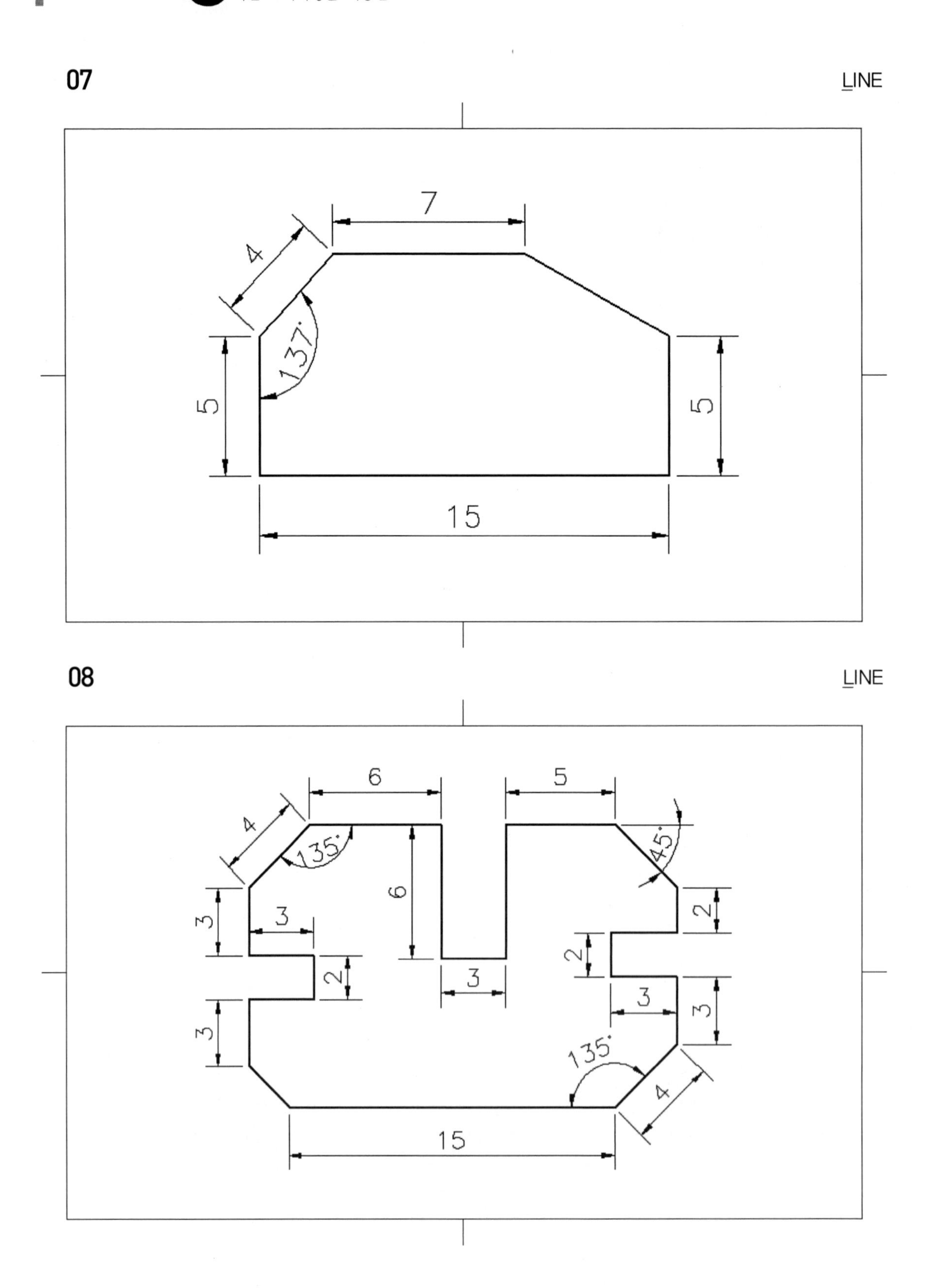
07
LINE
7
4
137°
5
5
15
08
LINE
6
5
4
135°
45°
6
3
3
3
2
3
2
2
3
3
135°
4
15

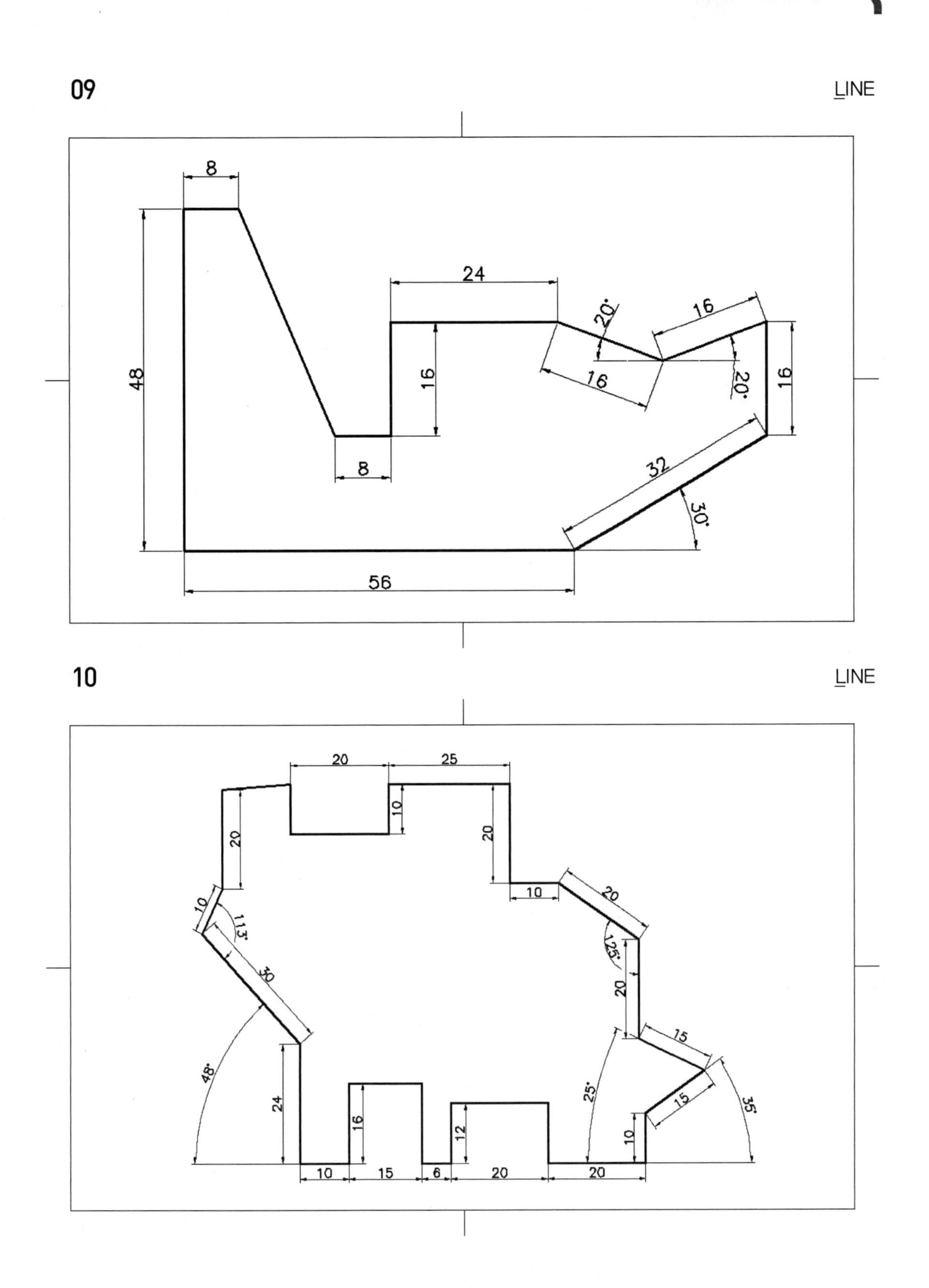
09
LINE
8
48
24
20°
16
16
16
20°
16
8
32
30°
56
10
LINE
20
25
10
20
20
10
20
10
113°
125°
30
20
15
48°
24
16
12
25°
15
35°
10
10
15
6
20
20

11

CIRCLE

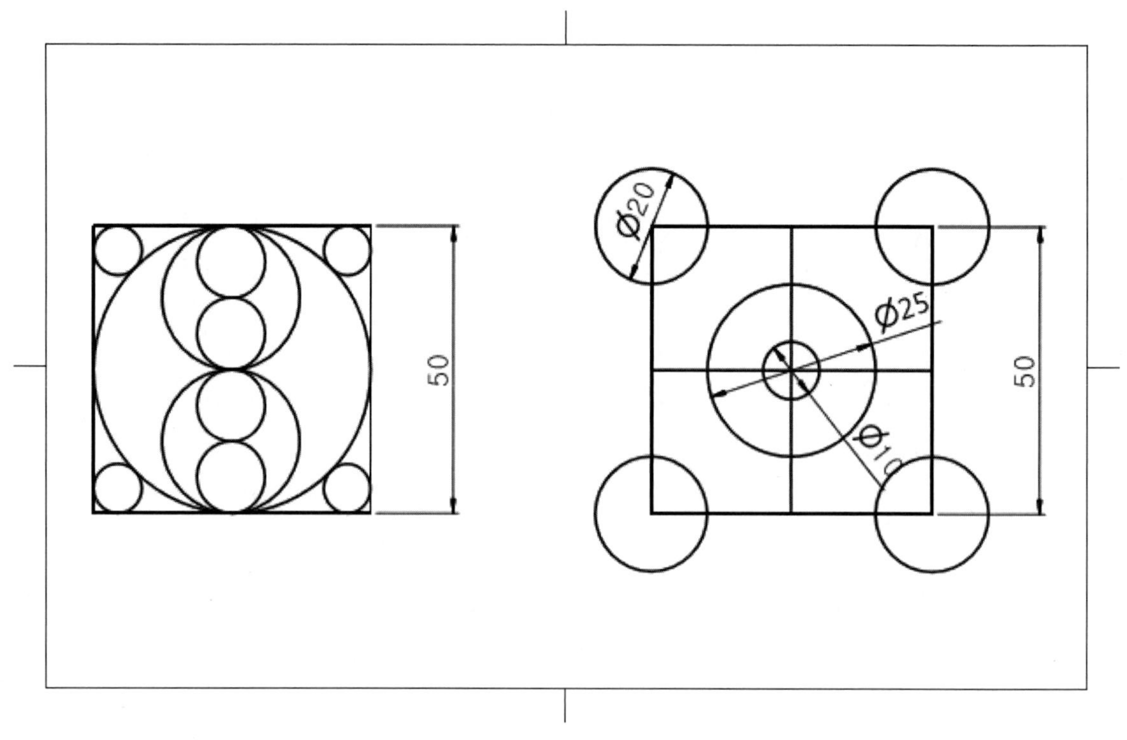

12

CIRCLE

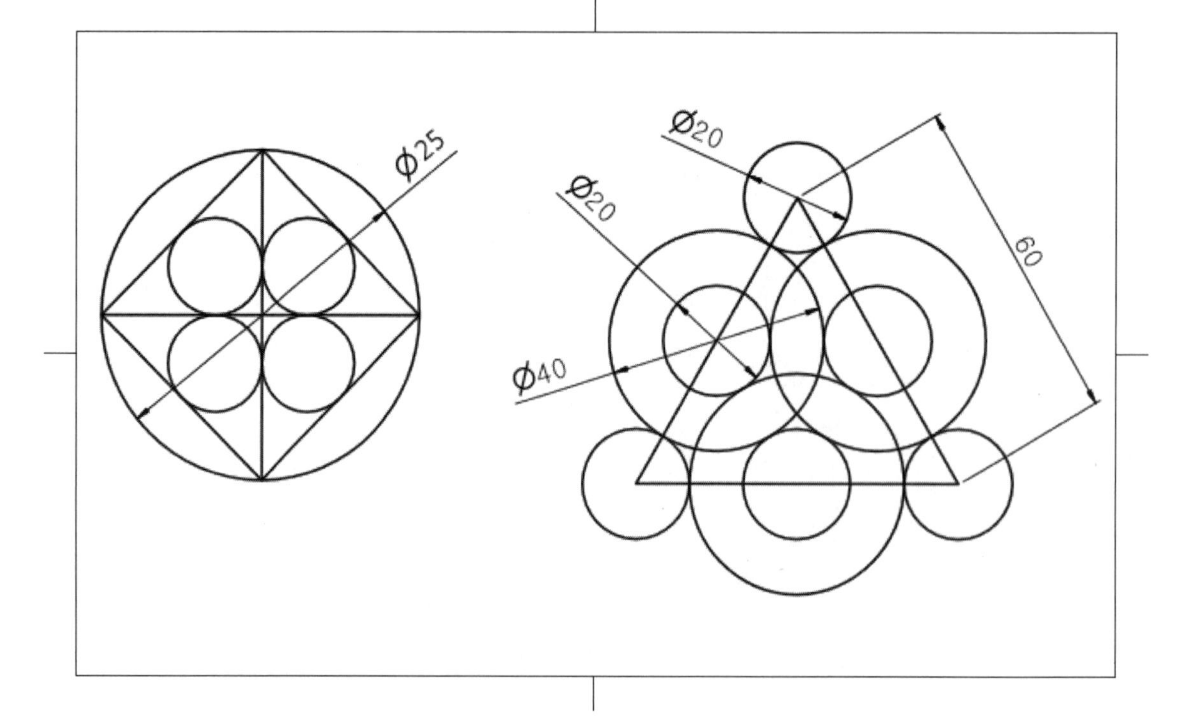

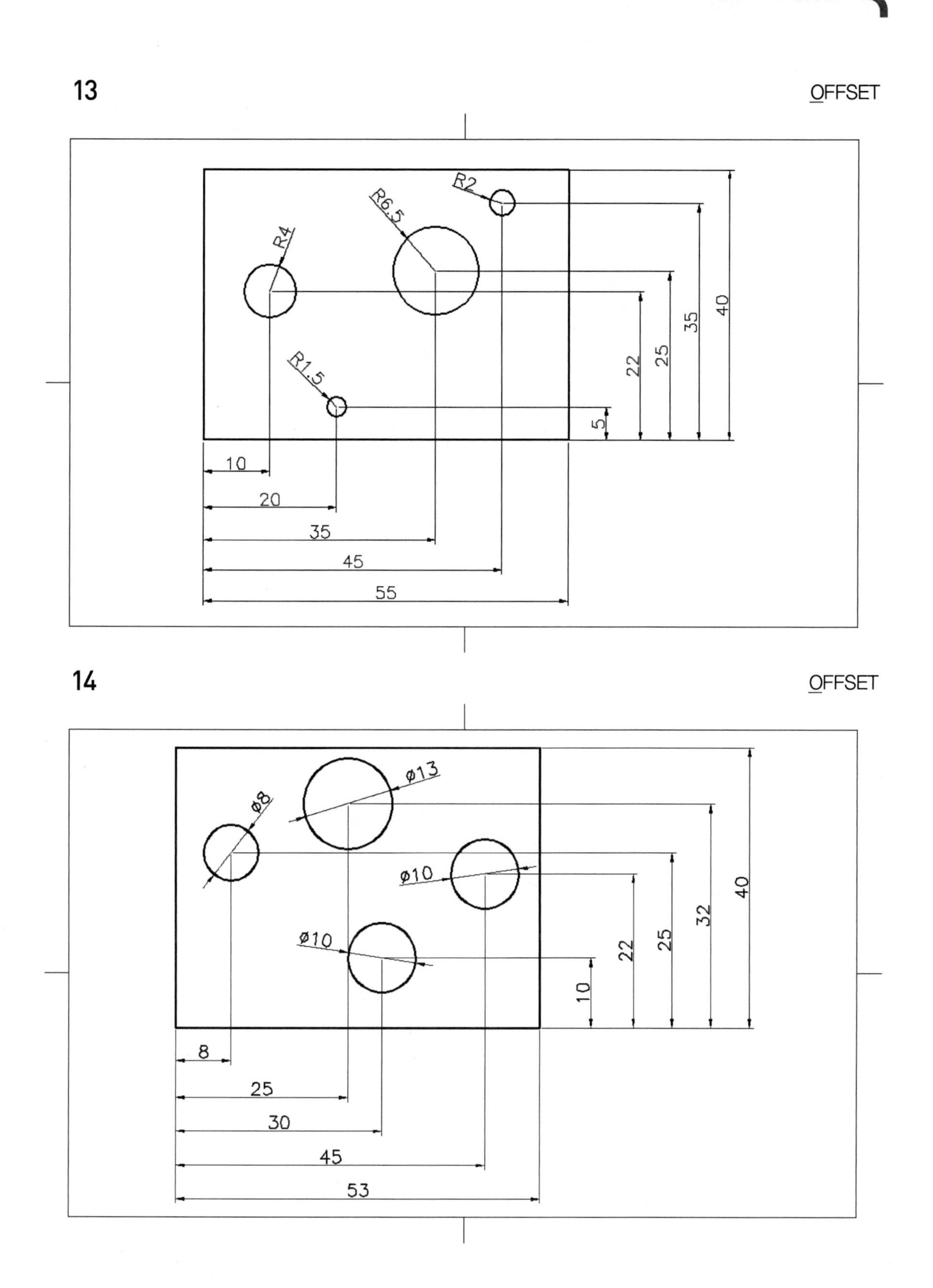
13
OFFSET
R2
R6.5
R4
R1.5
5
22
25
35
40
10
20
35
45
55
14
OFFSET
ø8
ø13
ø10
ø10
10
22
25
32
40
8
25
30
45
53

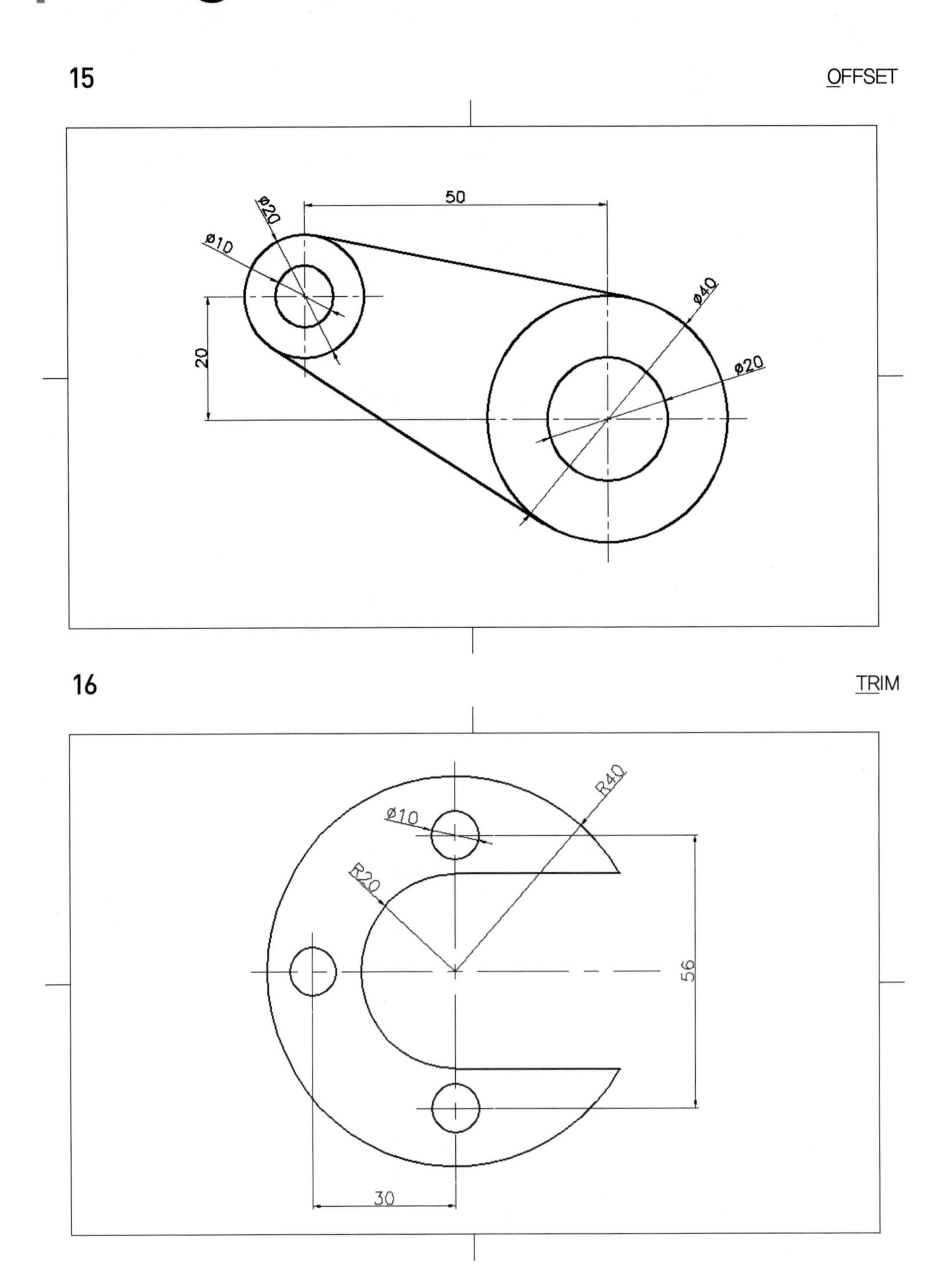
15
OFFSET
50
ø20
ø10
ø40
ø20
20
16
TRIM
R40
ø10
R20
56
30

17

TRIM

18

TRIM

19

RECTANG ,EXPLODE

20

RECTANG ,EXPLODE

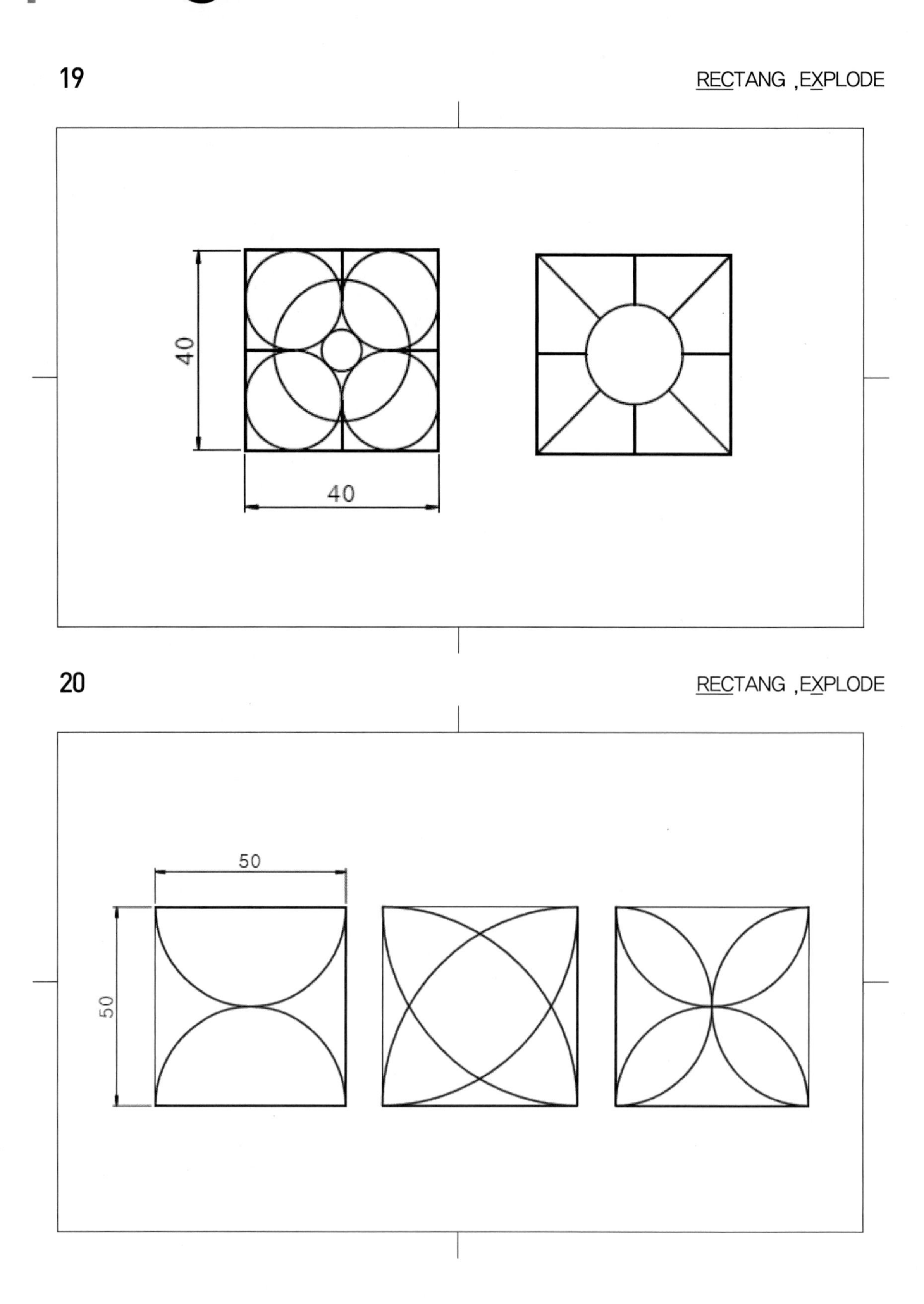

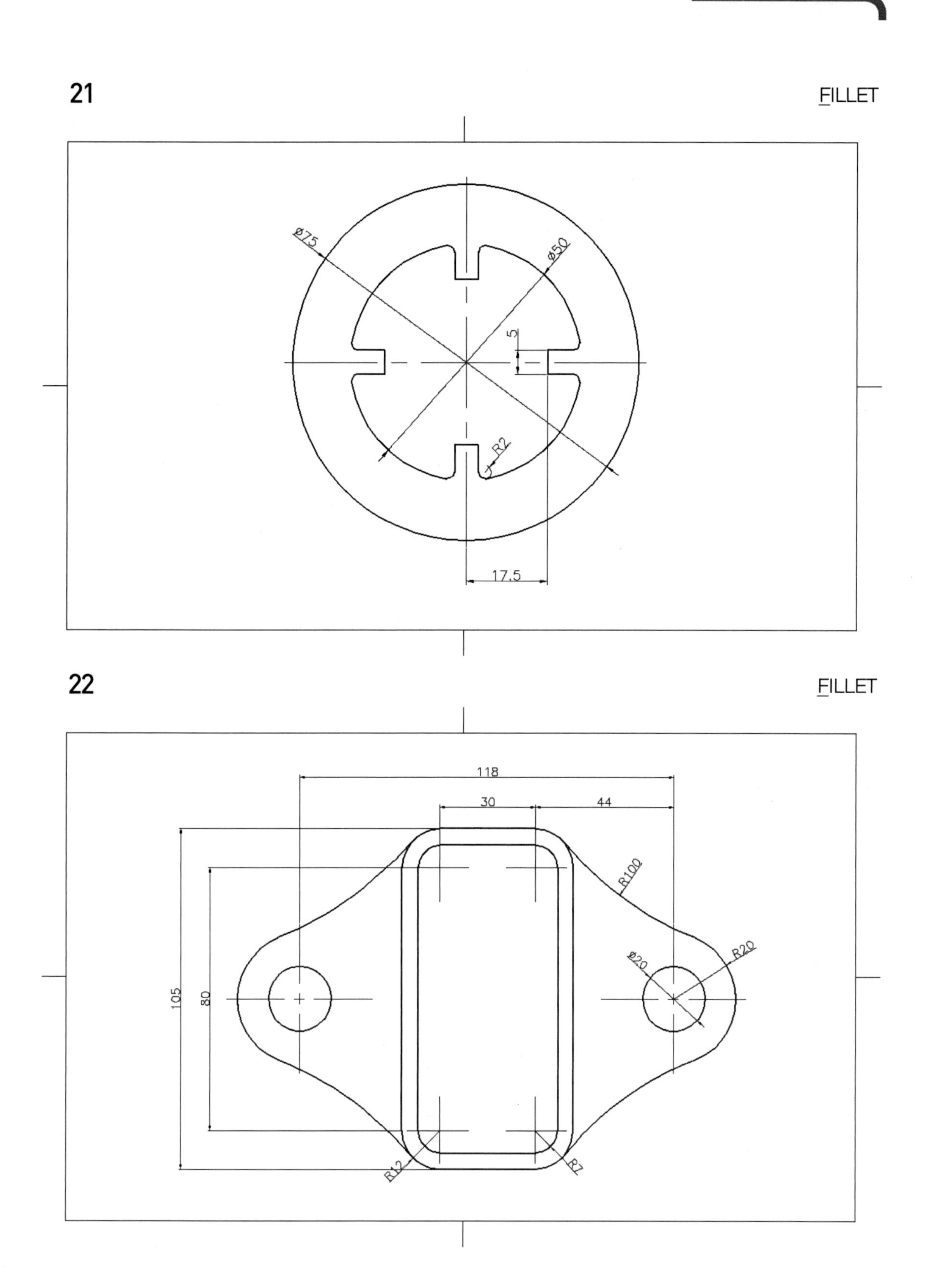
21
FILLET
ø75
ø50
5
R2
17.5
22
FILLET
118
30
44
R100
ø20
R20
105
80
R12
R7

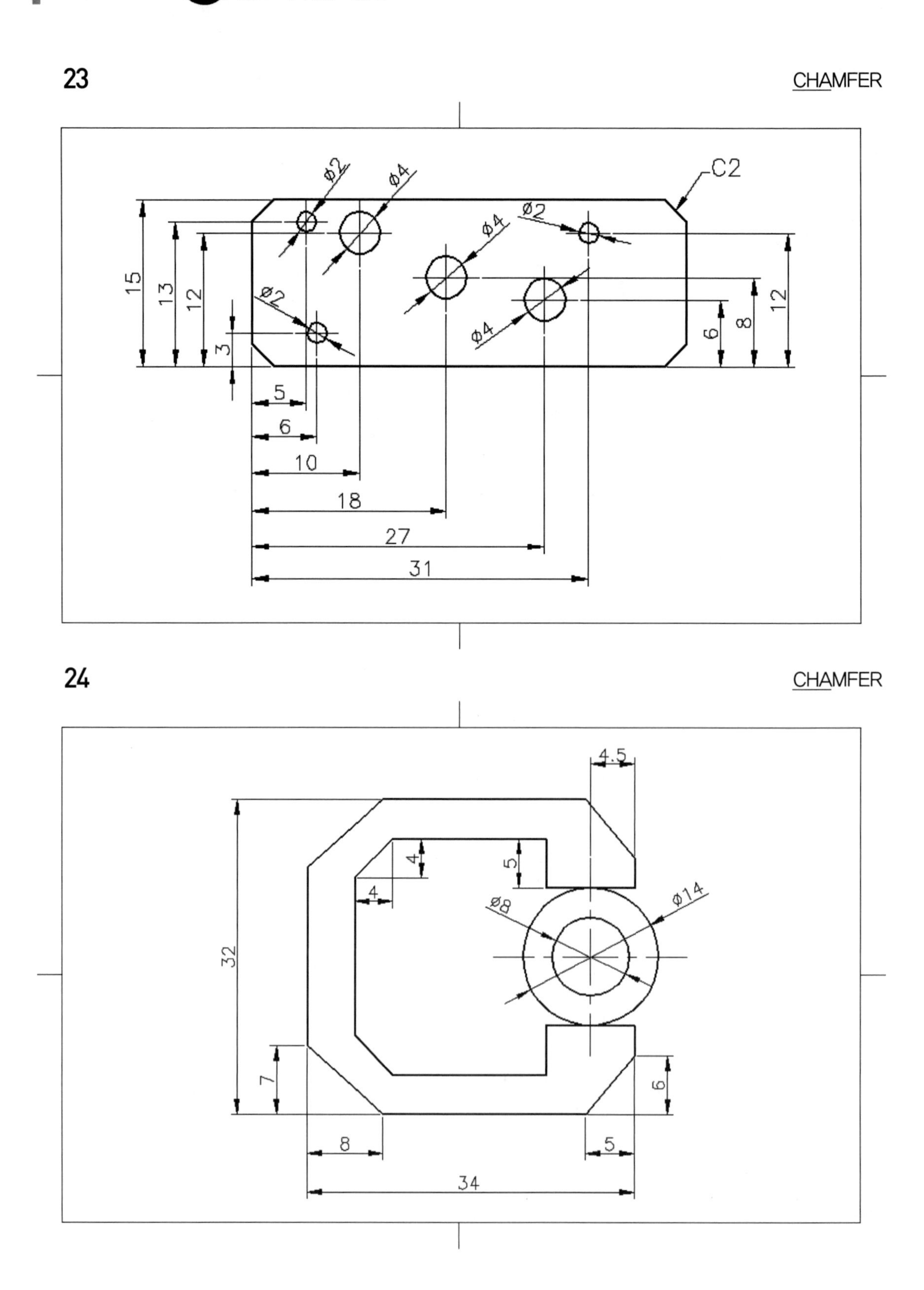
23
CHAMFER
C2
φ2
φ4
φ4
φ2
φ2
φ4
15
13
12
3
5
6
10
18
27
31
6
8
12
24
CHAMFER
4.5
4
5
4
φ8
φ14
32
7
6
8
5
34

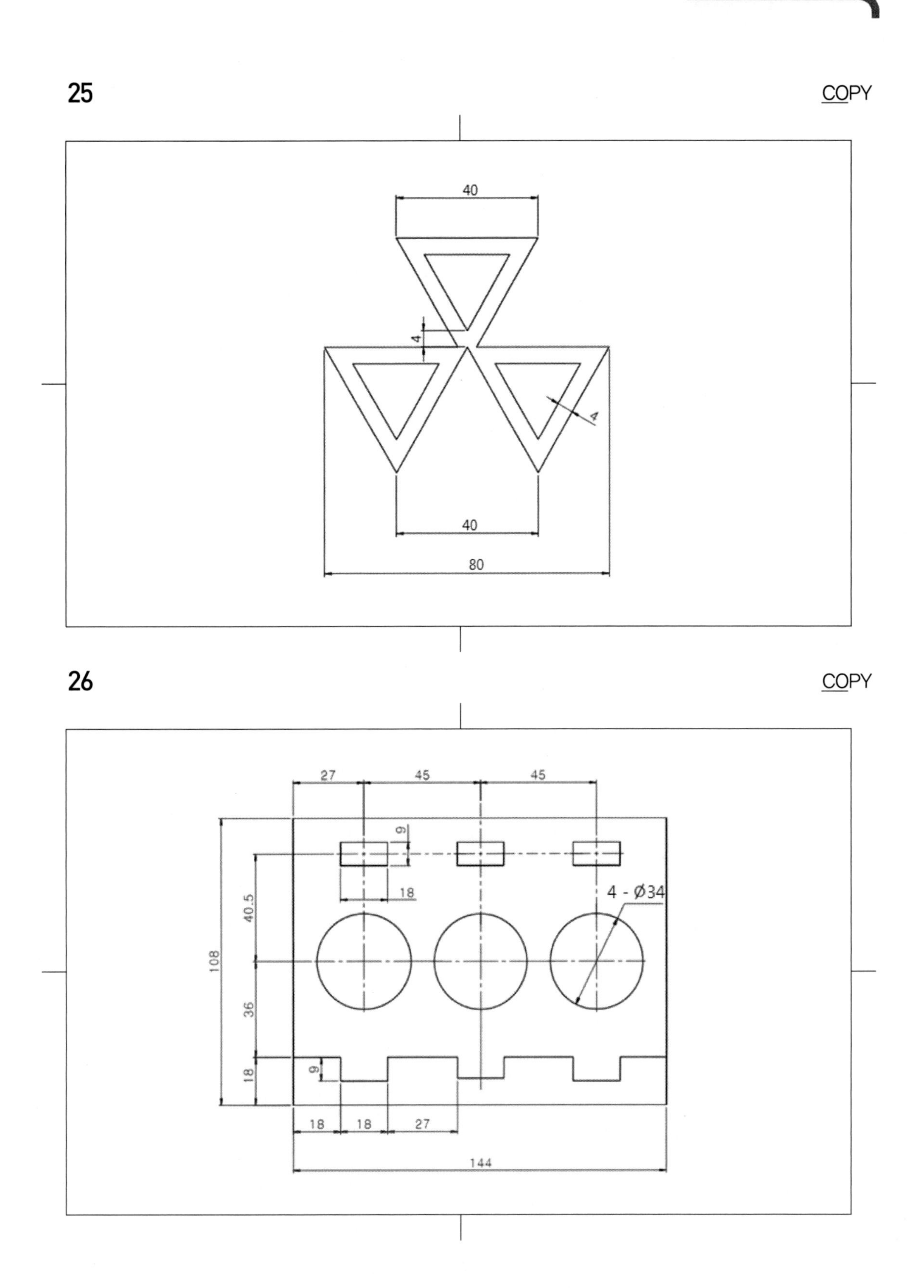
25
COPY
40
4
4
40
80
26
COPY
27
45
45
9
18
4 - Ø34
40.5
108
36
18
9
18
18
27
144

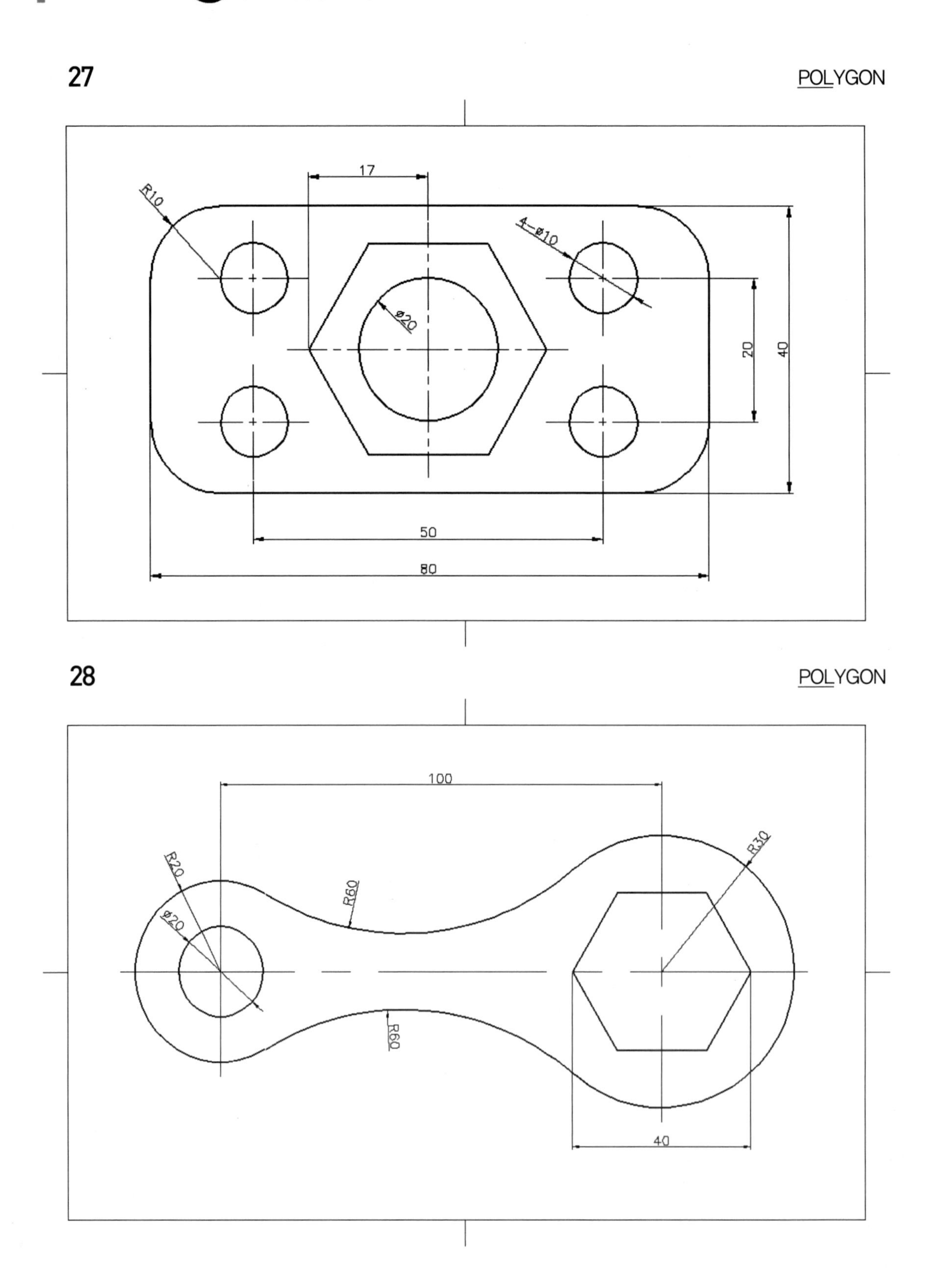
27
POLYGON
17
R10
4-⌀10
⌀20
20
40
50
80
28
POLYGON
100
R20
⌀20
R60
R30
R60
40

29

ARREY

30

ARREY

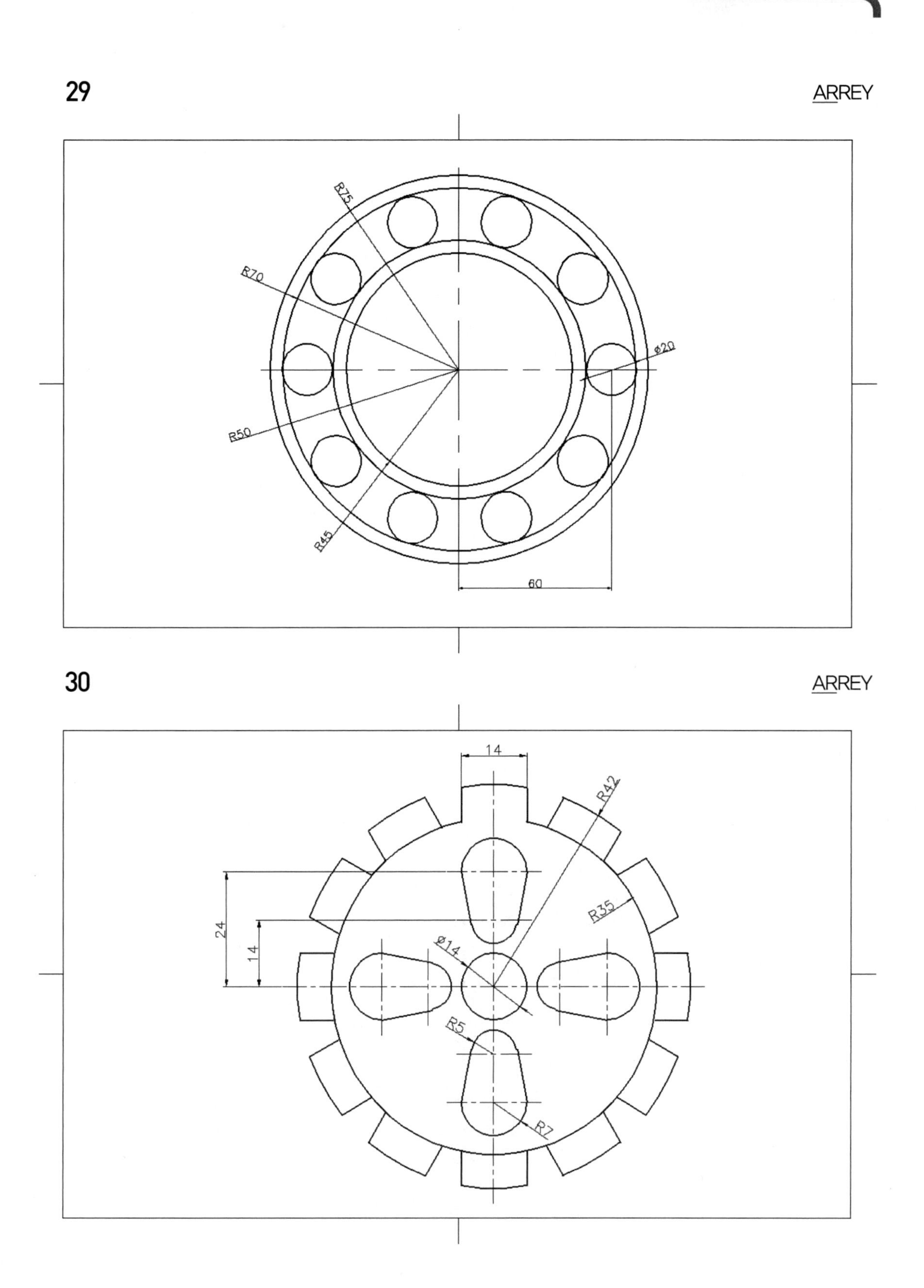

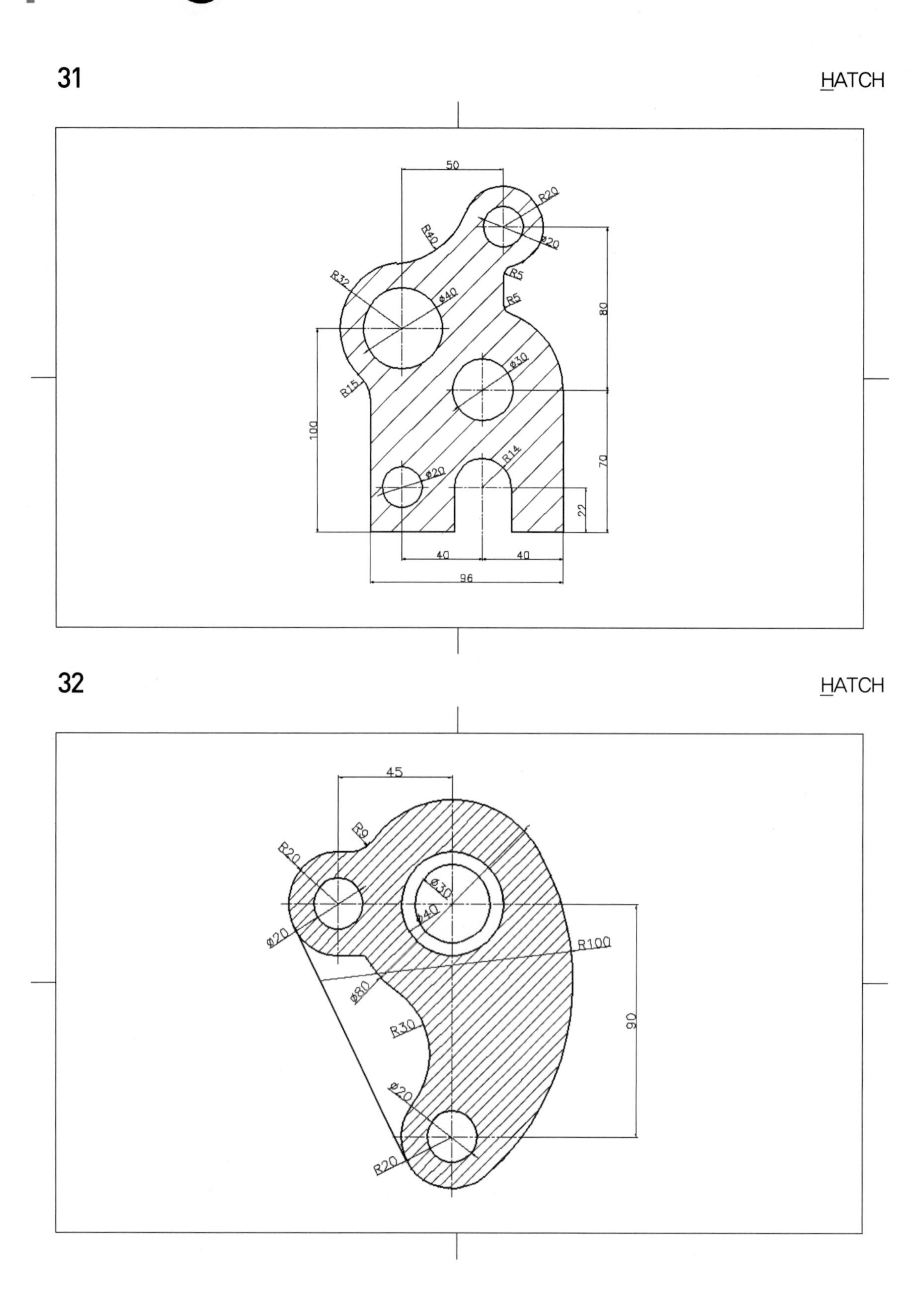
31
HATCH
50
R20
R40
ø20
R32
R5
ø40
R5
80
ø30
R15
100
70
R14
ø20
22
40
40
96
32
HATCH
45
R9
R20
ø30
ø40
ø20
R100
ø80
90
R30
ø20
R20

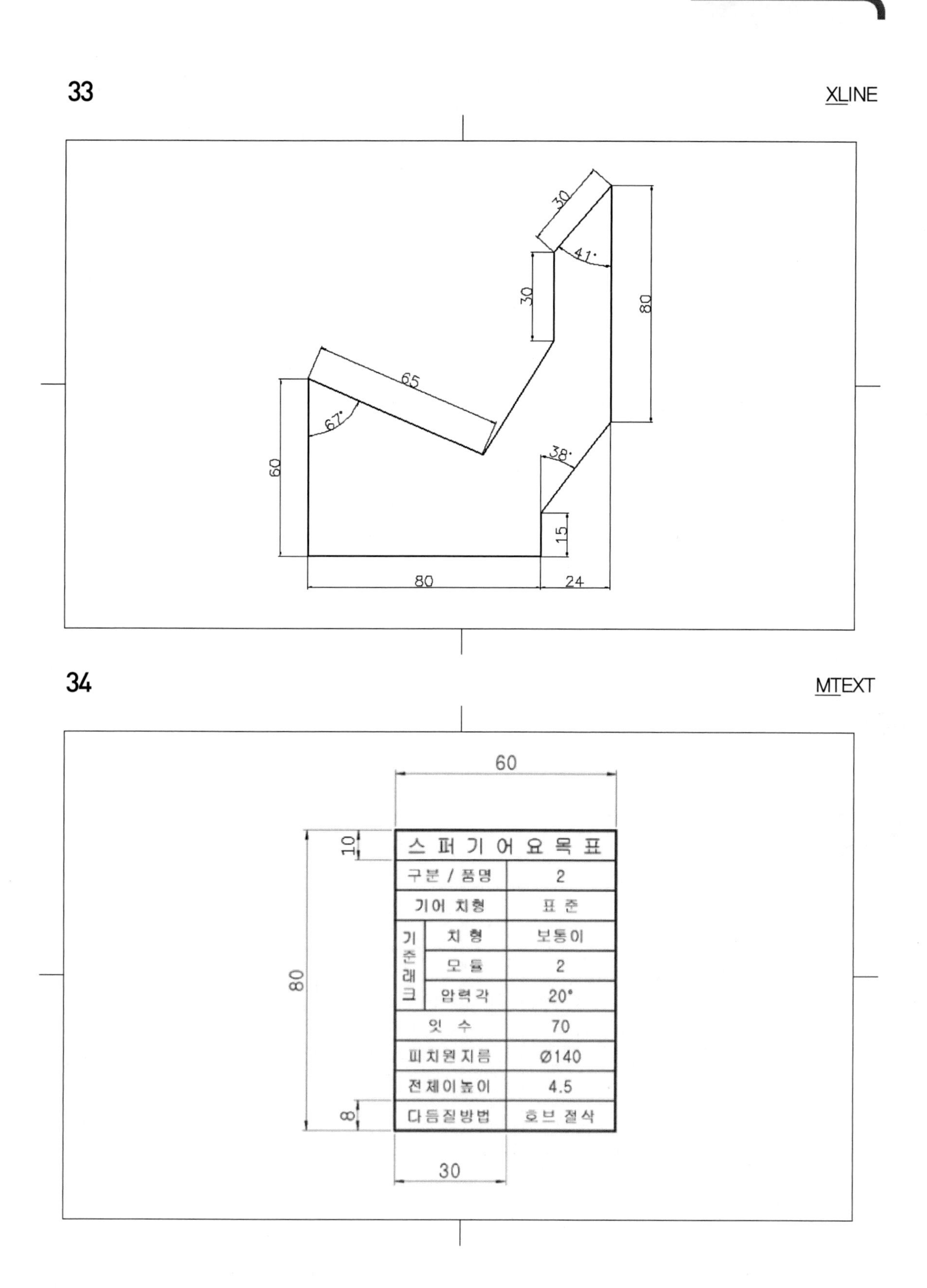

스 퍼 기 어 요 목 표		
구분 / 품명		2
기어 치형		표 준
기준래크	치 형	보통이
	모 듈	2
	압력각	20°
잇 수		70
피치원지름		Ø140
전체이높이		4.5
다듬질방법		호브 절삭

35

MTEXT

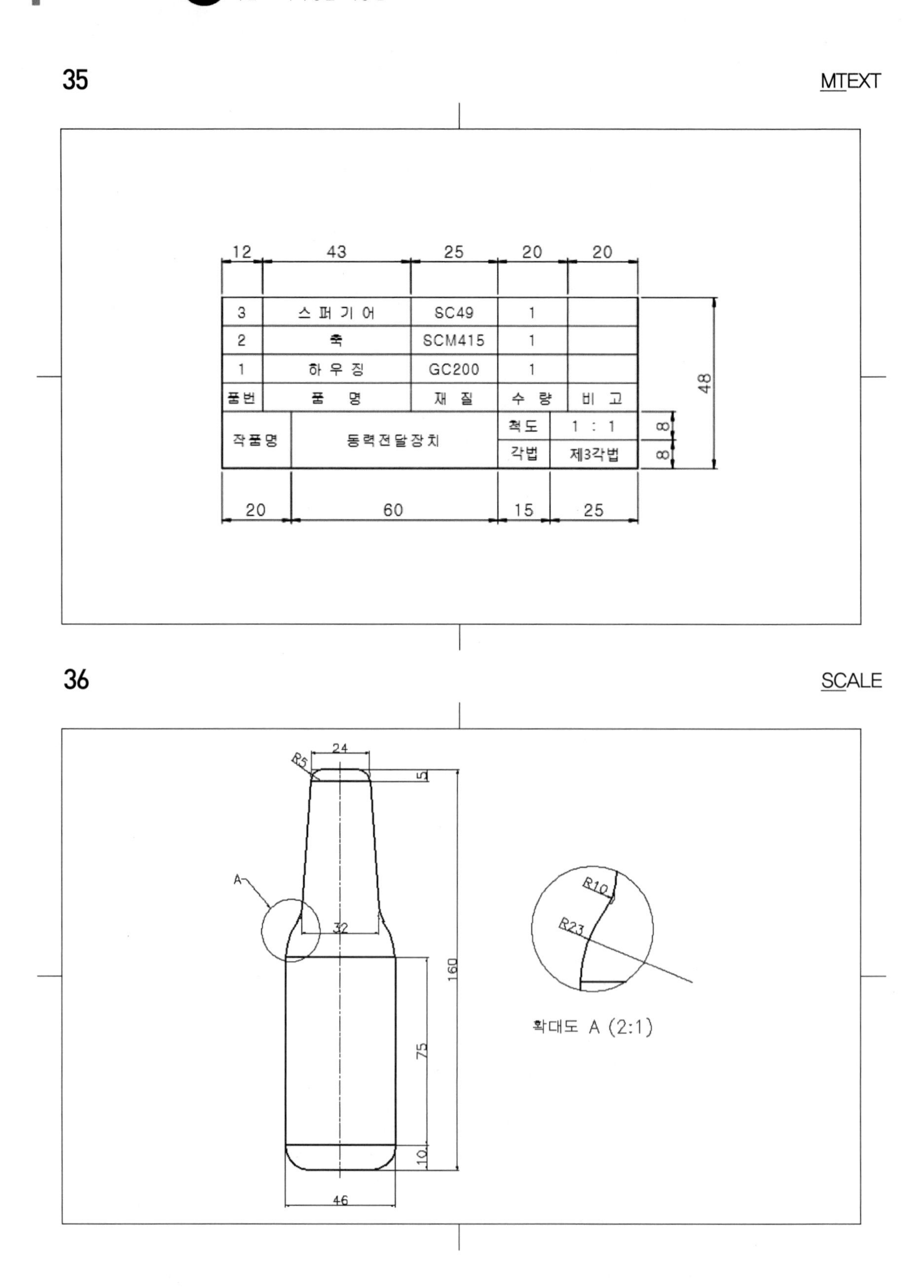

36

SCALE

04 Auto CAD 응용 도면

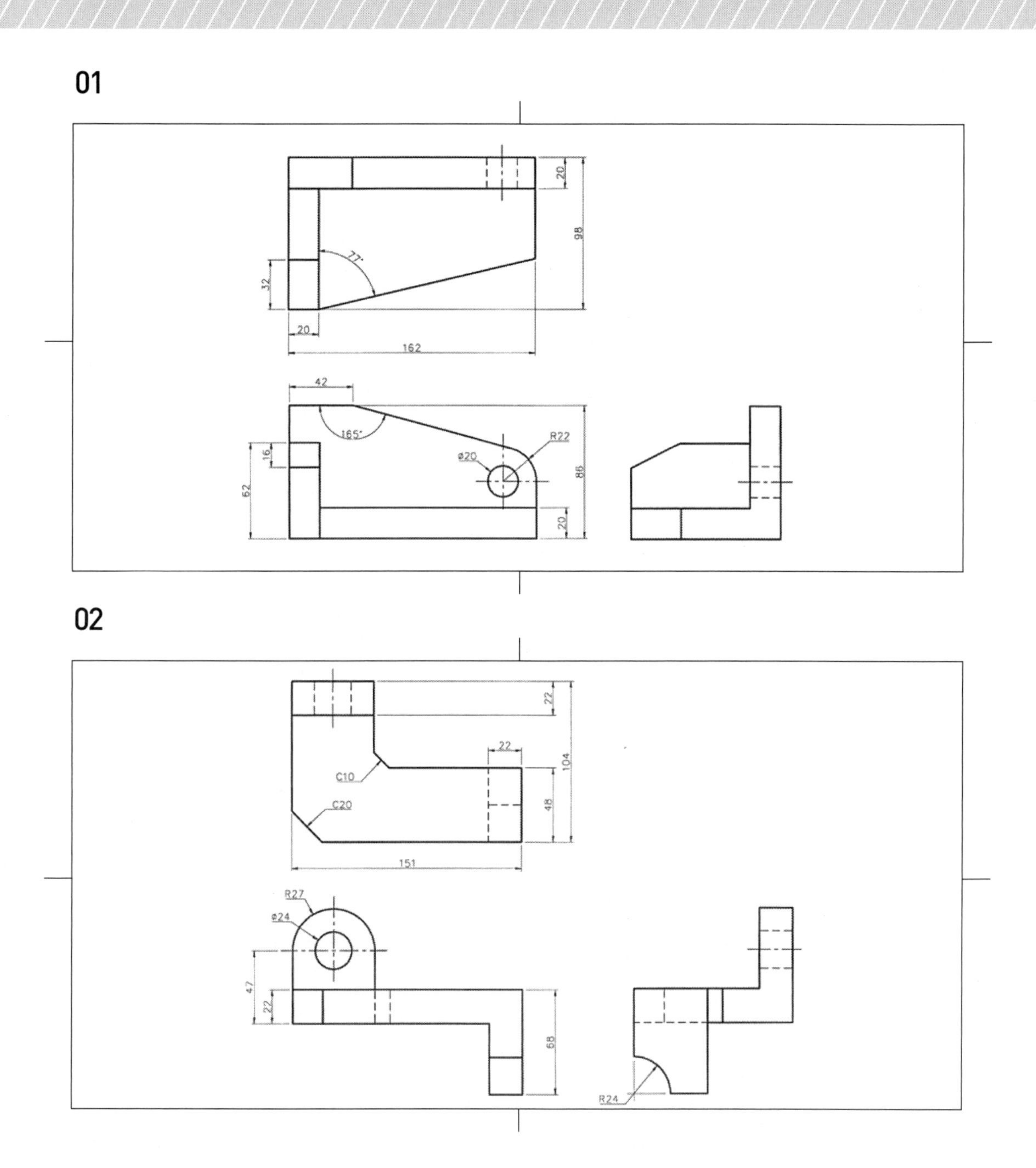

03

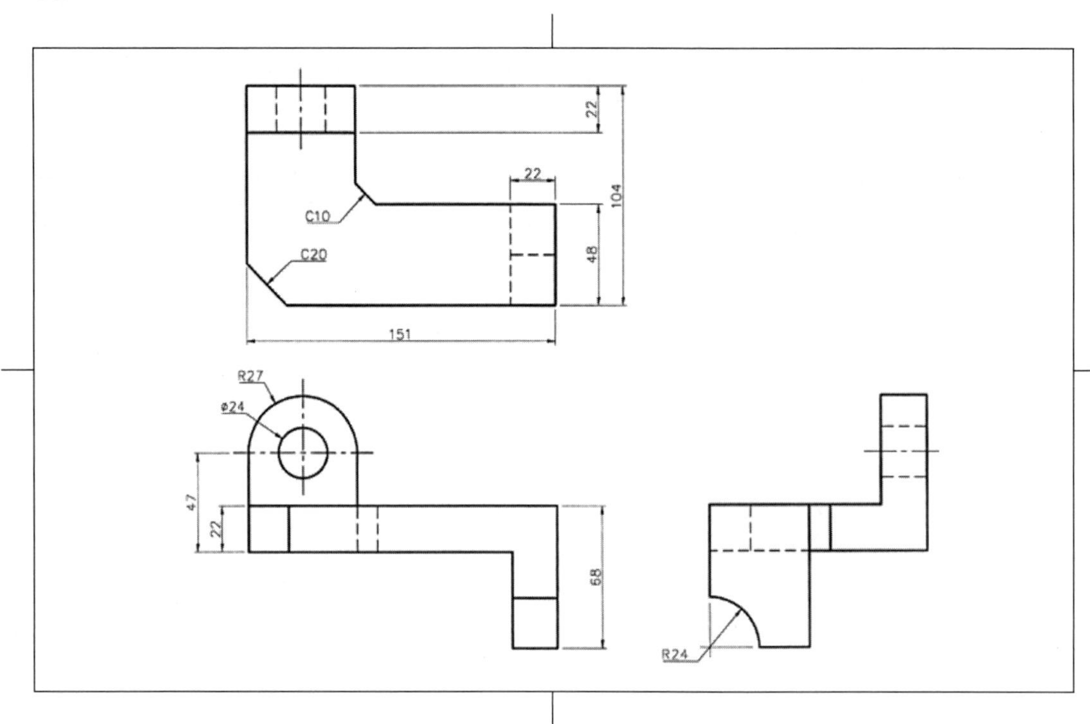
22
104
22
C10
48
C20
151
R27
ø24
47
22
68
R24

04

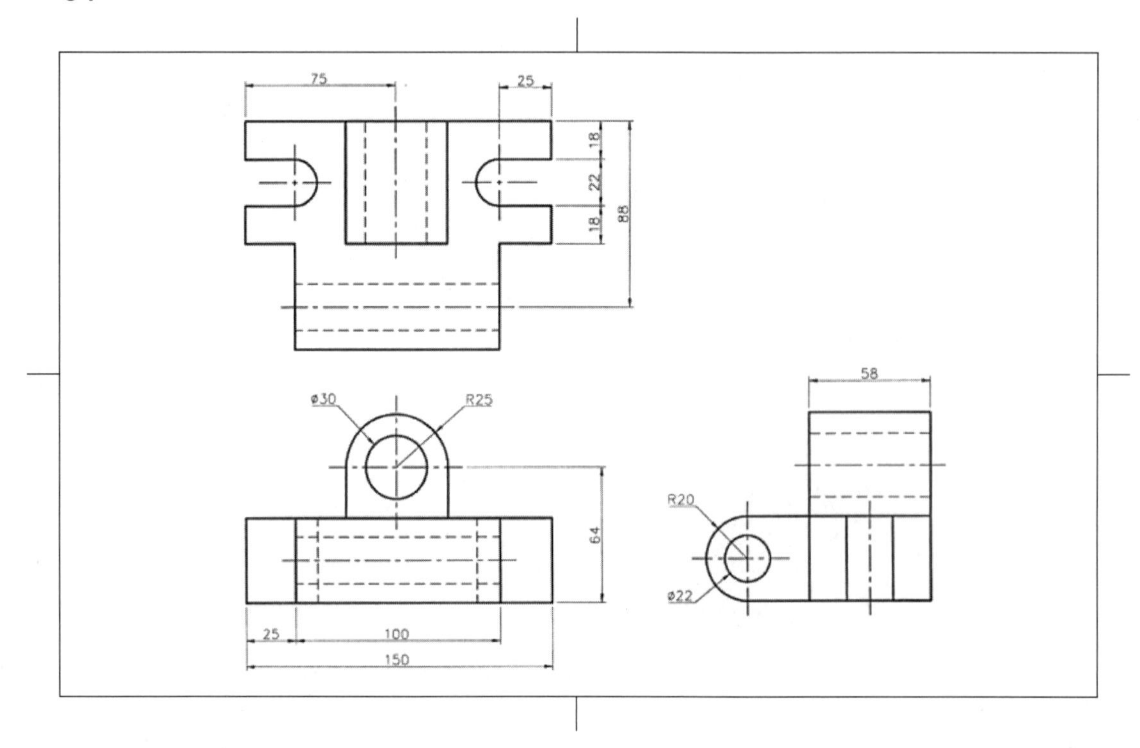
75
25
18
22
18
88
58
ø30
R25
R20
64
ø22
25
100
150

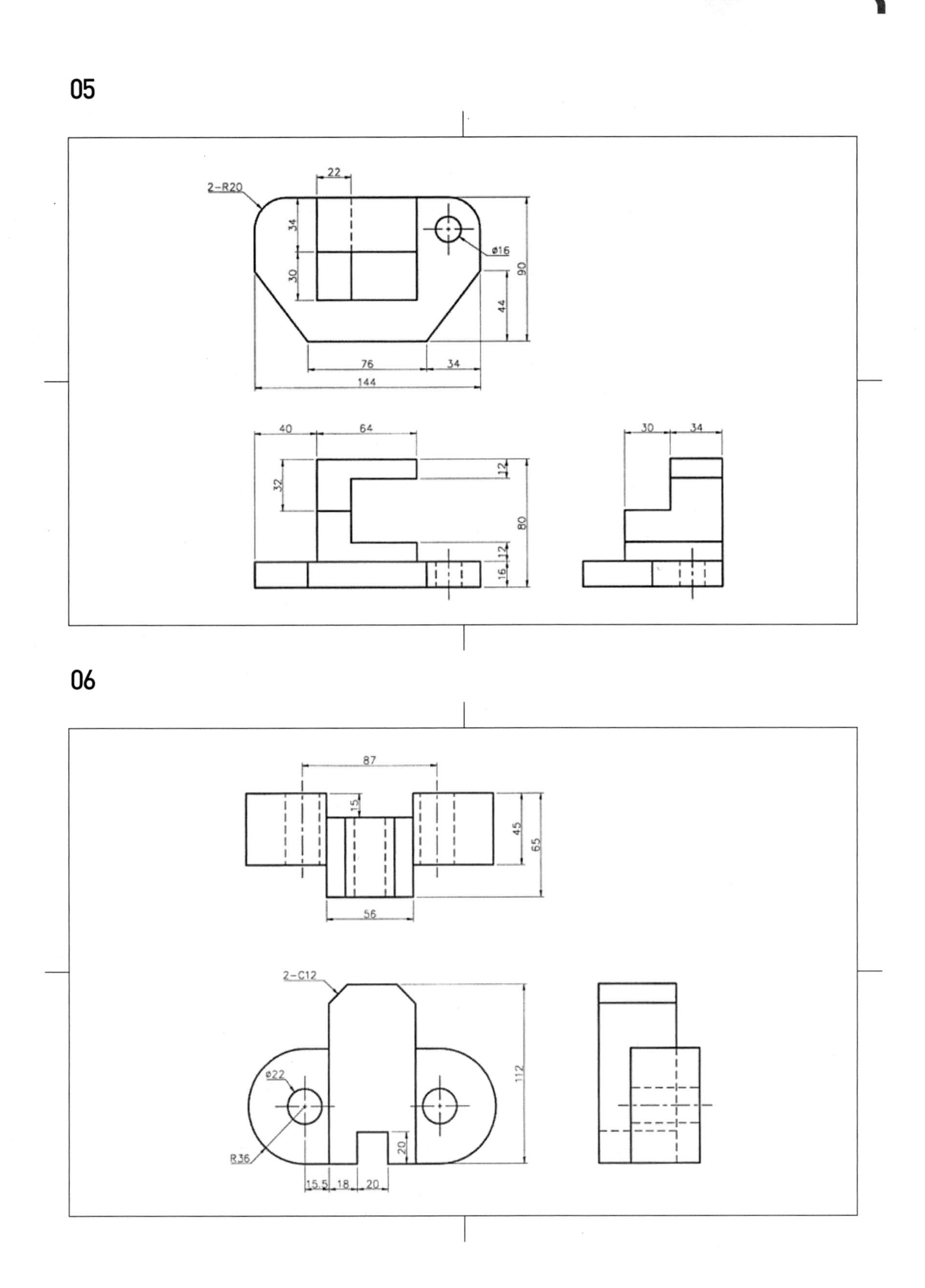
05
2-R20
22
34
30
ø16
90
44
76
34
144
40
64
32
12
80
12
16
30
34
06
87
15
45
65
56
2-C12
ø22
R36
112
20
15.5
18
20

07

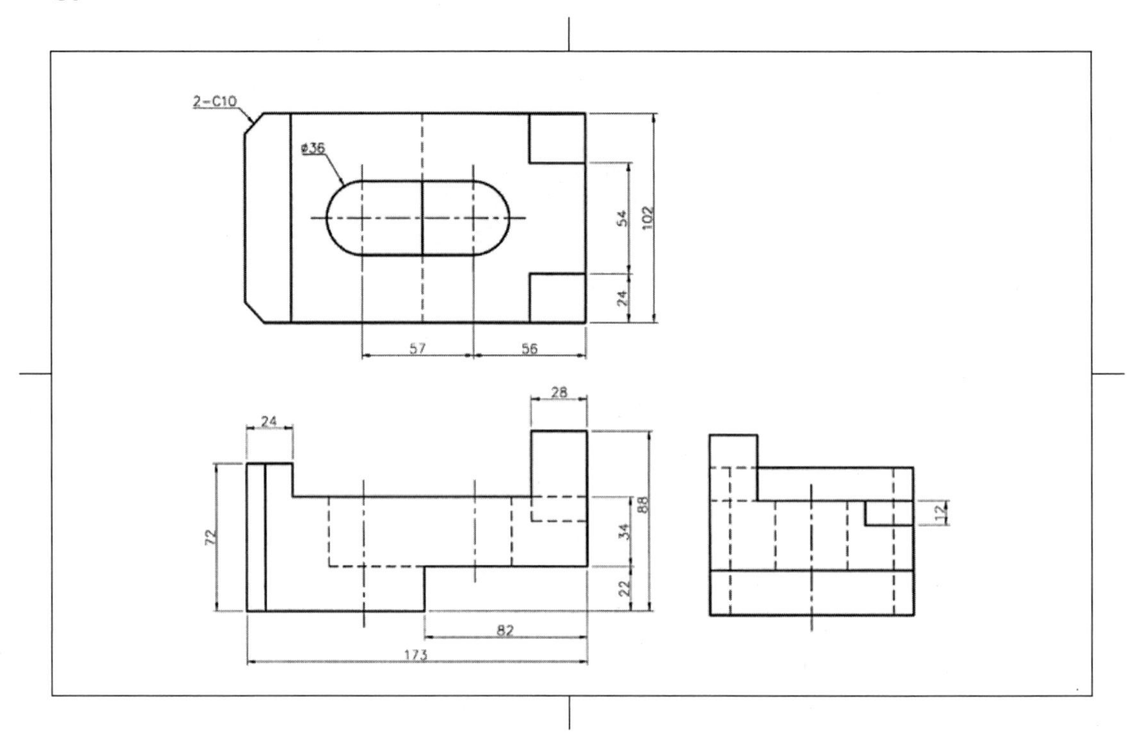
2-C10
ø36
54
102
24
57
56
28
24
72
34
88
22
82
173
12

08

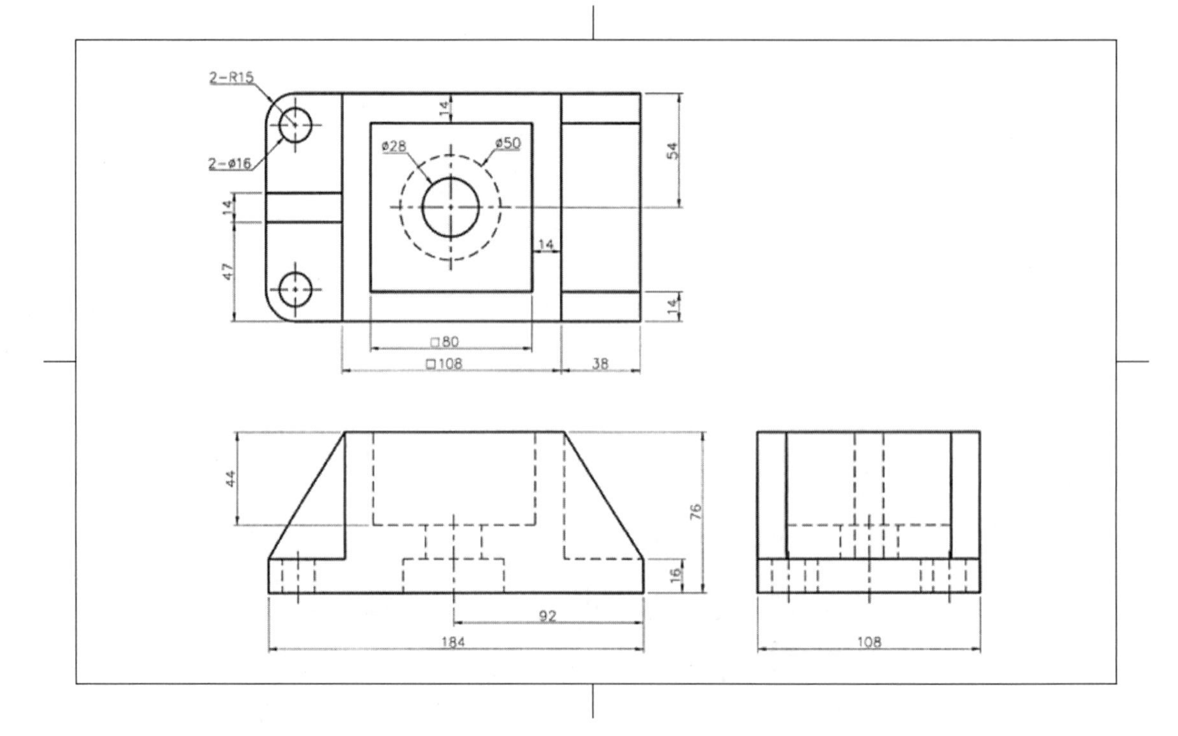
2-R15
2-ø16
14
ø28
ø50
54
14
47
14
14
□80
□108
38
44
76
16
92
184
108

09

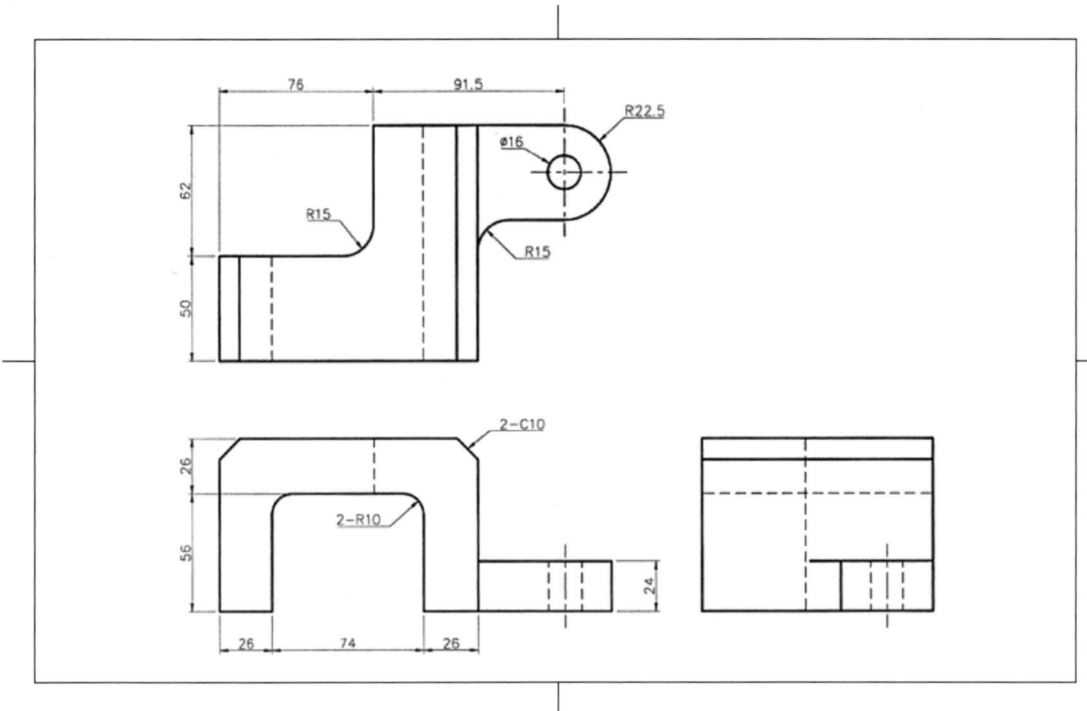
76
91.5
R22.5
ø16
62
R15
R15
50
2-C10
26
2-R10
56
24
26
74
26

10

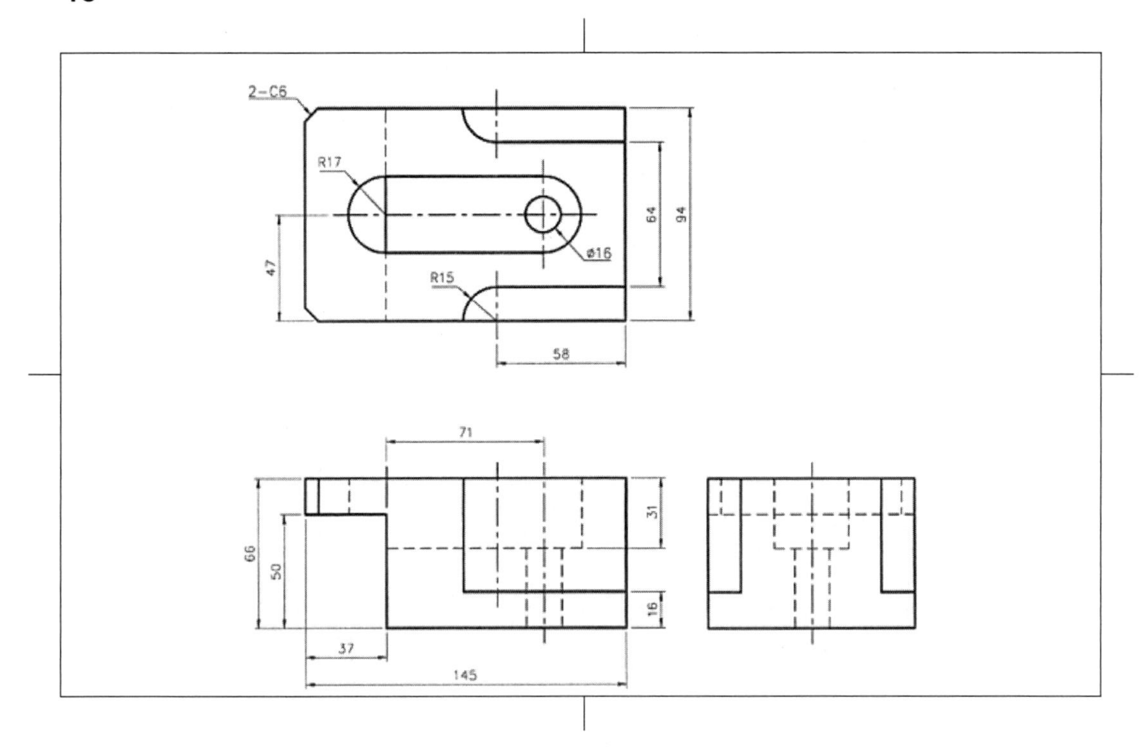
2-C6
R17
ø16
R15
47
64
94
58
71
66
50
31
16
37
145

11

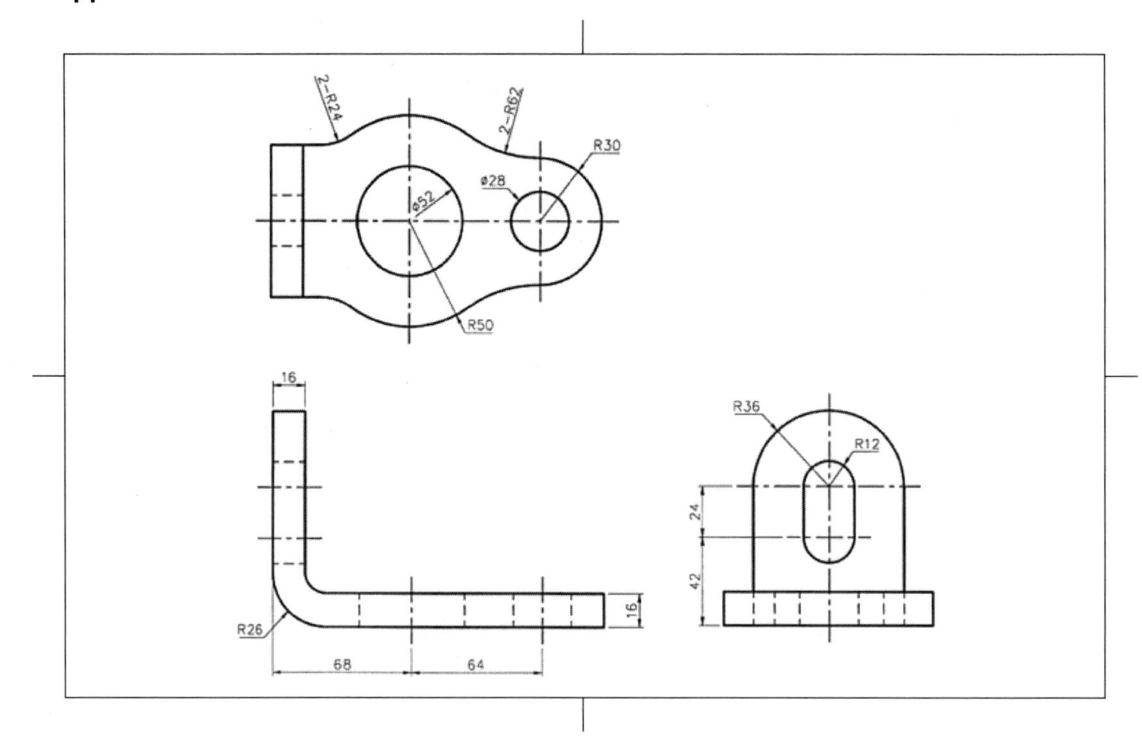
2-R24
2-R62
R30
ø28
ø52
R50
16
R36
R12
24
42
16
R26
68
64

12

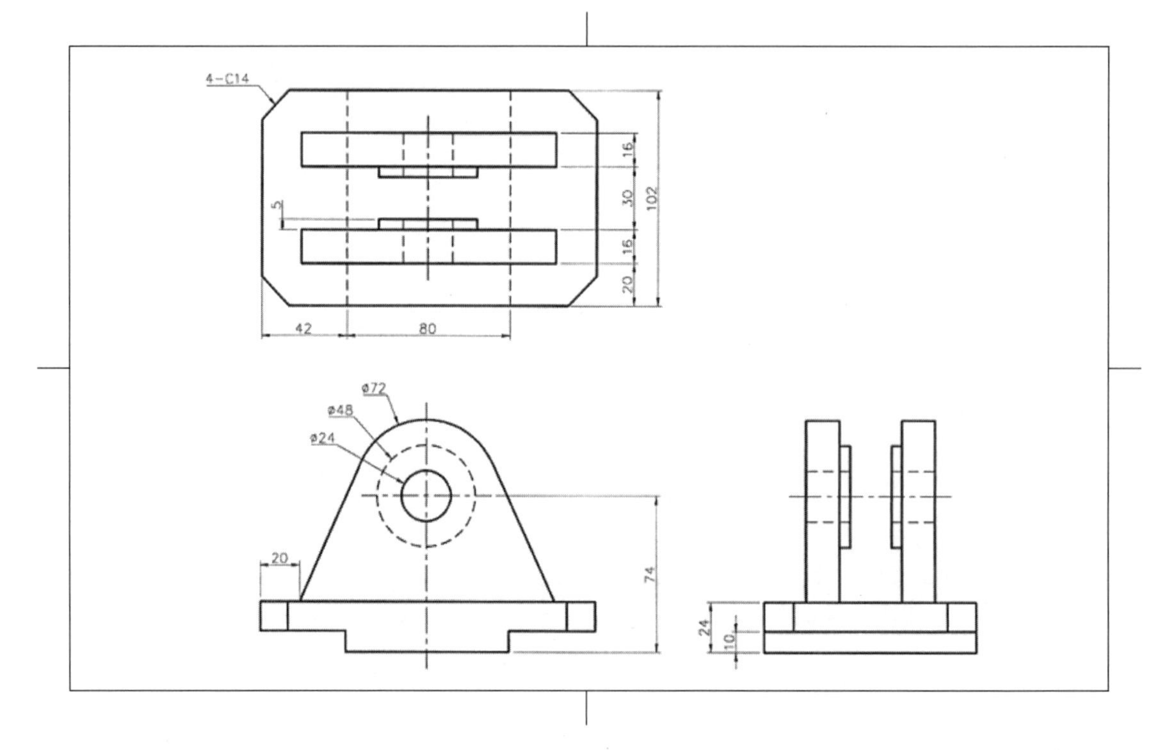
4-C14
16
30
102
5
16
20
42
80
ø72
ø48
ø24
20
74
24
10

13

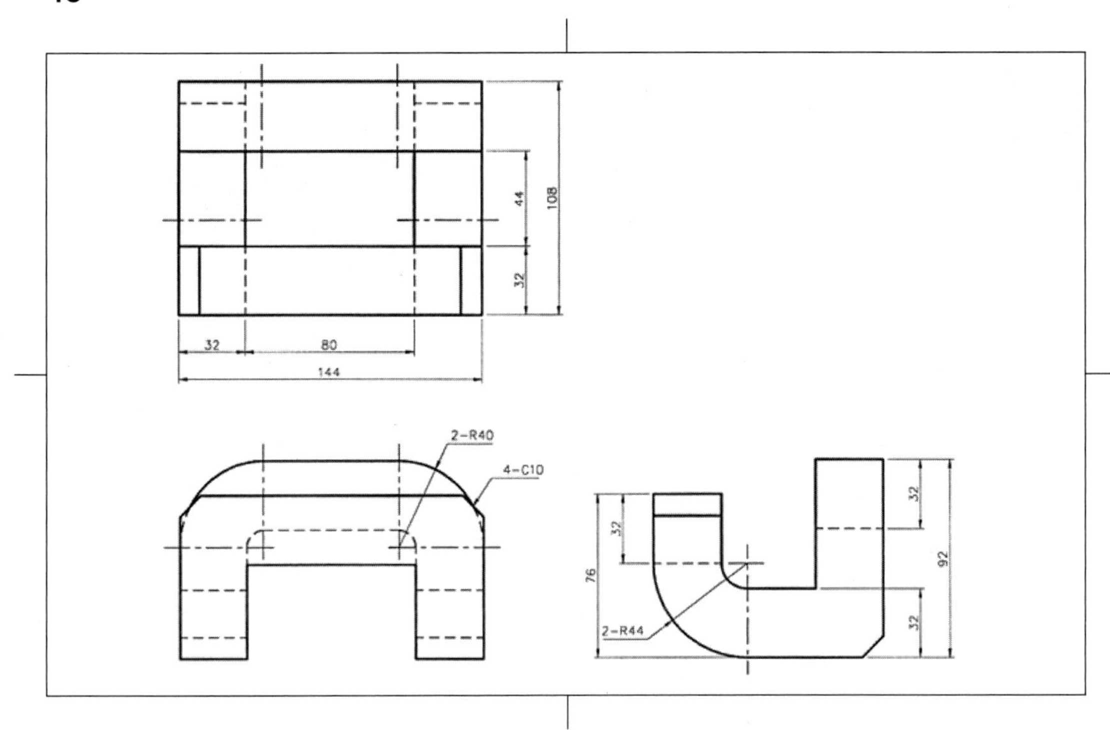

108
44
32
32
80
144
2-R40
4-C10
32
76
2-R44
32
92
32

14

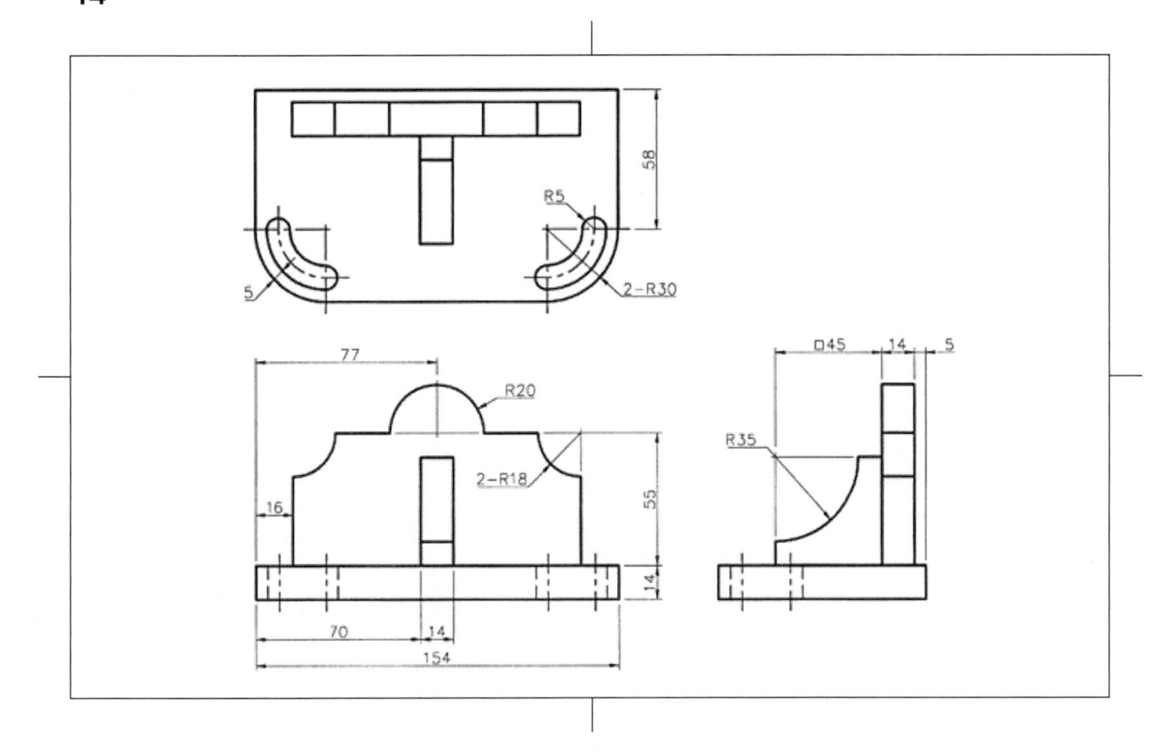

58
R5
5
2-R30
77
R20
2-R18
16
55
14
70
14
154
□45
14
5
R35

05 기계 도면

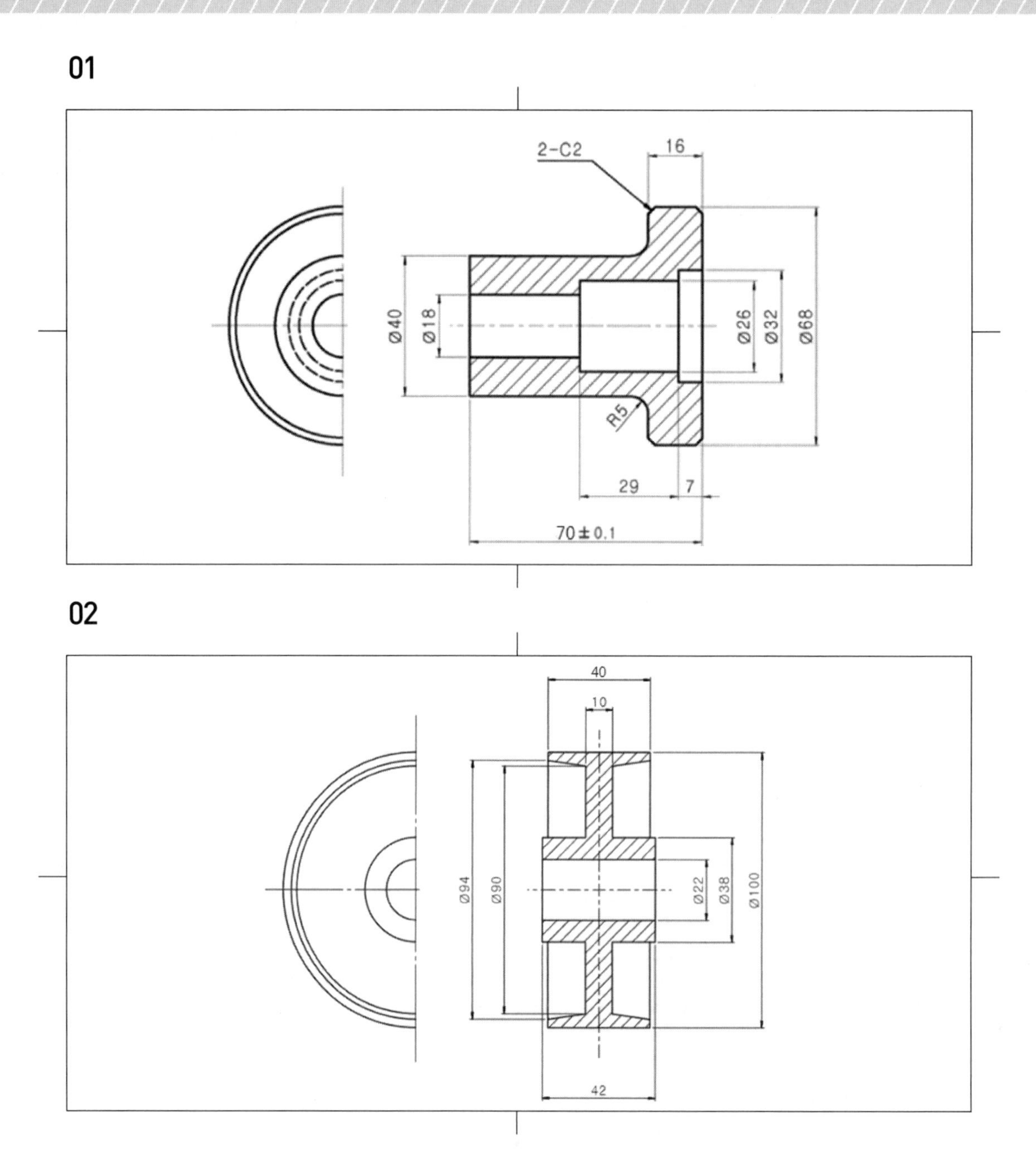
01
2-C2
16
Ø40
Ø18
Ø26
Ø32
Ø68
R5
29
7
70±0.1
02
40
10
Ø94
Ø90
Ø22
Ø38
Ø100
42

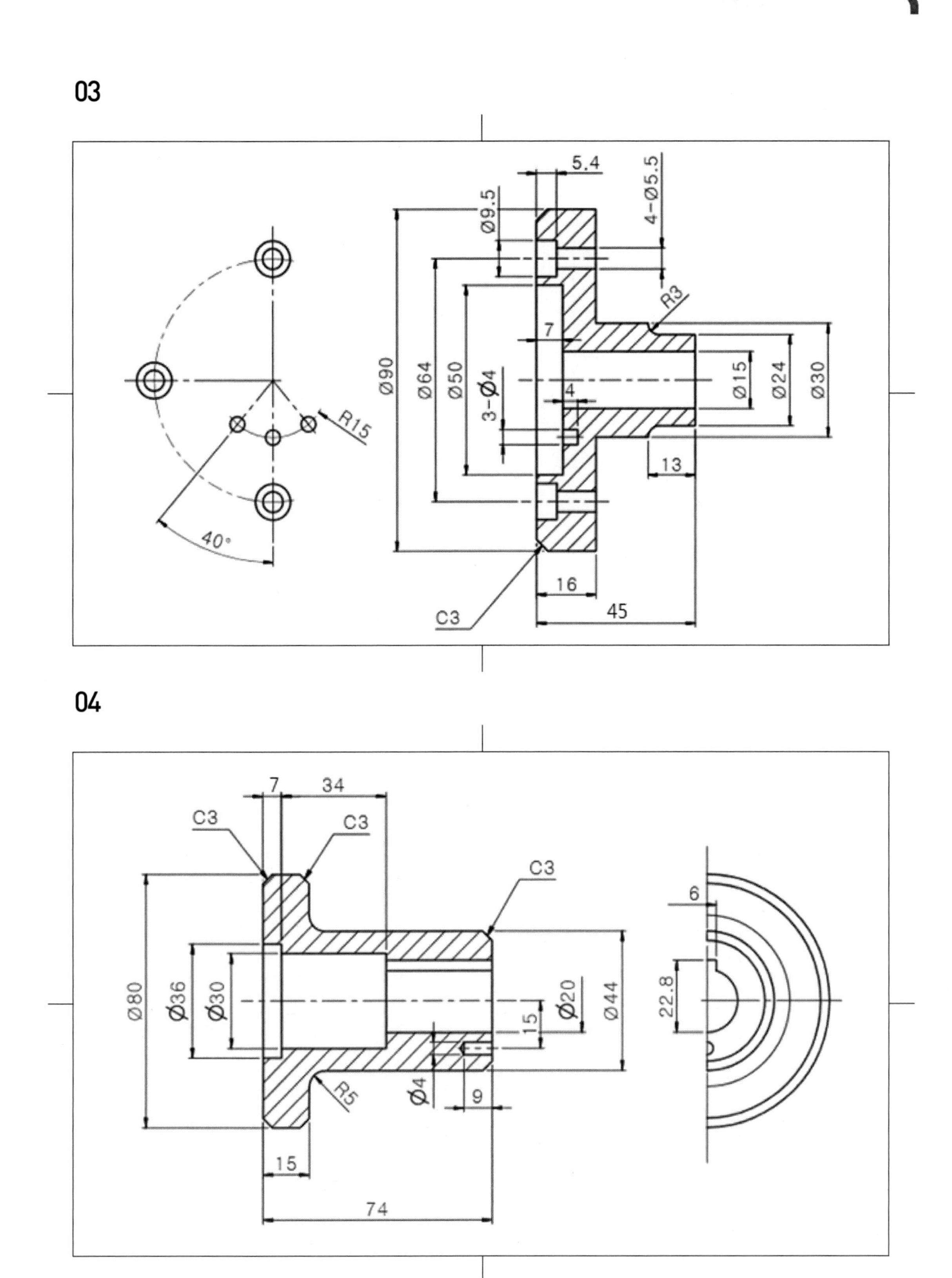
03
5.4
4-Ø5.5
Ø9.5
R3
7
Ø90
Ø64
Ø50
3-Ø4
4
Ø15
Ø24
Ø30
R15
13
40°
16
45
C3
04
7
34
C3
C3
C3
6
Ø80
Ø36
Ø30
Ø20
Ø44
22.8
15
R5
Ø4
9
15
74

05

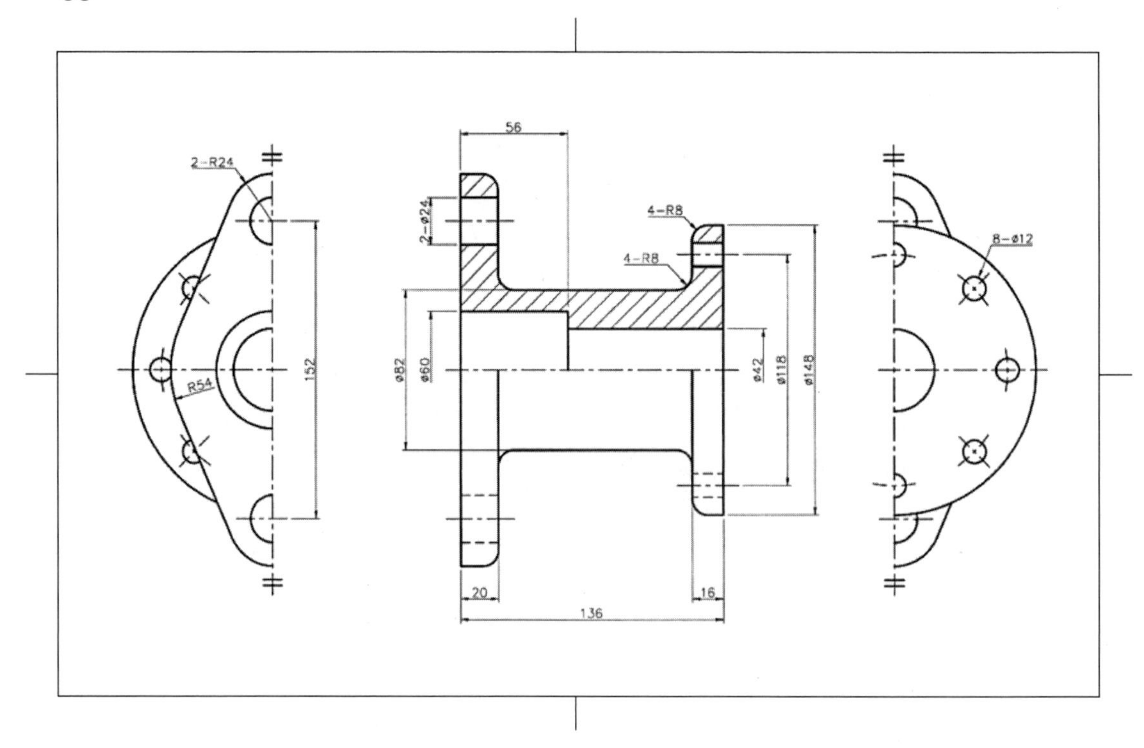
56
2-R24
2-ø24
4-R8
4-R8
8-ø12
152
R54
ø82
ø60
ø42
ø118
ø148
20
16
136

06

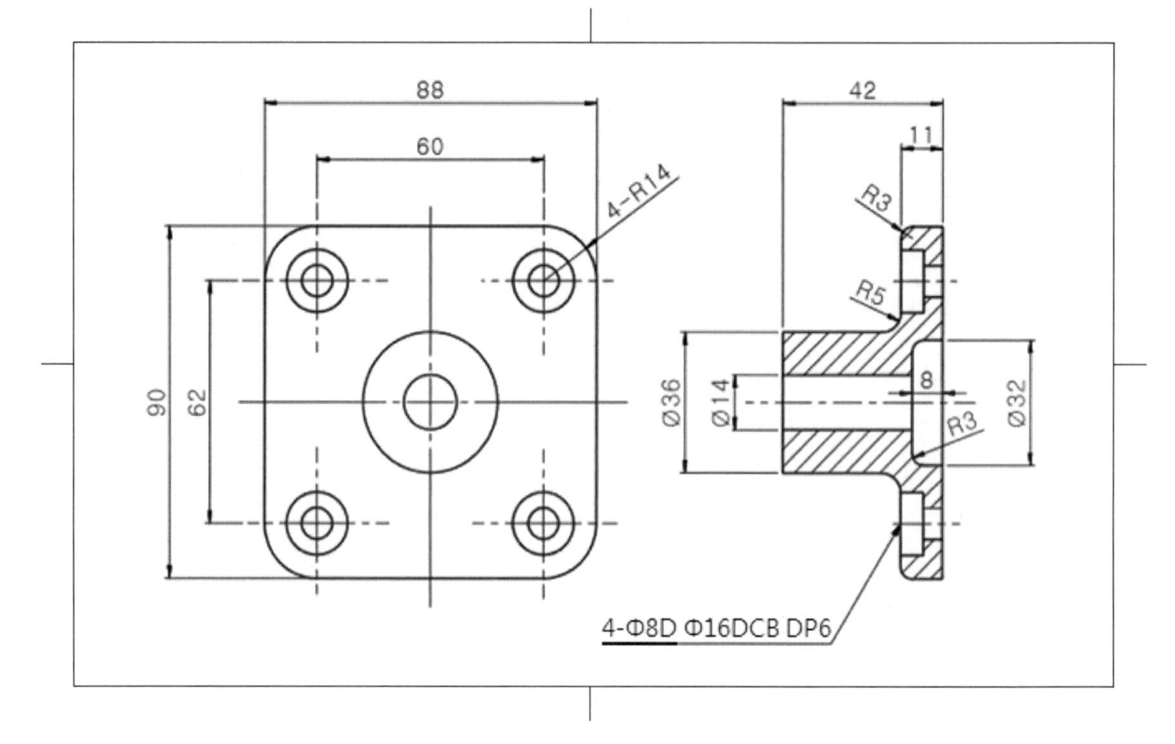
88
60
4-R14
42
11
R3
R5
90
62
Ø36
Ø14
8
R3
Ø32
4-Φ8D Φ16DCB DP6

07

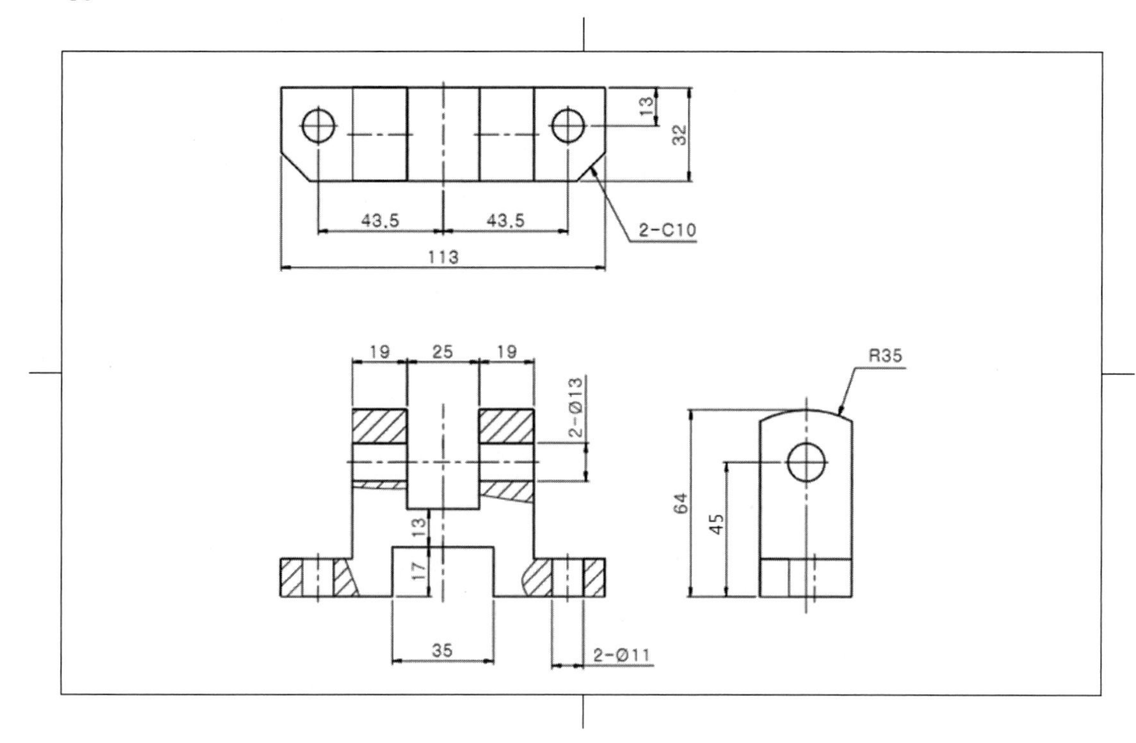
13
32
43.5
43.5
2-C10
113
19
25
19
2-Ø13
R35
13
17
64
45
35
2-Ø11

08

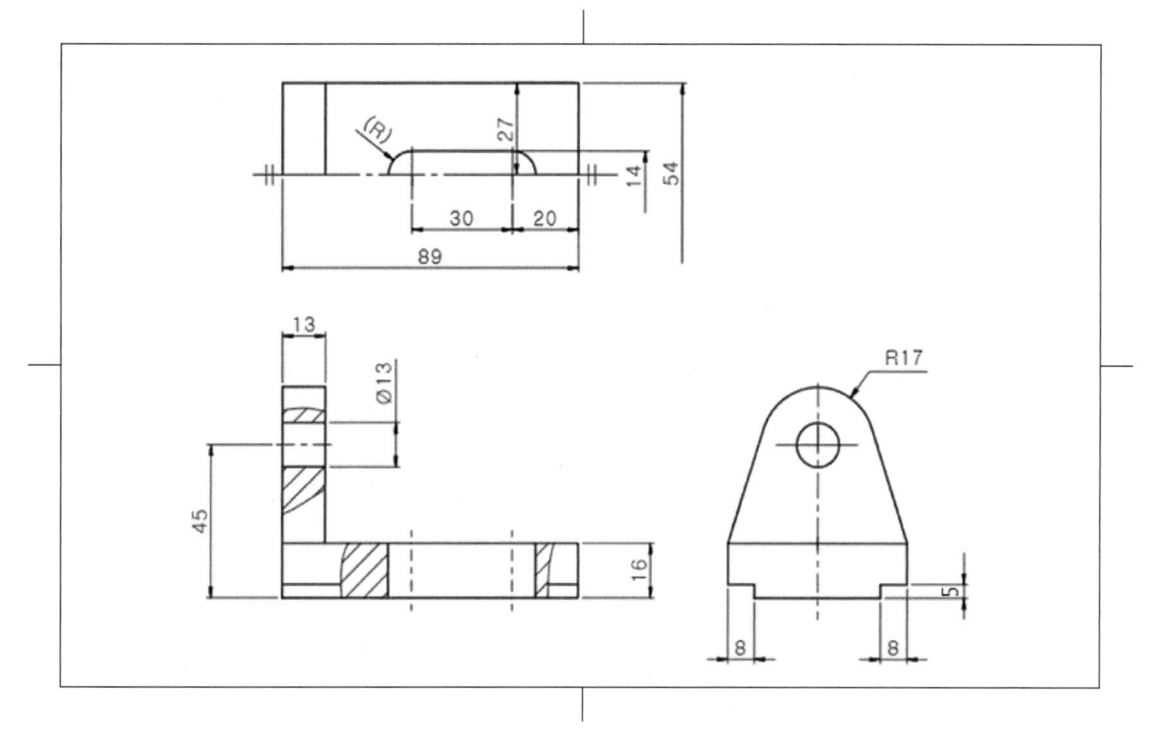
(R)
27
14
54
30
20
89
13
Ø13
R17
45
16
5
8
8

09

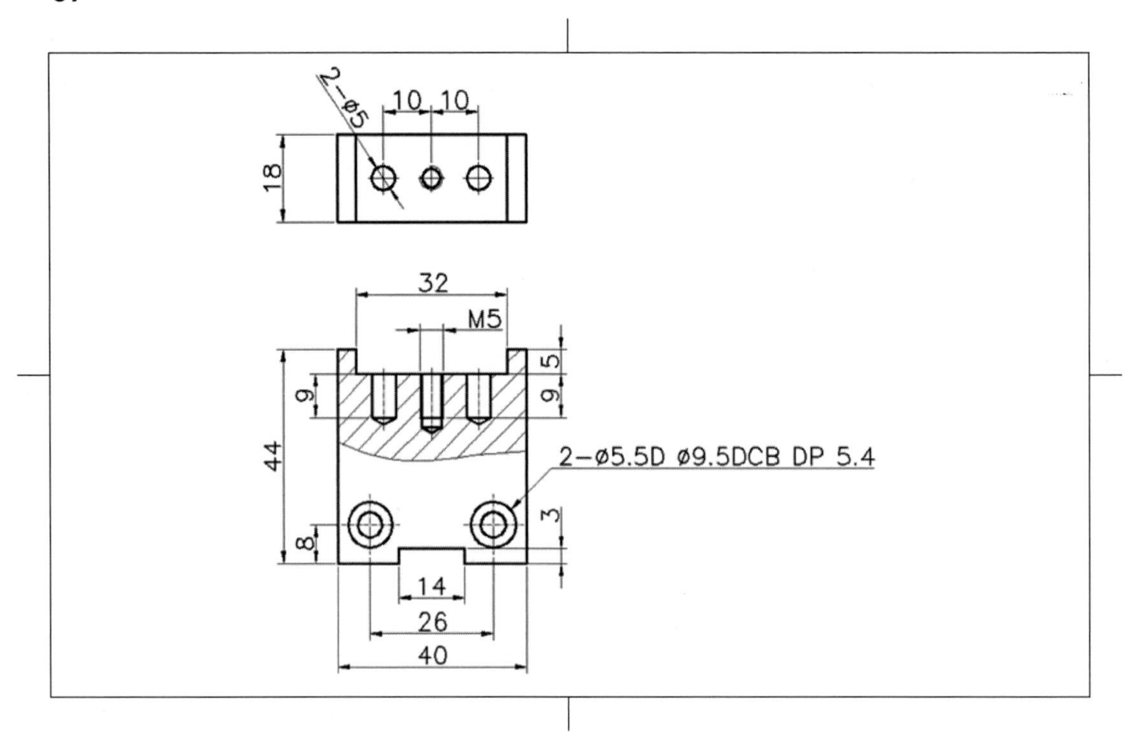
2-ø5
10
10
18
32
M5
5
9
9
44
2-ø5.5D ø9.5DCB DP 5.4
3
8
14
26
40

10

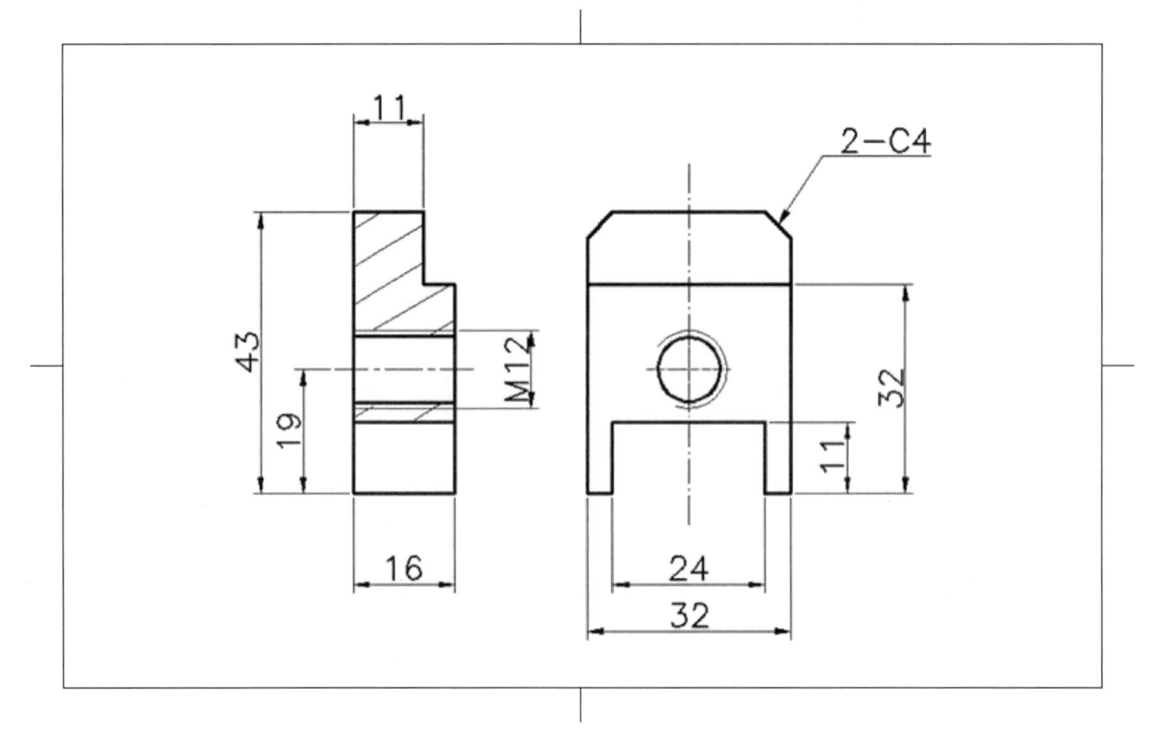
11
2-C4
43
M12
19
32
11
16
24
32

11

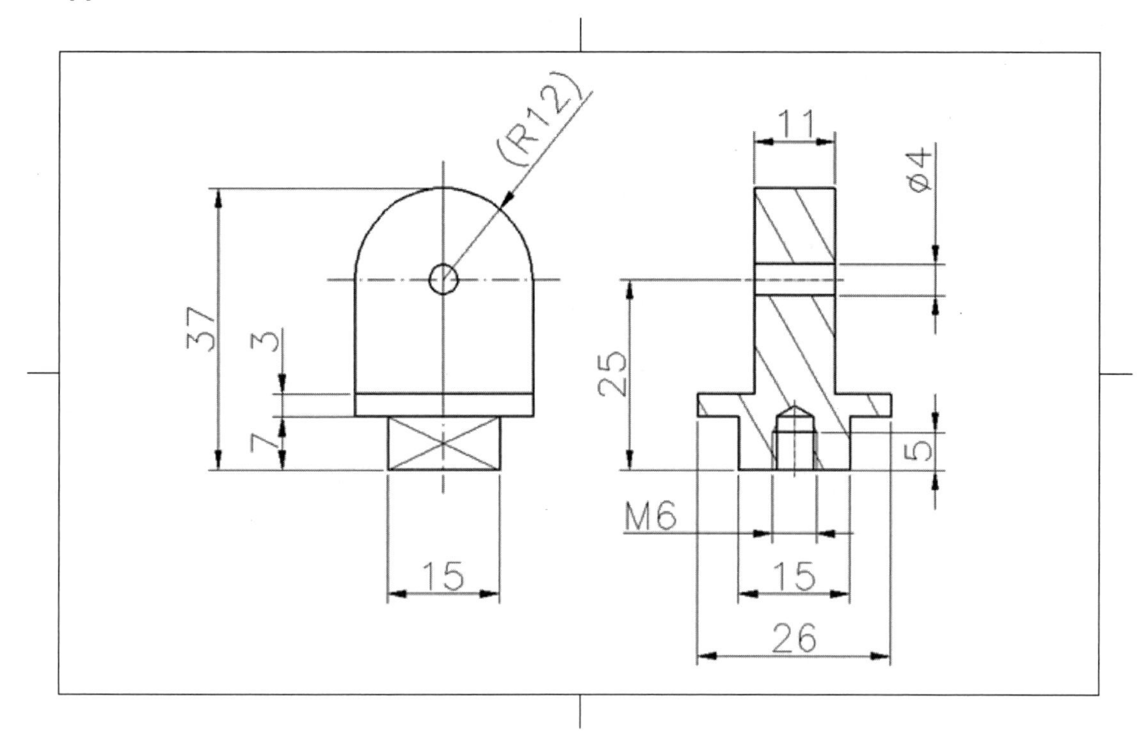

12

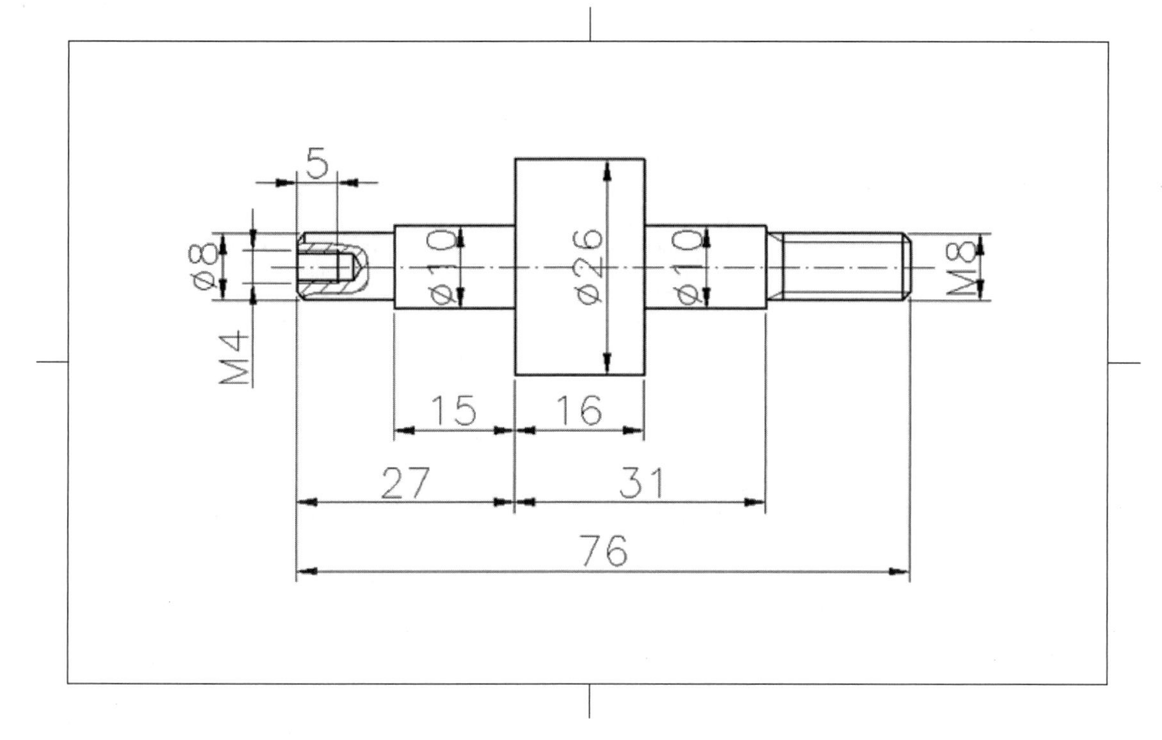

13

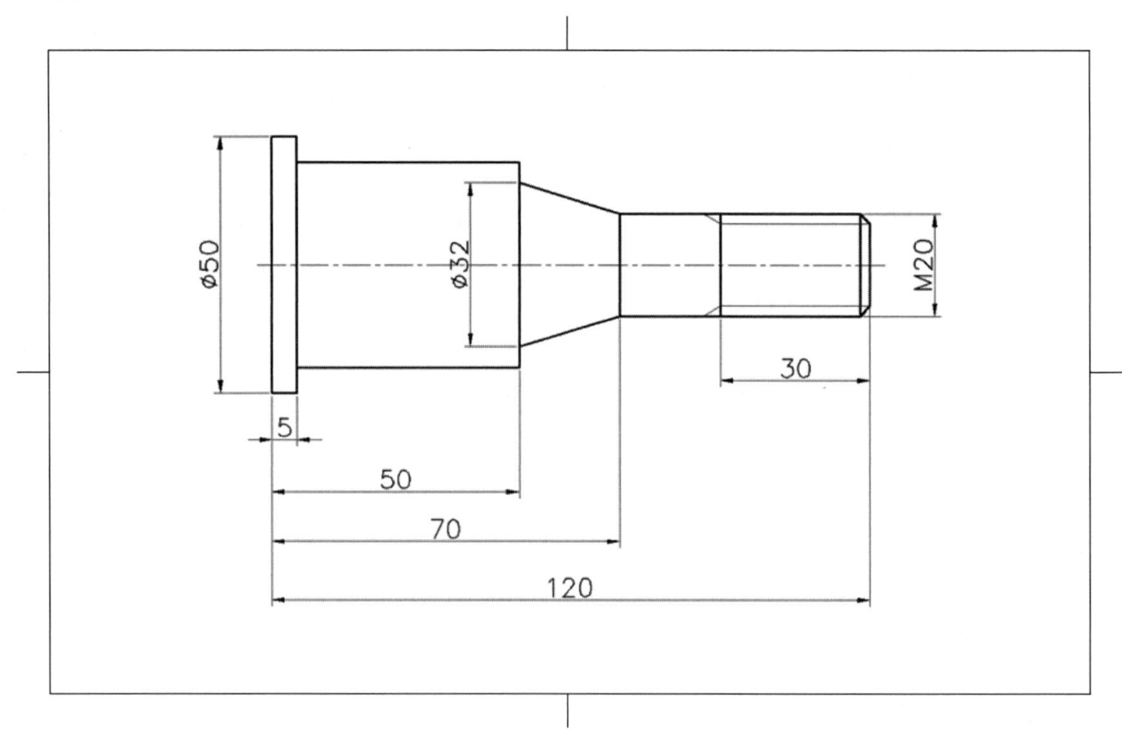
ø50
ø32
M20
30
5
50
70
120

14

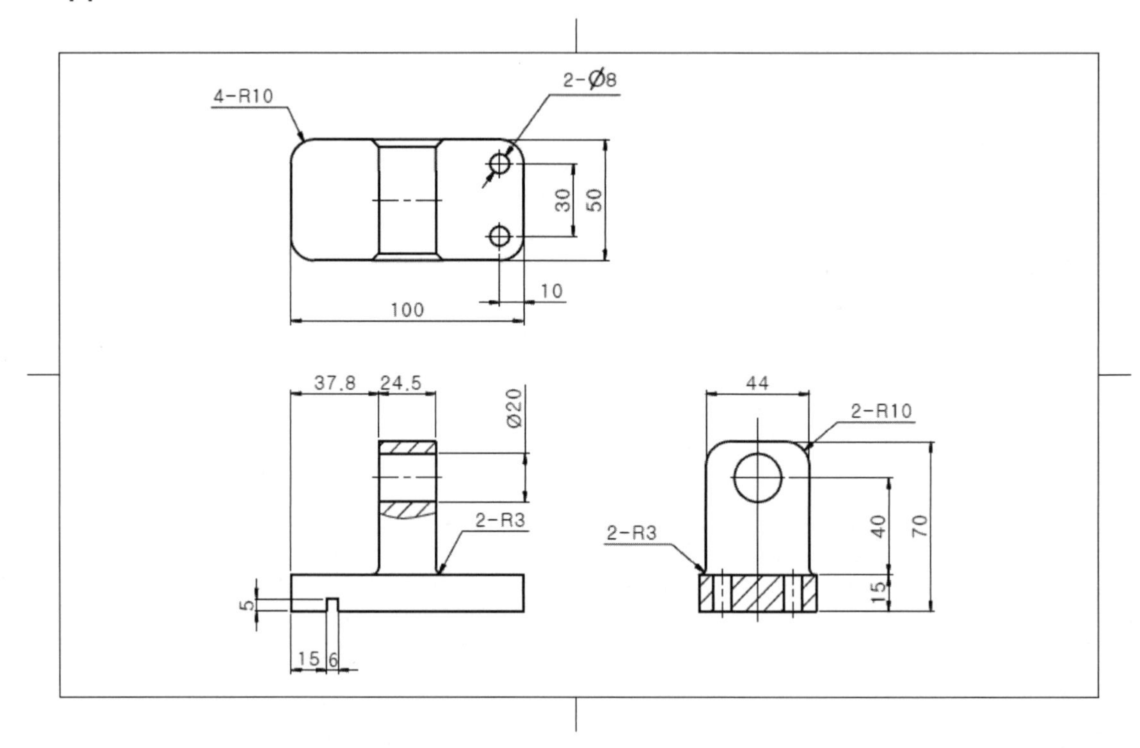
4-R10
2-Ø8
30
50
10
100
37.8
24.5
Ø20
2-R3
5
15
6
44
2-R10
2-R3
40
70
15

15

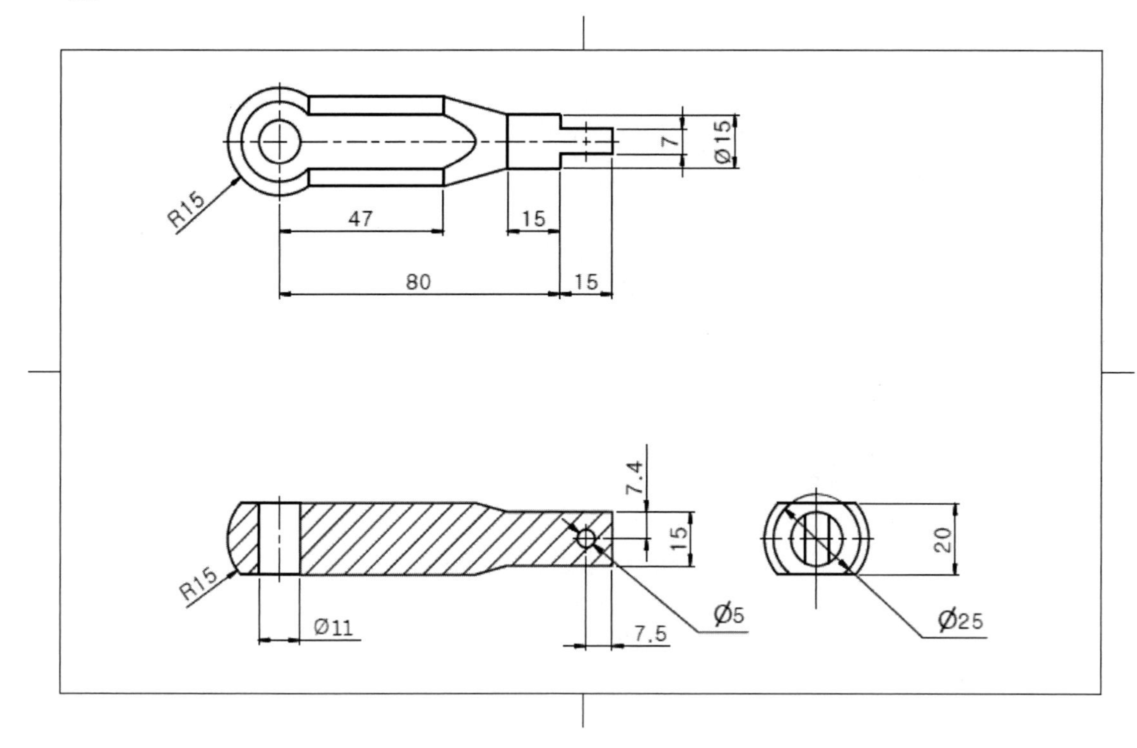

R15
47
15
80
15
7
Ø15
7.4
15
R15
Ø11
7.5
Ø5
20
Ø25

16

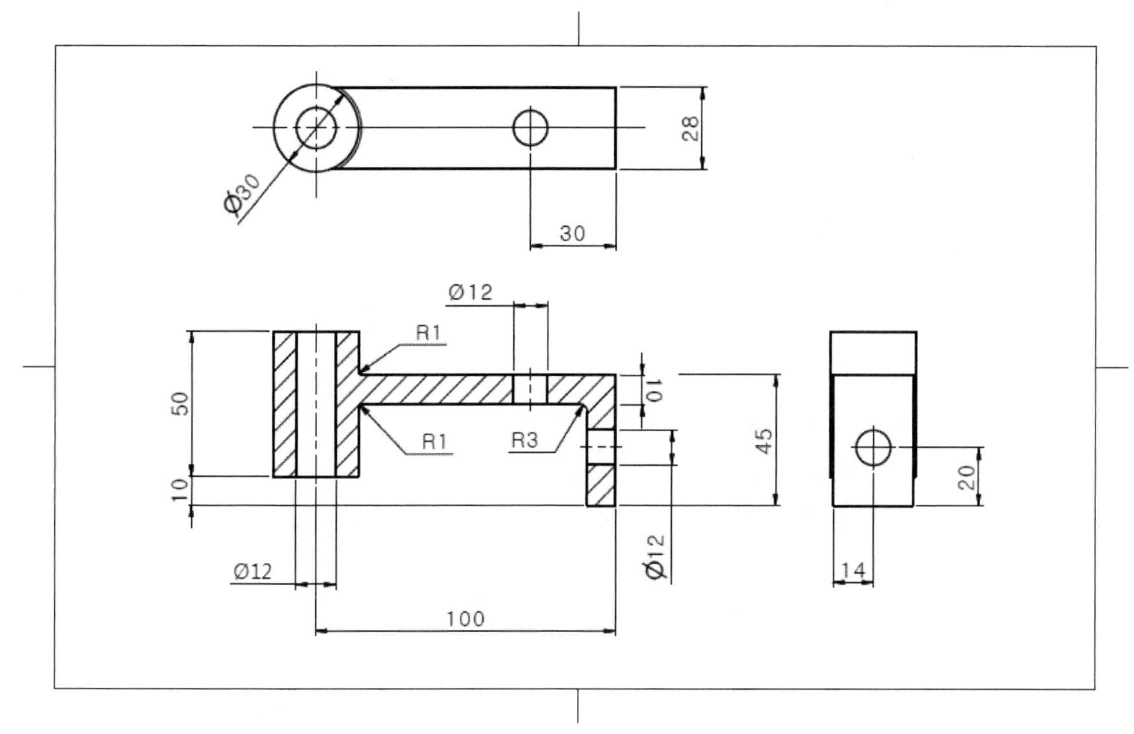

Ø30
28
30
Ø12
R1
10
50
10
R1
R3
45
Ø12
Ø12
100
20
14

17

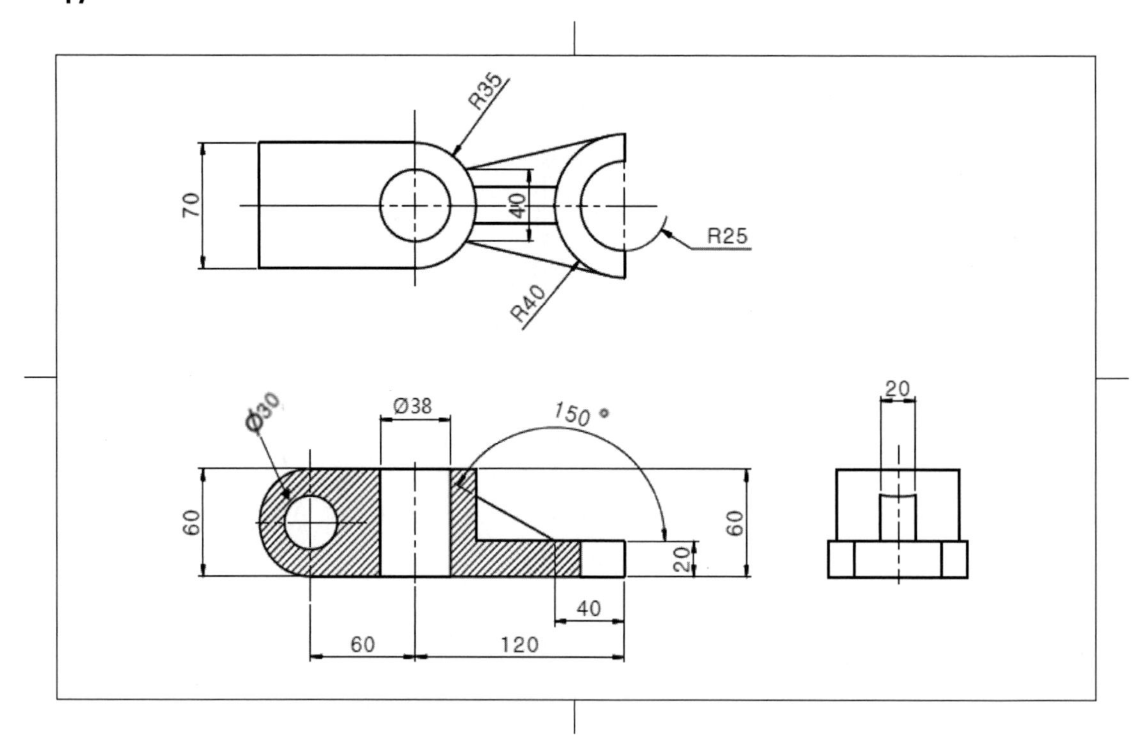
R35
70
40
R25
R40
Ø30
Ø38
150 °
20
60
60
20
40
60
120

18

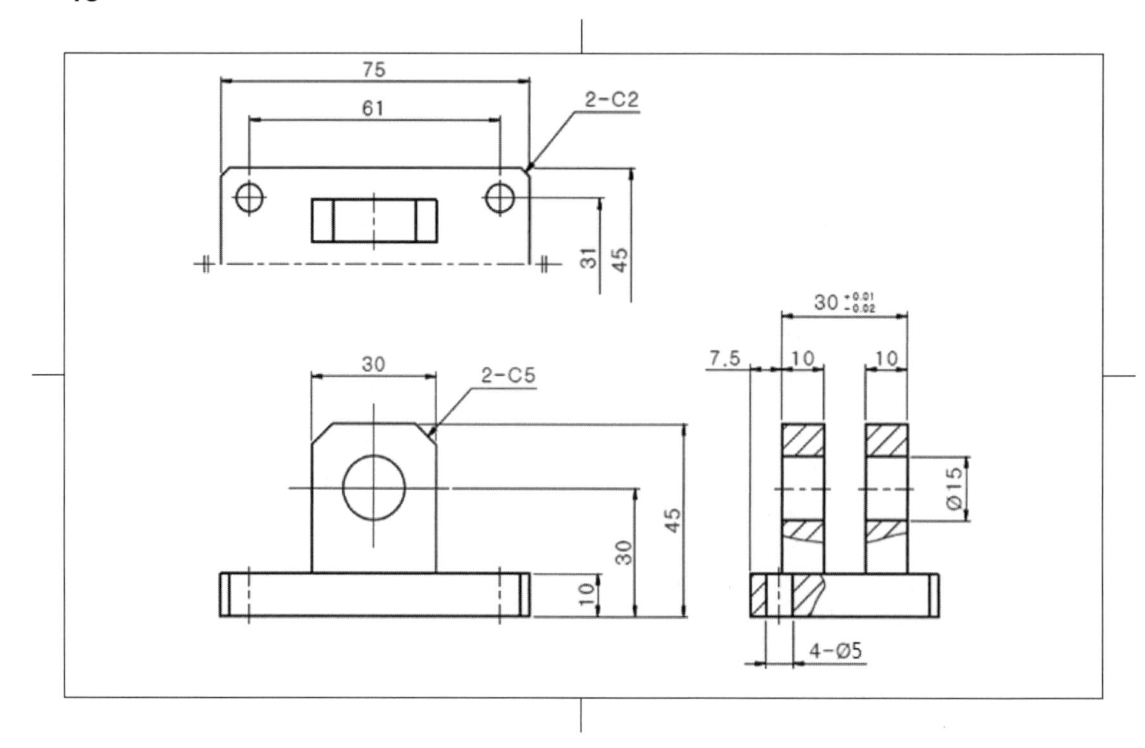
75
61
2-C2
31
45
30 +0.01 -0.02
30
2-C5
7.5
10
10
Ø15
45
30
10
4-Ø5

19

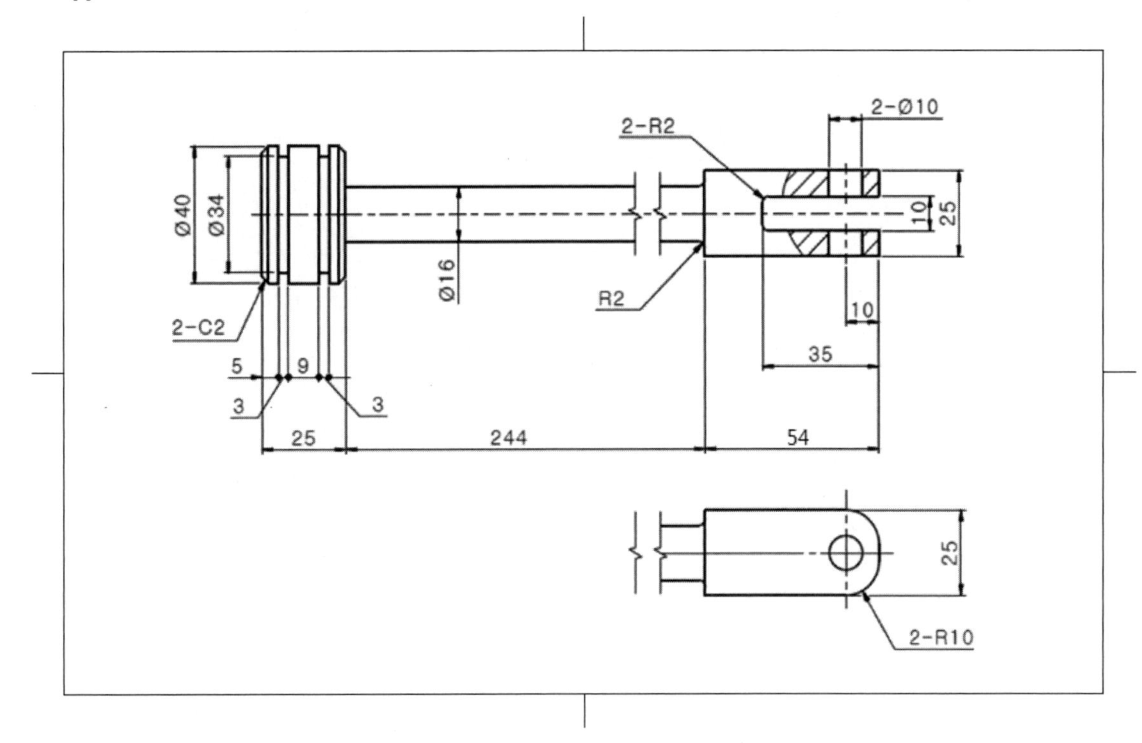
2-Ø10
2-R2
Ø40
Ø34
Ø16
10
25
R2
10
2-C2
35
5
9
3
3
25
244
54
25
2-R10

20

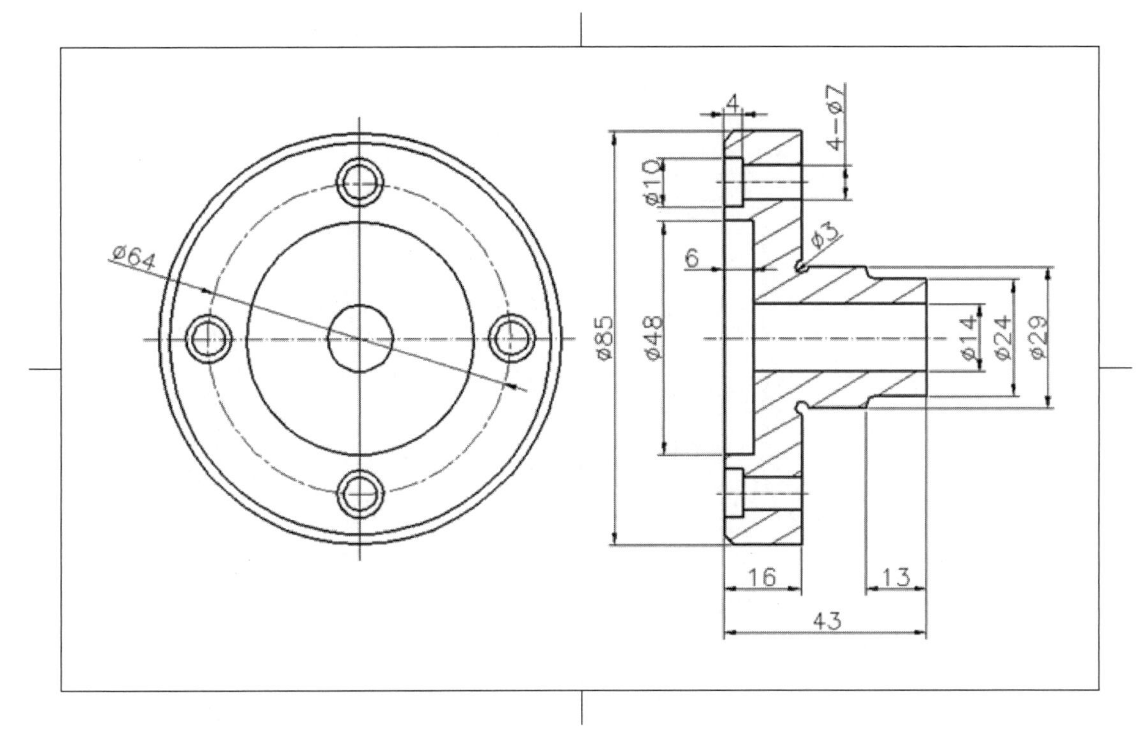
4
4-Ø7
Ø10
Ø3
Ø64
6
Ø85
Ø48
Ø14
Ø24
Ø29
16
13
43

21

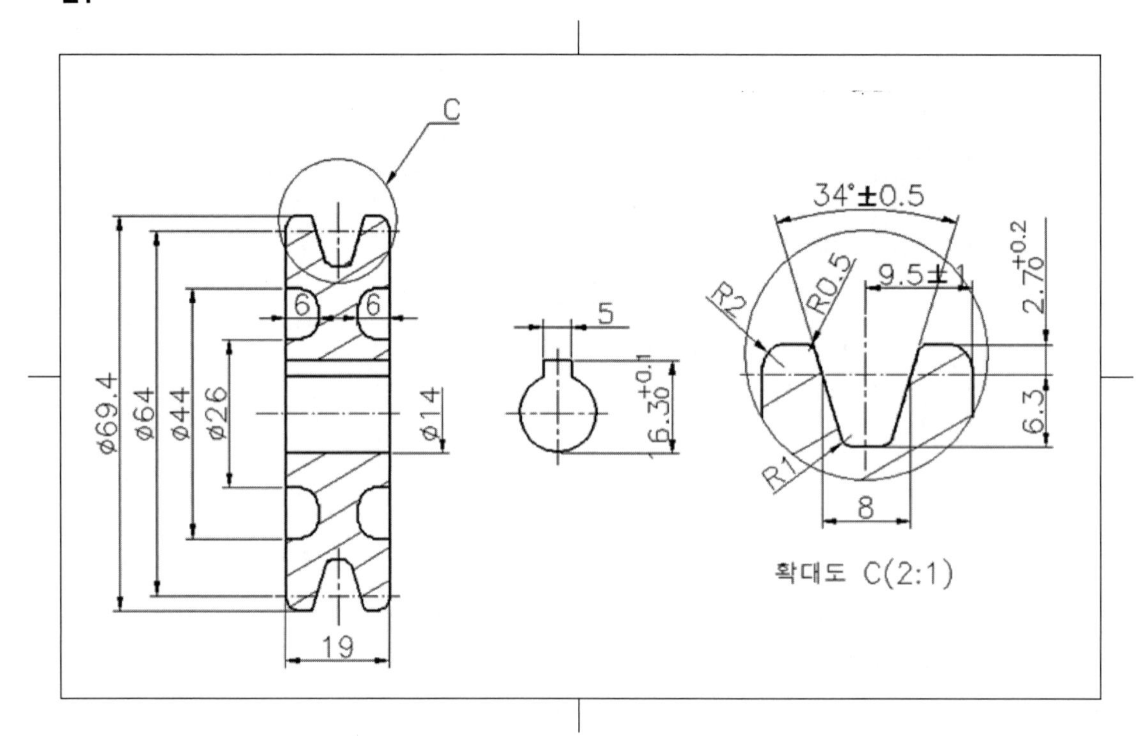
C
ø69.4
ø64
ø44
ø26
6
6
ø14
19
5
6.3+0.1 0
34°±0.5
R2
R0.5
9.5±1
2.7+0.2 0
6.3
R1
8
확대도 C(2:1)

22

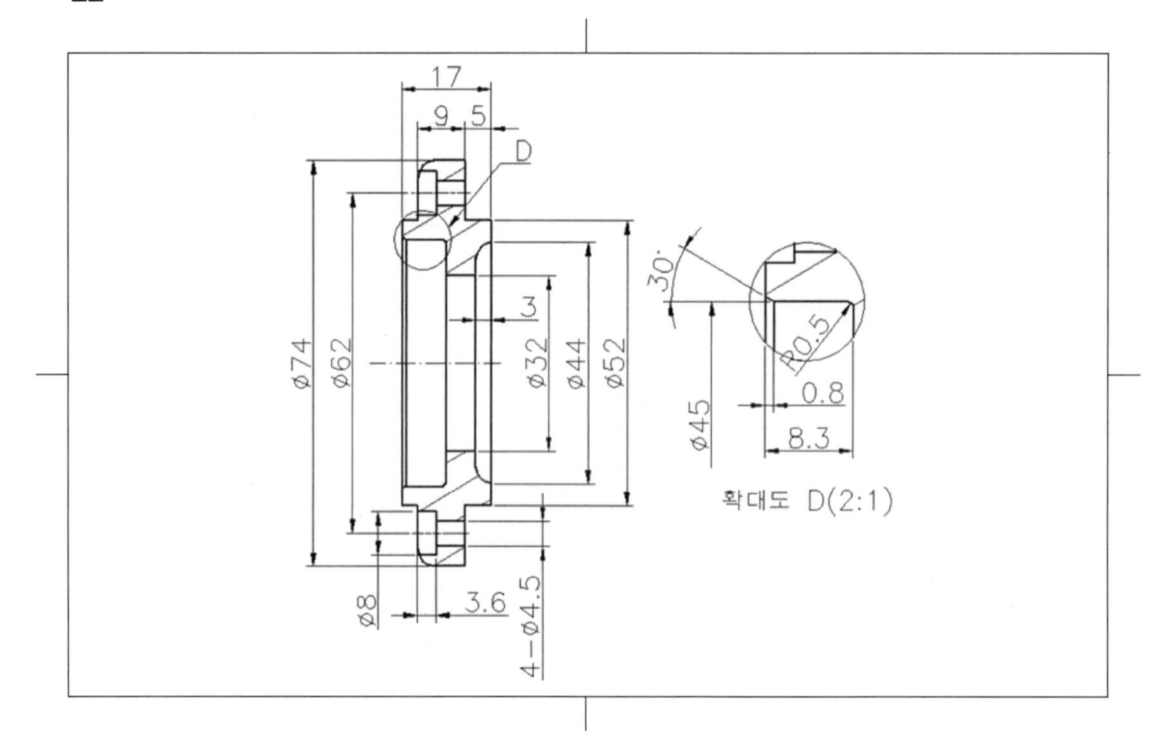
17
9
5
D
ø74
ø62
3
ø32
ø44
ø52
30°
R0.5
ø45
0.8
8.3
확대도 D(2:1)
ø8
3.6
4-ø4.5

06 도면 출력

1 요구 사항

(1) 공통 사항

도면의 크기별 한계설정(Limits), 윤곽선 및 중심마크 크기는 다음과 같이 설정하고, a와 b의 도면의 한계선(도면의 가장자리 선)이 출력되지 않도록 한다.

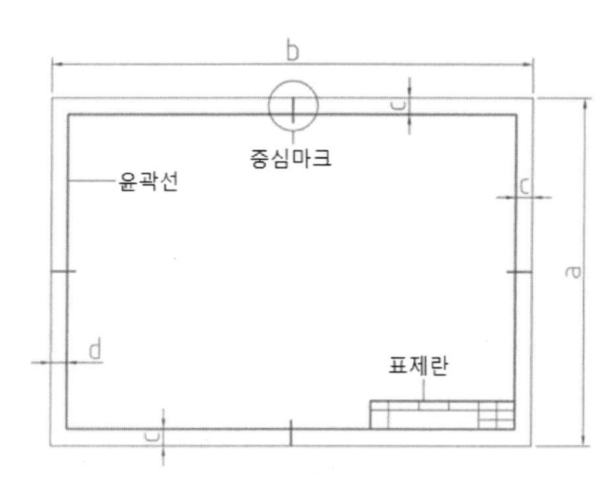

구분	도면의 한계		중심 마크	
도면 크기	a	b	c	d
A2	420	594	10	10

(2) 문자의 크기 및 선의 굵기

문자, 숫자, 기호의 크기, 선 굵기는 반드시 다음 표에서 지정한 용도별 크기를 구분하는 색상을 지정하여 제도 하도록 한다.

문자, 숫자, 기호의 높이	선 굵기	지정 색상(color)	용 도
5.0 mm	0.5 mm	초록색(green)	윤곽선, 중심마크, 외형선 등
3.5 mm	0.35 mm	노란색(yellow)	숨은선, 일반주서 등
2.5 mm	0.25 mm	흰색(white), 빨강색(red)	해치선, 치수선, 치수보조선, 중심선 등

2 출력 방법

(1) ①을 클릭 또는 메뉴에 검색기에 인쇄를 선택한다.

(2) 프린터/플로트(②) 및 용지크기(③)를 선택한다.

(3) 플롯의 중심을 체크(④)하고 도면방향을 가로(⑤)로 선택한다.

(4) 플롯 스타일 테이블을 monochrome.ctb을 선택(⑥)하고 편집(⑦)을 클릭한다.

(5) 플롯스타일(⑧), 색상(⑨), 선가중치(⑩)를 선택하고 저장 및 닫기(⑪)를 클릭한다.

(6) 플롯 대상을 윈도우(⑫) 선택하고 드래그하여 미리보기(⑬)로 확인하고 확인(⑭)을 클릭한다.

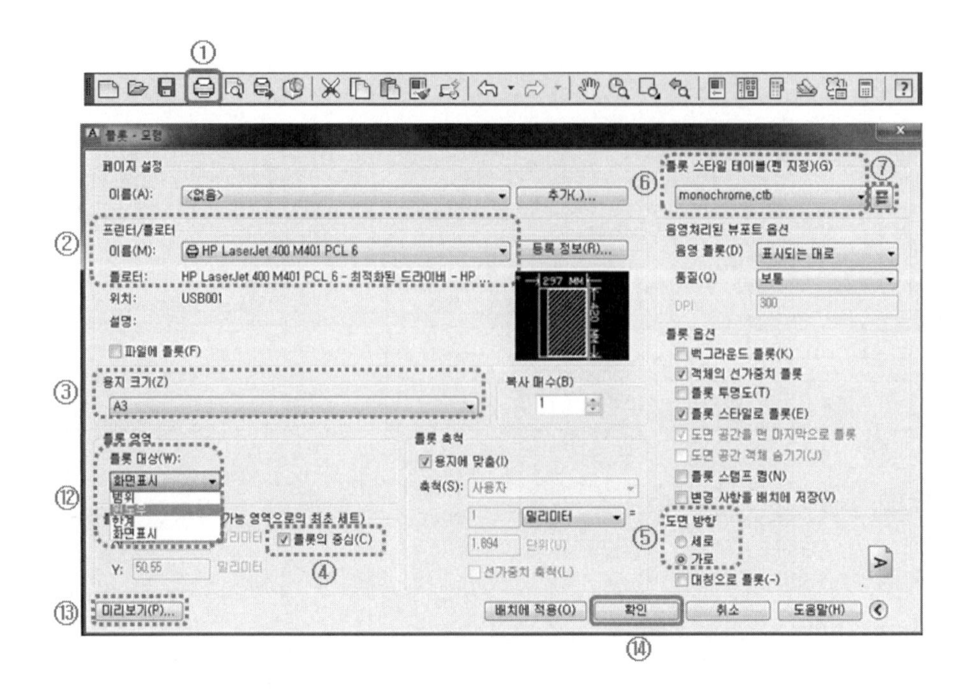

플롯 스타일 테이블 편집기 - monochrome.ctb
일반
테이블 뷰
형식 보기
플롯 스타일(P):
색상 1
색상 2
색상 3
색상 4
색상 5
색상 6
색상 7
색상 8
색상 9
색상 10
색상 11
색상 12
색상 13
⑧
설명(R):
스타일 추가(A)
스타일 삭제(Y)
특성
⑨ 색상(C):
■ 검은색
디더링(D): 켜기
회색조(G): 끄기
펜 #(#): 자동
가상 펜 #(U): 자동
스크리닝(I): 100
선종류(T): 객체 선종류 사용
가변성(V): 켜기
⑩ 선가중치(W): 0.2500 밀리미터
선 끝 스타일(E): 객체 끝 스타일 사용
선 결합 스타일(J): 객체 연결 스타일 사용
채움 스타일(F): 객체 채움 스타일 사용
선가중치 편집(L)...
다른 이름으로 저장(S)...
⑪ 저장 및 닫기
취소
도움말(H)

NCS 기반 교육과정을 적용한

기계제도 AutoCAD

기초 이론 및 실습 다지기

부록

PART 03

❶ KS 기계제도 규격
❷ KS 규격(표면거칠기)

부록 | ❶ KS 기계제도 규격

1. 표면 거칠기

거칠기 구분치		0.025a	0.05a	0.1a	0.2a	0.4a	0.8a	1.6a	3.2a	6.3a	12.5a	25a	50a
산술 평균 거칠기의 표면 거칠기의 범위 (㎛Ra)	최소치	0.02	0.04	0.08	0.17	0.33	0.66	1.3	2.7	5.2	10	21	42
	최대치	0.03	0.06	0.11	0.22	0.45	0.90	1.8	3.6	7.1	14	28	56
거칠기 번호 (표준편 번호)		N1	N2	N3	N4	N5	N6	N7	N8	N9	N10	N11	N12

2. 끼워 맞춤 공차

기준 구멍	축의 공차역 클래스								
	헐거운			중간			억지		
H6		g5	h5	js5	k5	m5			
	f6	g6	h6	js6	k6	m6	n6	p6	
H7	f6	g6	h6	js6	k6	m6	n6	p6	r6
	f7		h7	js7					
H8	f7		h7						
	f8		h8						

기준 축	구멍의 공차역 클래스								
	헐거운			중간			억지		
h5			H6	JS6	K6	M6	N6	P6	
h6	F6	G6	H6	JS6	K6	M6	N6	P6	
	F7	G7	H7	JS7	K7	M7	N7	P7	R7
h7	F7		H7						
	F8		H8						
h8	F8		H8						

3. IT 공차(단위 : μm)

치수 등급 초과	이하	IT4 4급	IT5 5급	IT6 6급	IT7 7급
–	3	3	4	6	10
3	6	4	5	8	12
6	10	4	6	9	15
10	18	5	8	11	18
18	30	6	9	13	21
30	50	7	11	16	25
50	80	8	13	19	30
80	120	10	15	22	35
120	180	12	18	25	40
180	250	14	20	29	46
250	315	16	23	32	52
315	400	18	25	36	57
400	500	20	27	40	63

4. 중심 거리의 허용차(단위 : μm)

중심 거리 구분 (초과)	중심 거리 구분 (이하)	등급 1급	등급 2급
–	3	±3	±7
3	6	±4	±9
6	10	±5	±11
10	18	±6	±14
18	30	±7	±17
30	50	±8	±20
50	80	±10	±23
80	120	±11	±27
120	180	±13	±32
180	250	±15	±36
250	315	±16	±41

5. 절삭가공부품 모떼기 및 둥글기의 값

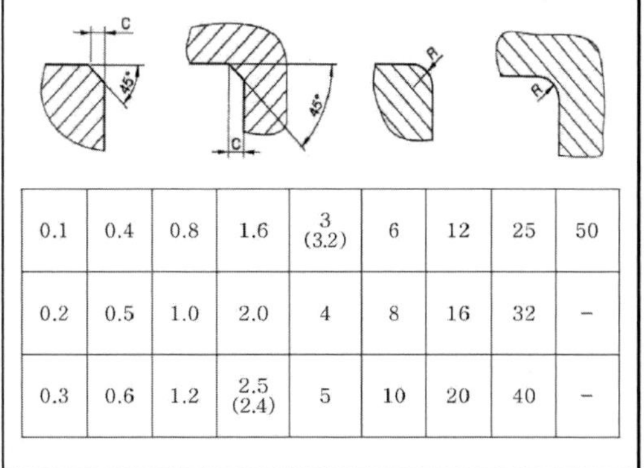

0.1	0.4	0.8	1.6	3 (3.2)	6	12	25	50
0.2	0.5	1.0	2.0	4	8	16	32	–
0.3	0.6	1.2	2.5 (2.4)	5	10	20	40	–

6. 널링

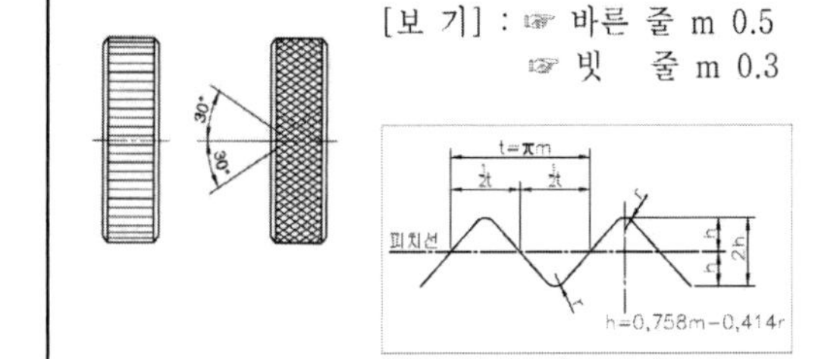

바른 줄 형			
모듈 m	0.2	0.3	0.5
피치 t	0.628	0.942	1.571
r	0.06	0.09	0.16
h	0.15	0.22	0.37

빗 줄 형			
모듈 m	0.5	0.3	0.2
cos 30°	0.577	0.346	0.230

7. T홈

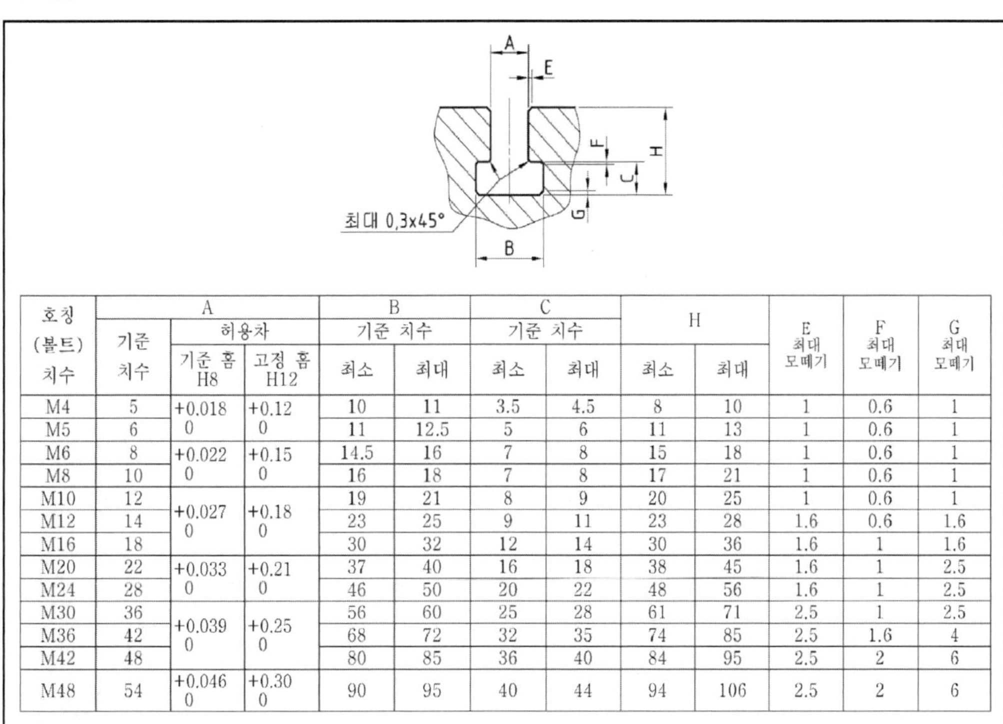

호칭 (볼트) 치수	A 기준 치수	A 허용차 기준 홈 H8	A 허용차 고정 홈 H12	B 기준 치수 최소	B 기준 치수 최대	C 기준 치수 최소	C 기준 치수 최대	H 최소	H 최대	E 최대 모떼기	F 최대 모떼기	G 최대 모떼기
M4	5	+0.018 0	+0.12 0	10	11	3.5	4.5	8	10	1	0.6	1
M5	6			11	12.5	5	6	11	13	1	0.6	1
M6	8	+0.022 0	+0.15 0	14.5	16	7	8	15	18	1	0.6	1
M8	10			16	18	7	8	17	21	1	0.6	1
M10	12	+0.027 0	+0.18 0	19	21	8	9	20	25	1	0.6	1
M12	14			23	25	9	11	23	28	1.6	0.6	1.6
M16	18			30	32	12	14	30	36	1.6	1	1.6
M20	22	+0.033 0	+0.21 0	37	40	16	18	38	45	1.6	1	2.5
M24	28			46	50	20	22	48	56	1.6	1	2.5
M30	36	+0.039 0	+0.25 0	56	60	25	28	61	71	2.5	1	2.5
M36	42			68	72	32	35	74	85	2.5	1.6	4
M42	48			80	85	36	40	84	95	2.5	2	6
M48	54	+0.046 0	+0.30 0	90	95	40	44	94	106	2.5	2	6

8. T홈 간격

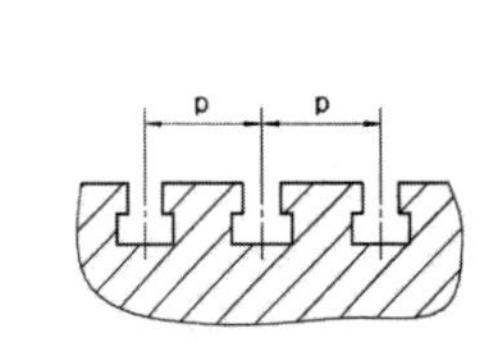

T홈의 폭 A	간격 p
5	20 25 32
6	25 32 40
8	32 40 50
10	40 50 63
12	(40) 50 63 80
14	(50) 63 80 100
18	(63) 80 100 125
22	(80) 100 125 160
28	100 125 160 200
36	125 160 200 250
42	160 200 250 320
48	200 250 320 400
54	250 320 400 500

( )호 치수는 되도록 피한다.

9. T홈 간격 허용차

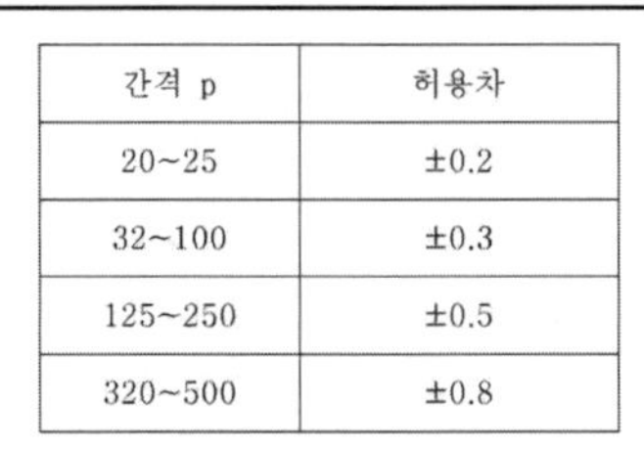

간격 p	허용차
20~25	±0.2
32~100	±0.3
125~250	±0.5
320~500	±0.8

비 고 모든 T-홈의 간격에 대한 공차는 누적되지 않는다.

10. 미터 보통 나사

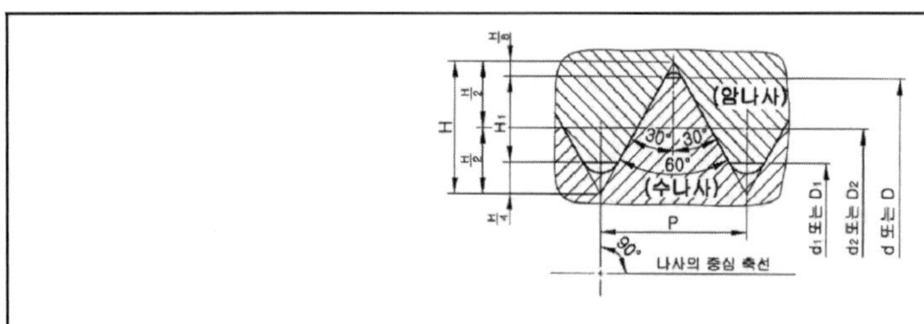

나사의 호칭	피치(P)	접촉 높이(H_1)	암나사		
			골 지름 D	유효 지름 D_2	안 지름 D_1
			수나사		
			바깥 지름 d	유효 지름 d_2	골 지름 d_1
M3	0.5	0.271	3.000	2.675	2.459
M4	0.7	0.379	4.000	3.545	3.242
M5	0.8	0.433	5.000	4.480	4.134
M6	1	0.541	6.000	5.350	4.917
M8	1.25	0.677	8.000	7.188	6.647
M10	1.5	0.812	10.000	9.026	8.376
M12	1.75	0.947	12.000	10.863	10.106
M16	2	1.083	16.000	14.701	13.835

11. 미터 가는 나사

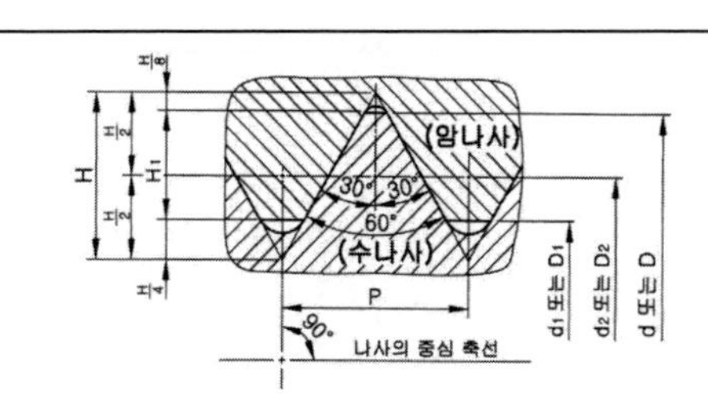

나사의 호칭	접촉 높이(H_1)	암나사		
		골 지름 D	유효 지름 D_2	안 지름 D_1
		수나사		
		바깥 지름 d	유효 지름 d_2	골 지름 d_1
M 1 × 0.2 M 1.1 × 0.2 M 1.2 × 0.2	0.108	1.000 1.100 1.200	0.870 0.970 1.070	0.783 0.883 0.983
M 1.4 × 0.2 M 1.6 × 0.2 M 1.8 × 0.2		1.400 1.600 1.800	1.270 1.470 1.670	1.183 1.383 1.583
M 2 × 0.25 M 2.2 × 0.25	0.135	2.000 2.200	1.838 2.038	1.729 1.929
M 2.5 × 0.35 M 3 × 0.35 M 3.5 × 0.35	0.189	2.500 3.000 3.500	2.273 2.773 3.273	2.121 2.621 3.121
M 4 × 0.5 M 4.5 × 0.5 M 5 × 0.5 M 5.5 × 0.5	0.271	4.000 4.500 5.000 5.500	3.675 4.175 4.675 5.175	3.459 3.959 4.459 4.959
M 6 × 0.75 M 7 × 0.75	0.406	6.000 7.000	5.513 6.513	5.188 6.188
M 8 × 1 M 8 × 0.75	0.541 0.406	8.000	7.350 7.513	6.917 7.188
M 9 × 1 M 9 × 0.75	0.541 0.406	9.000	8.350 8.513	7.917 8.188
M 10 × 1.25 M 10 × 1 M 10 × 0.75	0.677 0.541 0.406	10.000	9.188 9.350 9.513	8.647 8.917 9.188
M 11 × 1 M 11 × 0.75	0.541 0.406	11.000	10.350 10.513	9.917 10.188
M 12 × 1.5 M 12 × 1.25 M 12 × 1	0.812 0.677 0.541	12.000	11.026 11.188 11.350	10.376 10.647 10.917
M 14 × 1.5 M 14 × 1.25 M 14 × 1	0.812 0.677 0.541	14.000	13.026 13.188 13.350	12.376 12.647 12.917
M 15 × 1.5 M 15 × 1	0.812 0.541	15.000	14.026 14.350	13.376 13.917
M 16 × 1.5 M 16 × 1	0.812 0.541	16.000	15.026 15.350	14.376 14.917

12. 미터 사다리꼴 나사

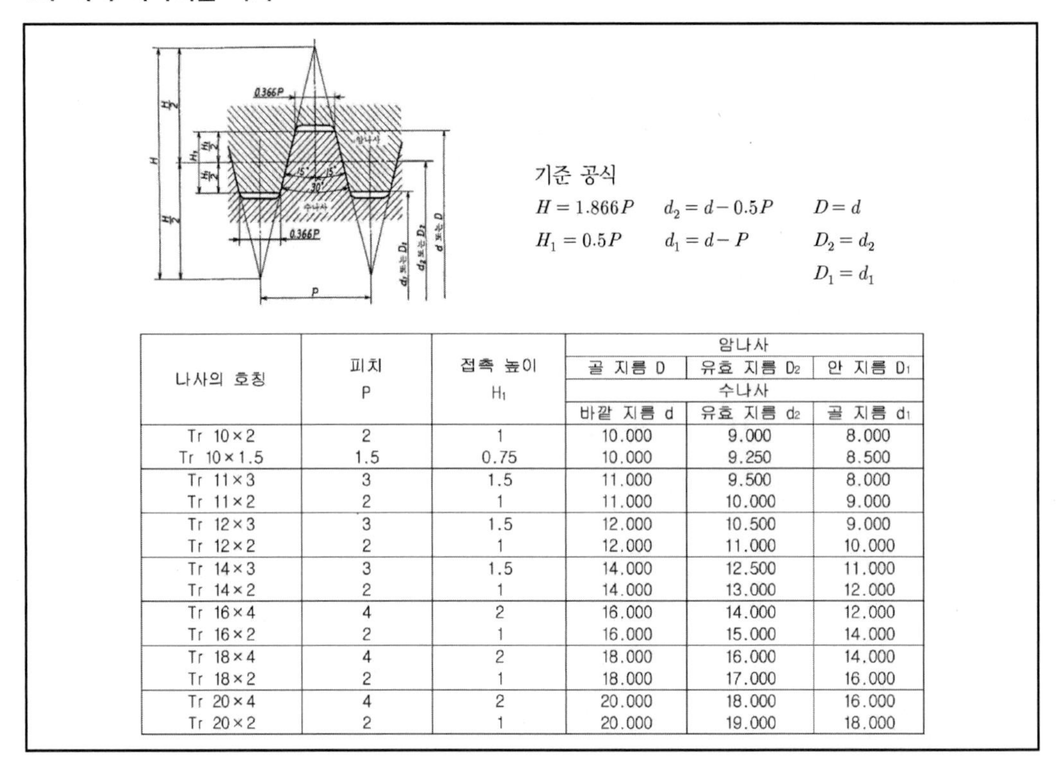

기준 공식

$H = 1.866P \quad d_2 = d - 0.5P \quad D = d$

$H_1 = 0.5P \quad d_1 = d - P \quad D_2 = d_2$

$D_1 = d_1$

나사의 호칭	피치 P	접촉 높이 H_1	암나사 골 지름 D / 수나사 바깥 지름 d	암나사 유효 지름 D_2 / 수나사 유효 지름 d_2	암나사 안 지름 D_1 / 수나사 골 지름 d_1
Tr 10×2	2	1	10.000	9.000	8.000
Tr 10×1.5	1.5	0.75	10.000	9.250	8.500
Tr 11×3	3	1.5	11.000	9.500	8.000
Tr 11×2	2	1	11.000	10.000	9.000
Tr 12×3	3	1.5	12.000	10.500	9.000
Tr 12×2	2	1	12.000	11.000	10.000
Tr 14×3	3	1.5	14.000	12.500	11.000
Tr 14×2	2	1	14.000	13.000	12.000
Tr 16×4	4	2	16.000	14.000	12.000
Tr 16×2	2	1	16.000	15.000	14.000
Tr 18×4	4	2	18.000	16.000	14.000
Tr 18×2	2	1	18.000	17.000	16.000
Tr 20×4	4	2	20.000	18.000	16.000
Tr 20×2	2	1	20.000	19.000	18.000

13. 관용 평행 나사

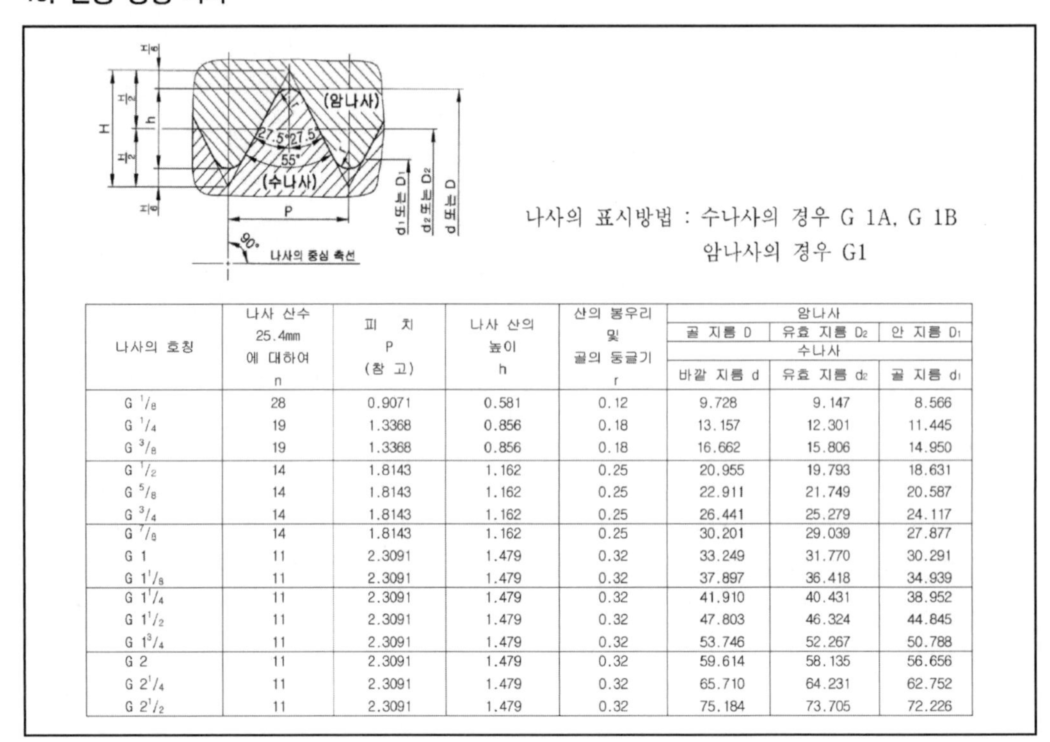

나사의 표시방법 : 수나사의 경우 G 1A, G 1B
암나사의 경우 G1

나사의 호칭	나사 산수 25.4mm에 대하여 n	피치 P (참고)	나사 산의 높이 h	산의 봉우리 및 골의 둥글기 r	암나사 골 지름 D / 수나사 바깥 지름 d	암나사 유효 지름 D_2 / 수나사 유효 지름 d_2	암나사 안 지름 D_1 / 수나사 골 지름 d_1
G 1/8	28	0.9071	0.581	0.12	9.728	9.147	8.566
G 1/4	19	1.3368	0.856	0.18	13.157	12.301	11.445
G 3/8	19	1.3368	0.856	0.18	16.662	15.806	14.950
G 1/2	14	1.8143	1.162	0.25	20.955	19.793	18.631
G 5/8	14	1.8143	1.162	0.25	22.911	21.749	20.587
G 3/4	14	1.8143	1.162	0.25	26.441	25.279	24.117
G 7/8	14	1.8143	1.162	0.25	30.201	29.039	27.877
G 1	11	2.3091	1.479	0.32	33.249	31.770	30.291
G 1 1/8	11	2.3091	1.479	0.32	37.897	36.418	34.939
G 1 1/4	11	2.3091	1.479	0.32	41.910	40.431	38.952
G 1 1/2	11	2.3091	1.479	0.32	47.803	46.324	44.845
G 1 3/4	11	2.3091	1.479	0.32	53.746	52.267	50.788
G 2	11	2.3091	1.479	0.32	59.614	58.135	56.656
G 2 1/4	11	2.3091	1.479	0.32	65.710	64.231	62.752
G 2 1/2	11	2.3091	1.479	0.32	75.184	73.705	72.226

14. 관용 테이퍼 나사

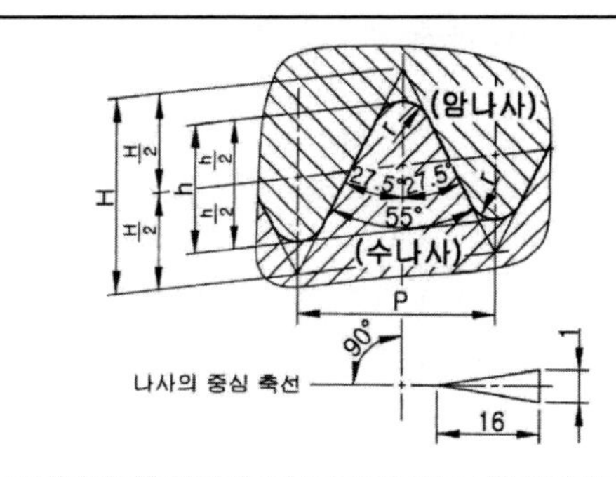

나사의 표시방법 : 수나사의 경우 R 1½
암나사의 경우 Rc 1½

나사의 호칭	나사 산수 25.4mm에 대하여 n	피치 P (참고)	나사산의 높이 h	둥글기 r 또는 r'	암나사			수나사 기본지름위치		암나사 기본지름 위치
					골 지름 D	유효 지름 D2	안 지름 D1	관 끝으로부터		관 끝부분
					수나사			기본길이 a	축선방향의 허용차 ±b	축선방향의 허용차 ±c
					바깥 지름 d	유효 지름 d2	골 지름 d1			
R 1/16	28	0.9071	0.581	0.12	7.723	7.142	6.561	3.97	0.91	1.13
R 1/8	28	0.9071	0.581	0.12	9.728	9.147	8.566	3.97	0.91	1.13
R 1/4	19	1.3368	0.856	0.18	13.157	12.301	11.445	6.01	1.34	1.67
R 3/8	19	1.3368	0.856	0.18	16.662	15.806	14.950	6.35	1.34	1.67
R 1/2	14	1.8143	1.162	0.25	20.955	19.793	18.631	8.16	1.81	2.27
R 3/4	14	1.8143	1.162	0.25	26.441	25.279	24.117	9.53	1.81	2.27
R1	11	2.3091	1.479	0.32	33.249	31.770	30.291	10.39	2.31	2.89
R1 1/4	11	2.3091	1.479	0.32	41.910	40.431	38.952	12.70	2.31	2.89
R1 1/2	11	2.3091	1.479	0.32	47.803	46.324	44.845	12.70	2.31	2.89
R2	11	2.3091	1.479	0.32	59.614	58.135	56.656	15.88	2.31	2.89
R2 1/2	11	2.3091	1.479	0.32	75.184	73.705	72.226	17.46	3.46	3.46
R3	11	2.3091	1.479	0.32	87.884	86.405	84.926	20.64	3.46	3.46
R4	11	2.3091	1.479	0.32	113.030	111.551	110.072	25.40	3.46	3.46
R5	11	2.3091	1.479	0.32	138.430	136.951	135.472	28.58	3.46	3.46
R6	11	2.3091	1.479	0.32	163.830	162.351	160.872	28.58	3.46	3.46

15. 볼트 구멍 지름(2급 기준) 및 카운터 보어 지름의 치수

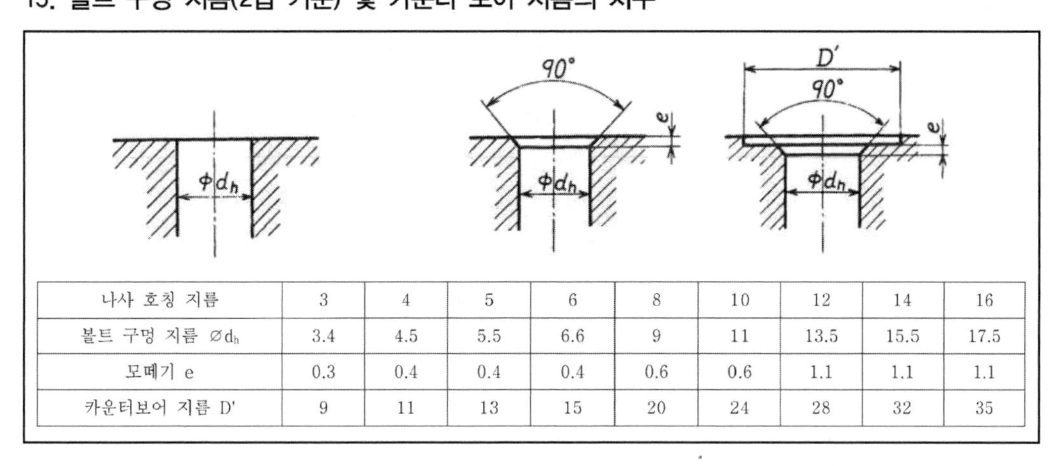

나사 호칭 지름	3	4	5	6	8	10	12	14	16
볼트 구멍 지름 ∅dh	3.4	4.5	5.5	6.6	9	11	13.5	15.5	17.5
모떼기 e	0.3	0.4	0.4	0.4	0.6	0.6	1.1	1.1	1.1
카운터보어 지름 D'	9	11	13	15	20	24	28	32	35

16. 불완전 나사부 길이

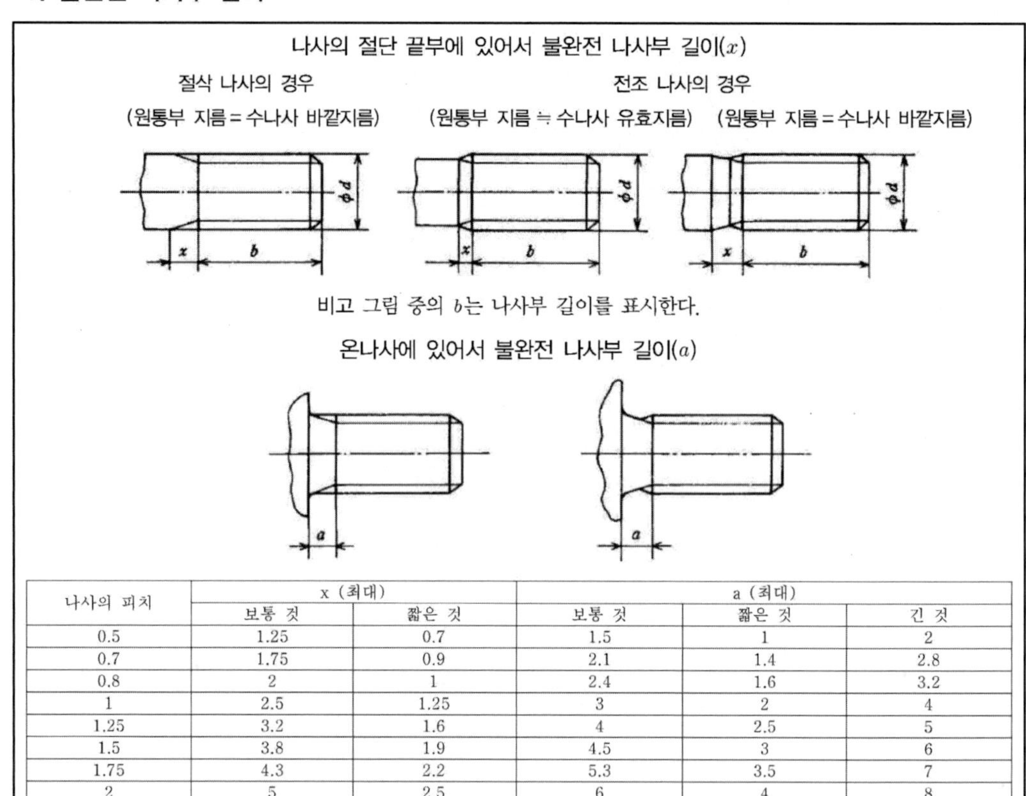

나사의 피치	x (최대)		a (최대)		
	보통 것	짧은 것	보통 것	짧은 것	긴 것
0.5	1.25	0.7	1.5	1	2
0.7	1.75	0.9	2.1	1.4	2.8
0.8	2	1	2.4	1.6	3.2
1	2.5	1.25	3	2	4
1.25	3.2	1.6	4	2.5	5
1.5	3.8	1.9	4.5	3	6
1.75	4.3	2.2	5.3	3.5	7
2	5	2.5	6	4	8

17. 나사의 틈새

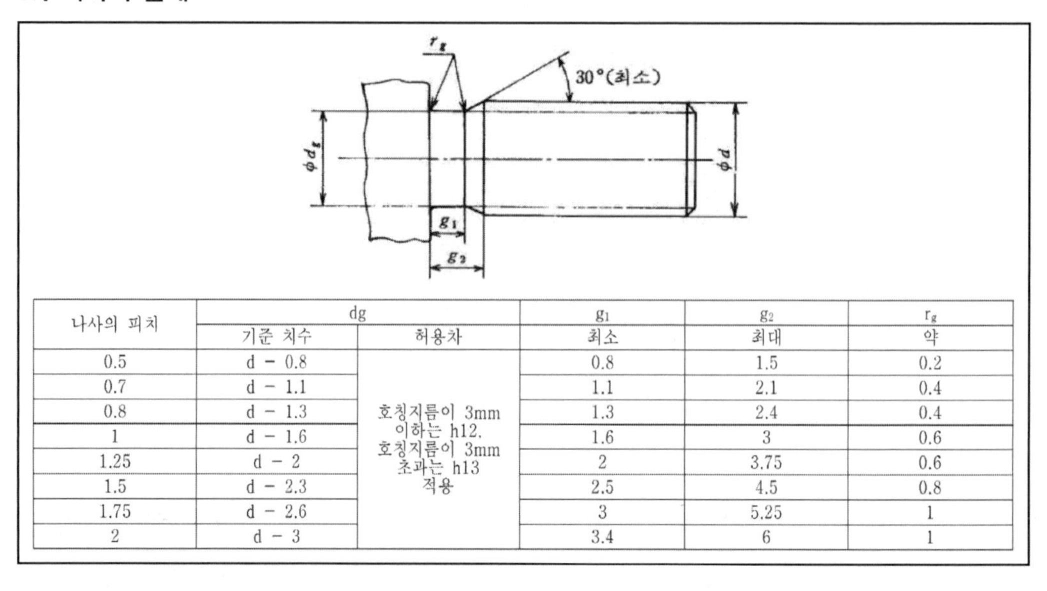

나사의 피치	dg		g_1	g_2	r_g
	기준 치수	허용차	최소	최대	약
0.5	d - 0.8	호칭지름이 3mm 이하는 h12, 호칭지름이 3mm 초과는 h13 적용	0.8	1.5	0.2
0.7	d - 1.1		1.1	2.1	0.4
0.8	d - 1.3		1.3	2.4	0.4
1	d - 1.6		1.6	3	0.6
1.25	d - 2		2	3.75	0.6
1.5	d - 2.3		2.5	4.5	0.8
1.75	d - 2.6		3	5.25	1
2	d - 3		3.4	6	1

18. 뾰족끝 홈붙이 멈춤 스크루

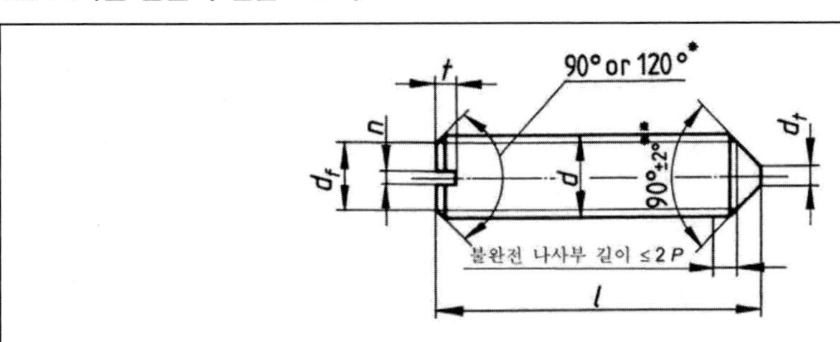

나사의 호칭 *d*			M 1.2	M 1.6	M 2	M 2.5	M 3	(M 3.5)[a]	M 4	M 5	M 6	M 8	M 10	M 12
P^b			0.25	0.35	0.4	0.45	0.5	0.6	0.7	0.8	1	1.25	1.5	1.75
d_f		≈	나사산의 골지름											
$l^{a,d}$														
기준치수	최소	최대												
2	1.8	2.2												
2.5	2.3	2.7												
3	2.8	3.2												
4	3.7	4.3												
5	4.7	5.3												
6	5.7	6.3												
8	7.7	8.3												
10	9.7	10.3				상용								
12	11.6	12.4					길이							
(14)	13.6	14.4						의						
16	15.6	16.4								범위				
20	19.6	20.4												
25	24.6	25.4												
30	29.6	30.4												

19. 멈춤링

(1) C형 멈춤링

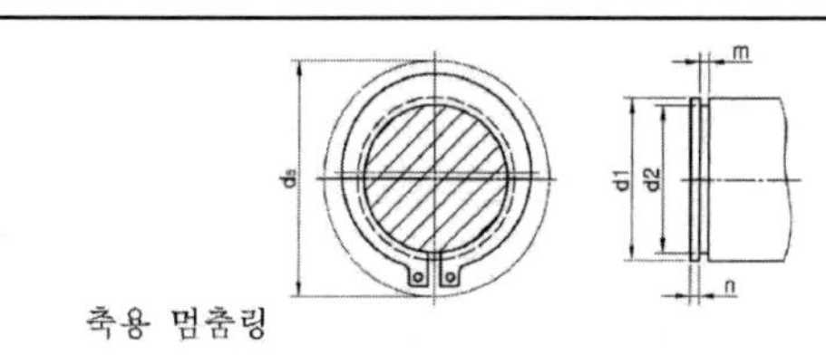

축용 멈춤링

(d5는 축에 끼울때 바깥 둘레의 최대 지름이다)

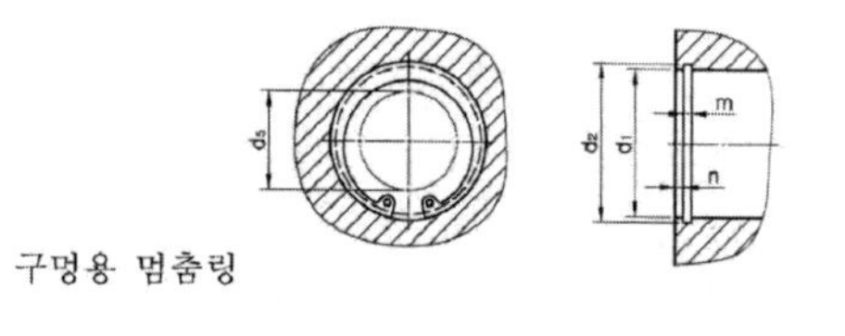

구멍용 멈춤링

(d5는 구멍에 끼울때 안 둘레의 최소 지름이다)

축 치수 d1	d2		m		n	멈춤링 두께	
	기준치수	허용차	기준치수	허용차	최소	기준치수	허용차
10	9.6	0 -0.09					
11	10.5						
12	11.5						
13	12.4		1.15			1	±0.05
14	13.4						
15	14.3	0 -0.11					
16	15.2						
17	16.2						
18	17						
19	18						
20	19				1.5		
21	20		1.35	+0.14 0		1.2	
22	21						
24	22.9						
25	23.9	0 -0.21					
26	24.9						±0.06
28	26.6						
29	27.6						
30	28.6						
32	30.3		1.75			1.6	
34	32.3						
35	33	0 -0.25					
36	34		1.95		2	1.8	±0.07
38	36						

구멍 치수 d1	d2		m		n	멈춤링 두께	
	기준치수	허용차	기준치수	허용차	최소	기준치수	허용차
10	10.4						
11	11.4						
12	12.5						
13	13.6	+0.11 0					
14	14.6						
15	15.7						
16	16.8		1.15			1	±0.05
17	17.8						
18	19						
19	20				1.5		
20	21						
21	22			+0.14 0			
22	23	+0.21 0					
24	25.2						
25	26.2						
26	27.2						
28	29.4		1.35			1.2	
30	31.4						
32	33.7						±0.06
34	35.7	+0.25 0					
35	37		1.75		2	1.6	
36	38						
37	39						

(2) E형 멈춤링

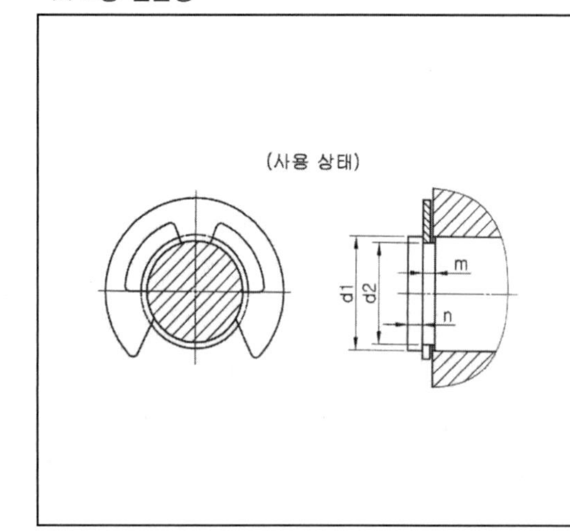

축 치수 d1		d2		m		n	멈춤 링 두께	
초과	이하	기준치수	허용차	기준치수	허용차	최소	기준치수	허용차
1	1.4	0.8	+0.05 0	0.3		0.4	0.2	±0.02
1.4	2	1.2		0.4	+0.05 0	0.6	0.3	±0.025
2	2.5	1.5				0.8		
2.5	3.2	2	+0.06 0	0.5			0.4	±0.03
3.2	4	2.5				1		
4	5	3						
5	7	4		0.7			0.6	
6	8	5	+0.075 0			1.2		
7	9	6			+0.1 0			±0.04
8	11	7		0.9		1.5	0.8	
9	12	8	+0.09 0			1.8		
10	14	9				2		
11	15	10		1.15			1.0	±0.05
13	18	12	+0.11 0			2.5		
16	24	15		1.75	+0.14 0	3	1.6	±0.06
20	31	19	+0.13 0			3.5		
25	38	24		2.2		4	2.0	±0.07

(3) C형 동심 멈춤링

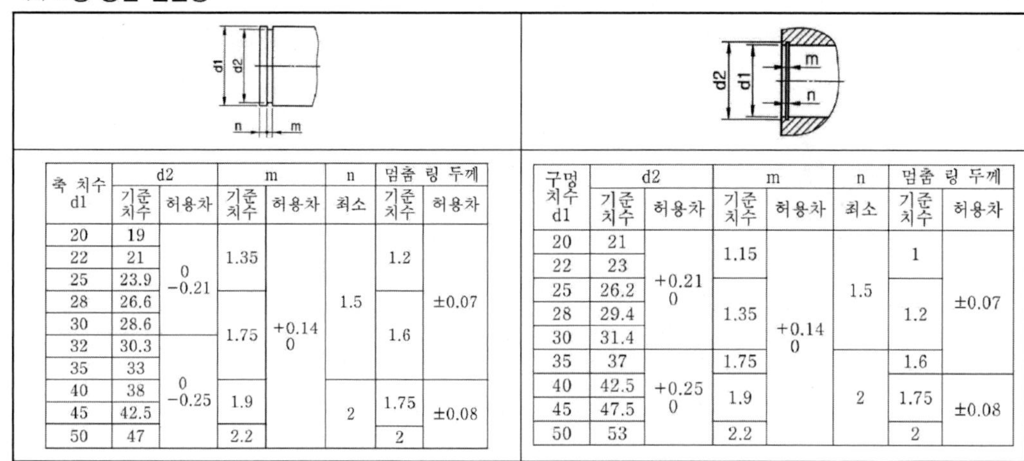

축 치수 d1	d2 기준치수	d2 허용차	m 기준치수	m 허용차	n 최소	멈춤 링 두께 기준치수	멈춤 링 두께 허용차
20	19	0 −0.21	1.35	+0.14 0	1.5	1.2	±0.07
22	21						
25	23.9						
28	26.6		1.75			1.6	
30	28.6						
32	30.3	0 −0.25					
35	33						
40	38		1.9		2	1.75	±0.08
45	42.5						
50	47		2.2			2	

구멍 치수 d1	d2 기준치수	d2 허용차	m 기준치수	m 허용차	n 최소	멈춤 링 두께 기준치수	멈춤 링 두께 허용차
20	21	+0.21 0	1.15	+0.14 0	1.5	1	±0.07
22	23						
25	26.2		1.35			1.2	
28	29.4						
30	31.4						
35	37	+0.25 0	1.75		2	1.6	
40	42.5		1.9			1.75	±0.08
45	47.5						
50	53		2.2			2	

20. 생크

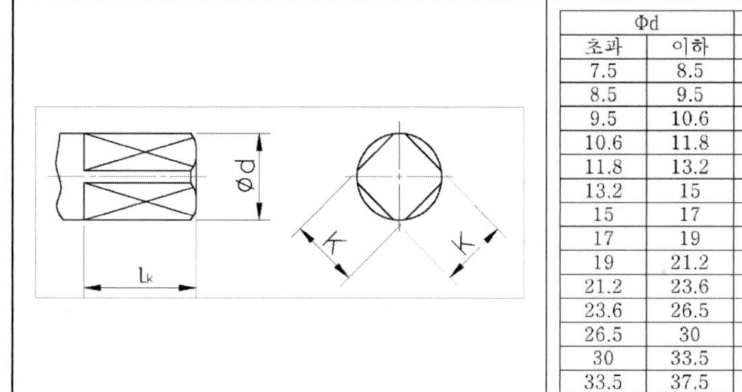

Φd 초과	Φd 이하	K 기준치수	K 허용차(h12)	lk
7.5	8.5	6.3	0 −0.15	9
8.5	9.5	7.1		10
9.5	10.6	8		11
10.6	11.8	9		12
11.8	13.2	10		13
13.2	15	11.2	0 −0.18	14
15	17	12.5		16
17	19	14		18
19	21.2	16		20
21.2	23.6	18		22
23.6	26.5	20	0 −0.21	24
26.5	30	22.4		26
30	33.5	25		28
33.5	37.5	28		31

21. 평행 키(키 홈)

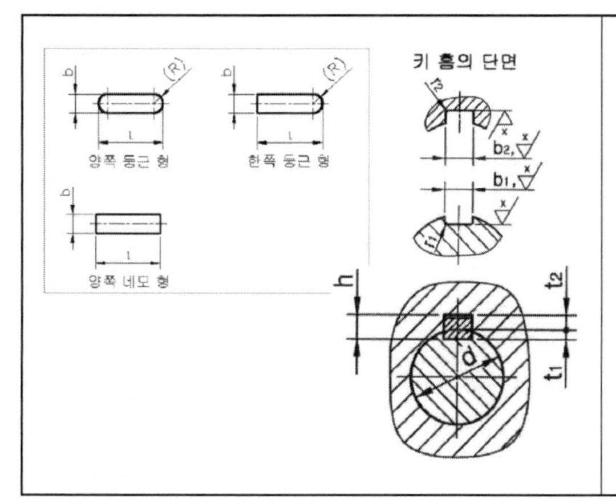

키 홈의 치수								적용하는 축 지름 d (초과~이하)
b1 및 b2의 기준치수	활동형 b1 허용차	활동형 b2 허용차	보통형 b1 허용차	보통형 b2 허용차	t1의 기준치수	t2의 기준치수	t1 및 t2의 허용차	
2	H9	D10	N9	Js9	1.2	1.0	+0.1 0	6~8
3					1.8	1.4		8~10
4					2.5	1.8		10~12
5					3.0	2.3		12~17
6					3.5	2.8		17~22
7					4.0	3.3	+0.2 0	20~25
8					4.0	3.3		22~30
10					5.0	3.3		30~38

22. 반달 키(키 홈)

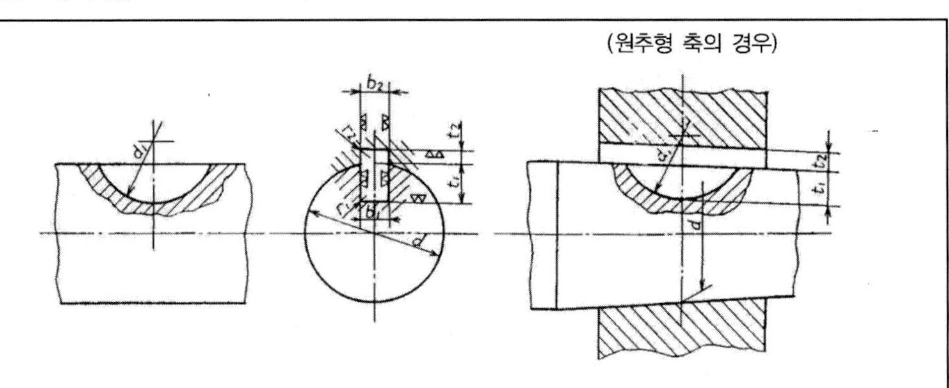

키의 호칭 치수 $b \times d_0$	반달 키 홈의 치수										참 고
	b_1		b_2		t_1	t_2		r_1 및 r_2	d_1		해당 축지름 d
	기준 치수	허용차 (N 9)	기준 치수	허용차 (F 9)	기준 치수	기준 치수	t_1, t_2의 허용차	기준 치수	기준 치수	허용차	
2.5×10	2.5	−0.004 −0.029	2.5	+0.031 +0.006	2.5	1.4	+0.1 0	0.08~0.16	10	+0.2 0	7~12
3×10	3		3		2.5				10		8~14
3×13					3.8				13		9~16
3×16					5.3				16		11~18
4×13	4	0 −0.030	4	+0.040 +0.010	3.5	1.7			13		11~18
4×16					5				16		12~20
4×19					6				19	+0.3 0	14~22
5×16	5		5		4.5	2.2			16	+0.2 0	14~22
5×19					5.5				19	+0.3 0	15~24
5×22					7				22		17~26
6×22	6		6		6.6	2.6		0.16~0.25	22		19~28
6×25					7.6				25		20~30
6×28					8.6				28		22~32
6×32					10.6				32		24~34
(7×22)	7	0 −0.036	7	+0.049 +0.013	6.4	2.8			22		20~29
(7×25)					7.4				25		22~32
(7×28)					8.4				28		24~34
(7×32)					10.4				32		26~37
(7×38)					12.4				38		29~41
(7×45)					13.4				45		31~45
8×25	8		8		7.2	3			25		24~34
8×28					8.2				28		26~37
8×32					10.2				32		28~40
8×38					12.2				38		30~44
10×32	10		10		9.8	3.4		0.25~0.40	32		31~46
10×45					12.8				45		38~54
10×55					13.8				55		42~60
10×65					15.8				65	+0.5 0	46~65
12×65	12	0 −0.043	12	+0.059 +0.016	15.2	4			65		50~73
12×80					20.2				80		58~82

23. 깊은 홈 볼 베어링

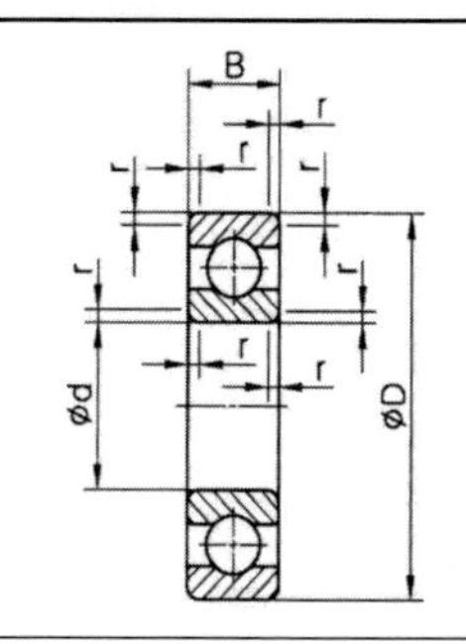

호칭 번호 (68계열)	치수 d	D	B	r
6800	10	19	5	0.3
6801	12	21		
6802	15	24		
6803	17	26		
6804	20	32	7	
6805	25	37		
6806	30	42		
6807	35	47		
6808	40	52		
6809	45	58		
6810	50	65		

호칭 번호 (64계열)	치수 d	D	B	r
6403	17	62	17	1.1
6404	20	72	19	1.1
6405	25	80	21	1.5
6406	30	90	23	1.5
6407	35	100	25	1.5
6408	40	110	27	2
6409	45	120	29	2
6410	50	130	31	2.1
6411	55	140	33	2.1
6412	60	150	35	2.1
6413	65	160	37	2.1

호칭 번호 (69계열)	치수 d	D	B	r
6900	10	22	6	0.3
6901	12	24		
6902	15	28	7	
6903	17	30		
6904	20	37	9	
6905	25	42		
6906	30	47		
6907	35	55	10	0.6
6908	40	62	12	

호칭 번호 (60계열)	치수 d	D	B	r
6000	10	26	8	0.3
6001	12	28		
6002	15	32	9	
6003	17	35	10	
6004	20	42	12	0.6
6005	25	47		
6006	30	55	13	1
6007	35	62	14	
6008	40	68	15	

호칭 번호 (62계열)	치수 d	D	B	r
6200	10	30	9	0.6
6201	12	32	10	0.6
6202	15	35	11	0.6
6203	17	40	12	0.6
6204	20	47	14	1
6205	25	52	15	1
6206	30	62	16	1
6207	35	72	17	1.1
6208	40	80	18	1.1

호칭 번호 (63계열)	치수 d	D	B	r
6300	10	35	11	0.6
6301	12	37	12	1
6302	15	42	13	1
6303	17	47	14	1
6304	20	52	15	1.1
6305	25	62	17	1.1

24. 앵귤러 볼 베어링

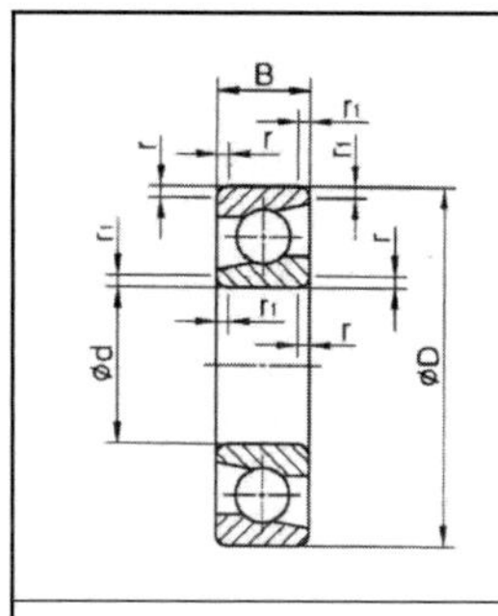

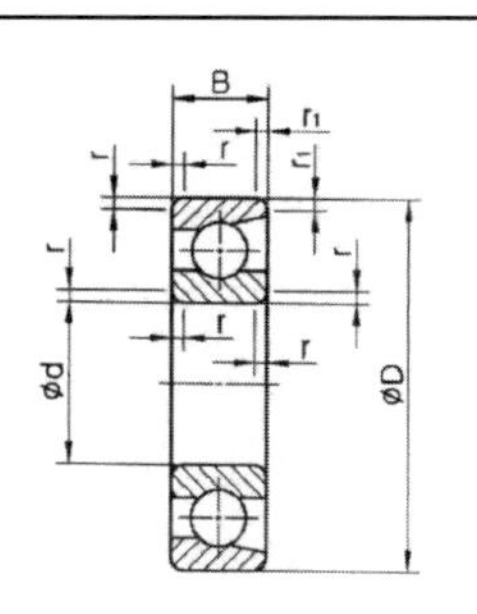

호칭 번호 (70계열)	치수 d	D	B	r	r_1
7000A	10	26	8	0.3	0.15
7001A	12	28	8	0.3	0.15
7002A	15	32	9	0.3	0.15
7003A	17	35	10	0.3	0.15
7004A	20	42	12	0.6	0.3
7005A	25	47	12	0.6	0.3
7006A	30	55	13	1	0.6
7007A	35	62	14	1	0.6
7008A	40	68	15	1	0.6
7009A	45	75	16	1	0.6

호칭 번호 (72계열)	치수 d	D	B	r	r_1
7200A	10	30	9	0.6	0.3
7201A	12	32	10	0.6	0.3
7202A	15	35	11	0.6	0.3
7203A	17	40	12	0.6	0.3
7204A	20	47	14	1	0.6
7205A	25	52	15	1	0.6
7206A	30	62	16	1	0.6

호칭 번호 (73계열)	치수 d	D	B	r	r_1
7300A	10	35	11	0.6	0.3
7301A	12	37	12	1	0.6
7302A	15	42	13	1	0.6
7303A	17	47	14	1	0.6
7304A	20	52	15	1.1	0.6
7305A	25	62	17	1.1	0.6
7306A	30	72	19	1.1	0.6

호칭 번호 (74계열)	치수 d	D	B	r	r_1
7404A	20	72	19	1.1	0.6
7405A	25	80	21	1.5	1
7406A	30	90	23	1.5	1

25. 자동 조심 볼 베어링

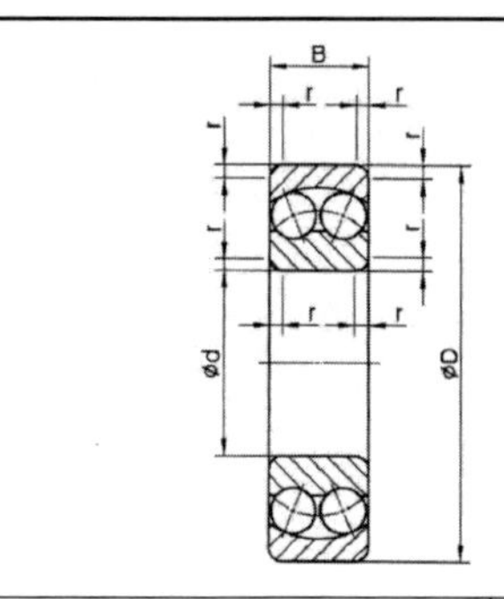

호칭 번호 (22계열)	치수			
	d	D	B	r
2200	10	30	14	0.6
2201	12	32	14	0.6
2202	15	35	14	0.6
2203	17	40	16	0.6
2204	20	47	18	1
2205	25	52	18	1
2206	30	62	20	1

호칭 번호 (12계열)	치수			
	d	D	B	r
1200	10	30	9	0.6
1201	12	32	10	0.6
1202	15	35	11	0.6
1203	17	40	12	0.6
1204	20	47	14	1
1205	25	52	15	1
1206	30	62	16	1

호칭 번호 (13계열)	치수			
	d	D	B	r
1300	10	35	11	0.6
1301	12	37	12	1
1302	15	42	13	1
1303	17	47	14	1
1304	20	52	15	1.1
1305	25	62	17	1.1

호칭 번호 (23계열)	치수			
	d	D	B	r
2300	10	35	17	0.6
2301	12	37	17	1
2302	15	42	17	1
2303	17	47	19	1
2304	20	52	21	1.1
2305	25	62	24	1.1

26. 원통 롤러 베어링(계속)

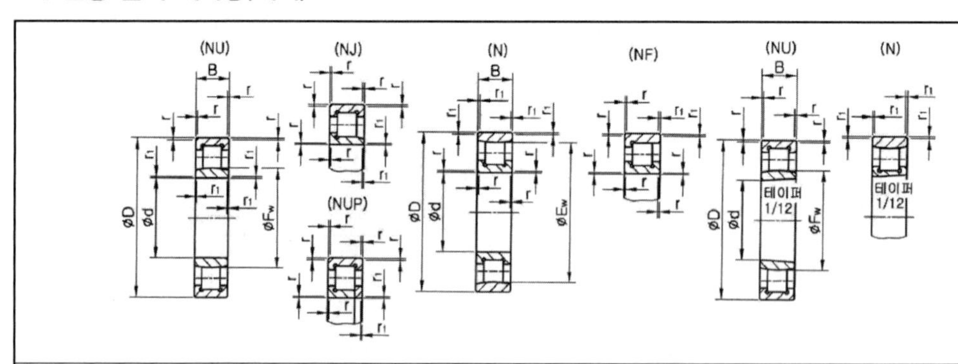

호칭 번호 (NU2, NUP2, N2, NF2계열)							치수				
원통 구멍					테이퍼 구멍		d	D	B	r	r_1
–	–	–	N203	–	–	–	17	40	12	0.6	0.3
NU204	NJ204	NUP204	N204	NF204	NU204K	–	20	47	14	1	0.6
NU205	NJ205	NUP205	N205	NF205	NU205K	–	25	52	15	1	0.6
NU206	NJ206	NUP206	N206	NF206	NU206K	N206K	30	62	16	1	0.6
NU207	NJ207	NUP207	N207	NF207	NU207K	N207K	35	72	17	1.1	0.6
NU208	NJ208	NUP208	N208	NF208	NU208K	N208K	40	80	18	1.1	1.1

호칭 번호 (NU22, NUP22, NJ22계열)				치수				
원통 구멍			테이퍼 구멍	d	D	B	r	r_1
NU2204	NJ2204	NUP2204	–	20	47	18	1	0.6
NU2205	NJ2205	NUP2205	NU2205K	25	52	18	1	0.6
NU2206	NJ2206	NUP2206	NU2206K	30	62	20	1	0.6
NU2207	NJ2207	NUP2207	NU2207K	35	72	23	1.1	0.6
NU2208	NJ2208	NUP2208	NU2208K	40	80	23	1.1	1.1
NU2209	NJ2209	NUP2209	NU2209K	45	85	23	1.1	1.1

26. 원통 롤러 베어링

호칭 번호 (NU3, NJ3, NUP3, N3, NF3계열)							치수				
원통 구멍					테이퍼 구멍		d	D	B	r	r_1
NU304	NJ304	NUP304	N304	NF304	NU304K	–	20	52	15	1.1	0.6
NU305	NJ305	NUP305	N305	NF305	NU305K	–	25	62	17	1.1	1.1
NU306	NJ306	NUP306	N306	NF306	NU306K	N306K	30	72	19	1.1	1.1
NU307	NJ307	NUP307	N307	NF307	NU307K	N307K	35	80	21	1.5	1.1
NU308	NJ308	NUP308	N308	NF308	NU308K	N308K	40	90	23	1.5	1.5
NU309	NJ309	NUP309	N309	NF309	NU309K	N309K	45	100	25	1.5	1.5
NU310	NJ310	NUP310	N310	NF310	NU310K	N310K	50	110	27	2	2

호칭 번호 (NU23, NJ23, NUP23계열)				치수				
원통 구멍			테이퍼 구멍	d	D	B	r	r_1
NU2305	NJ2305	NUP2305	NU2305 K	25	62	24	1.1	1.1
NU2306	NJ2306	NUP2306	NU2306 K	30	72	27	1.1	1.1
NU2307	NJ2307	NUP2307	NU2307 K	35	80	31	1.5	1.1
NU2308	NJ2308	NUP2308	NU2308 K	40	90	33	1.5	1.5
NU2309	NJ2309	NUP2309	NU2309 K	45	100	36	1.5	1.5
NU2310	NJ2310	NUP2310	NU2310 K	50	110	40	2	2

호칭 번호 (NU4, NJ4, NUP4, N4, NF4계열)					치수				
					d	D	B	r	r_1
NU406	NJ406	NUP406	N406	NF406	30	90	23	1.5	1.5
NU407	NJ407	NUP407	N407	NF407	35	100	25	1.5	1.5
NU408	NJ408	NUP408	N408	NF408	40	110	27	2	2
NU409	NJ409	NUP409	N409	NF409	45	120	29	2	2
NU410	NJ410	NUP410	N410	NF410	50	130	31	2.1	2.1
NU411	NJ411	NUP411	N411	NF411	55	140	33	2.1	2.1

호칭 번호 (NN30계열)		치수				
원통 구멍	테이퍼 구멍	d	D	B	r	r_1
NN 3005	NN 3005 K	25	47	16	0.6	0.6
NN 3006	NN 3006 K	30	55	19	1	1
NN 3007	NN 3007 K	35	62	20	1	1
NN 3008	NN 3008 K	40	68	21	1	1
NN 3009	NN 3009 K	45	75	23	1	1
NN 3010	NN 3010 K	50	80	23	1	1

호칭 번호 (NU10계열)	치수				
	d	D	B	r	r_1
NU 1005	25	47	12	0.6	0.3
NU 1006	30	55	13	1	0.6
NU 1007	35	62	14	1	0.6
NU 1008	40	68	15	1	0.6
NU 1009	45	75	16	1	0.6
NU 1010	50	80	16	1	0.6

27. 테이퍼 롤러 베어링(계속)

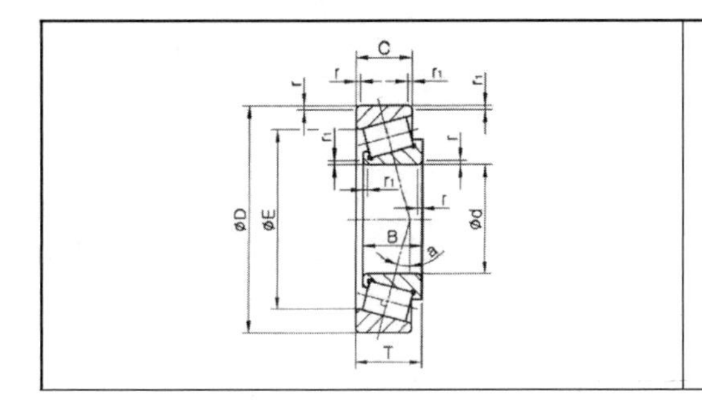

호칭 번호 (302계열)	치수							
	d	D	T	B	C	r 내륜	r 외륜	r_1
30203 K	17	40	13.25	12	11	1	1	0.3
30204 K	20	47	15.25	14	12	1	1	0.3
30205 K	25	52	16.25	15	13	1	1	0.3
30206 K	30	62	17.25	16	14	1	1	0.3
30207 K	35	72	18.25	17	15	1.5	1.5	0.6
30208 K	40	80	19.75	18	16	1.5	1.5	0.6

27. 테이퍼 롤러 베어링

호칭 번호 (320계열)	치수 d	D	T	B	C	r 내륜	r 외륜	r1
32004K	20	42	15	15	12	0.6	0.6	0.15
32005K	25	47	15	15	11.5	0.6	0.6	0.15
32006K	30	55	17	17	13	1	1	0.3
32007K	35	62	18	18	14	1	1	0.3
32008K	40	68	19	19	14.5	1	1	0.3
32009K	45	75	20	20	15.5	1	1	0.3

호칭 번호 (322계열)	치수 d	D	T	B	C	r 내륜	r 외륜	r1
32203 K	17	40	17.25	16	14	1	1	0.3
32204 K	20	47	19.25	18	15	1	1	0.3
32205 K	25	52	19.25	18	16	1	1	0.3
32206 K	30	62	21.25	20	17	1	1	0.3
32207 K	35	72	24.25	23	19	1.5	1.5	0.6
32208 K	40	80	25.75	23	19	1.5	1.5	0.6

호칭 번호 (303계열)	치수 d	D	T	B	C	r 내륜	r 외륜	r1
30302 K	15	42	14.25	13	11	1	1	0.3
30303 K	17	47	15.25	14	12	1	1	0.3
30304 K	20	52	16.25	15	13	1.5	1.5	0.6
30305 K	25	62	18.25	17	15	1.5	1.5	0.6
30306 K	30	72	20.75	19	16	1.5	1.5	0.6
30307 K	35	80	22.75	21	18	2	1.5	0.6

호칭 번호 (303 D계열)	치수 d	D	T	B	C	r 내륜	r 외륜	r1
30305D K	25	62	18.25	17	13	1.5	1.5	0.6
30306D K	30	72	20.75	19	14	1.5	1.5	0.6
30307D K	35	80	22.75	21	15	2	1.5	0.6

호칭 번호 (323계열)	치수 d	D	T	B	C	r 내륜	r 외륜	r1
32303 K	17	47	20.25	19	16	1	1	0.3
32304 K	20	52	22.25	21	18	1.5	1.5	0.6
32305 K	25	62	25.25	24	20	1.5	1.5	0.6
32306 K	30	72	28.75	27	23	1.5	1.5	0.6
32307 K	35	80	32.75	31	25	2	1.5	0.6
32308 K	40	90	35.25	33	27	2	1.5	0.6

28. 니들 롤러 베어링

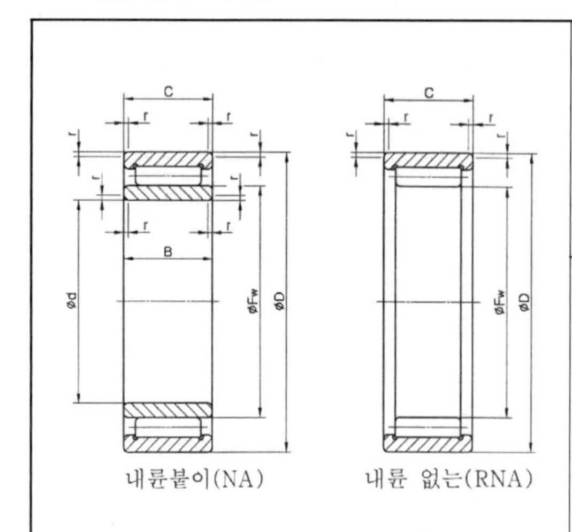

내륜붙이(NA)　　내륜 없는(RNA)

호칭 번호 (NA49계열)	치수 d	D	B, C	r
NA498	8	19	11	0.2
NA499	9	20	11	0.3
NA4900	10	22	13	0.3
NA4901	12	24	13	0.3
NA4902	15	28	13	0.3
NA4903	17	30	13	0.3

호칭 번호 (RNA49계열)	치수 Fw	D	C	r
RNA493	5	11	10	0.15
RNA494	6	12	10	0.15
RNA495	7	13	10	0.15
RNA496	8	15	10	0.15
RNA497	9	17	10	0.15
RNA498	10	19	11	0.2
RNA499	12	20	11	0.3
RNA4900	14	22	13	0.3
RNA4901	16	24	13	0.3

29. 평면 자리형 스러스트 볼 베어링

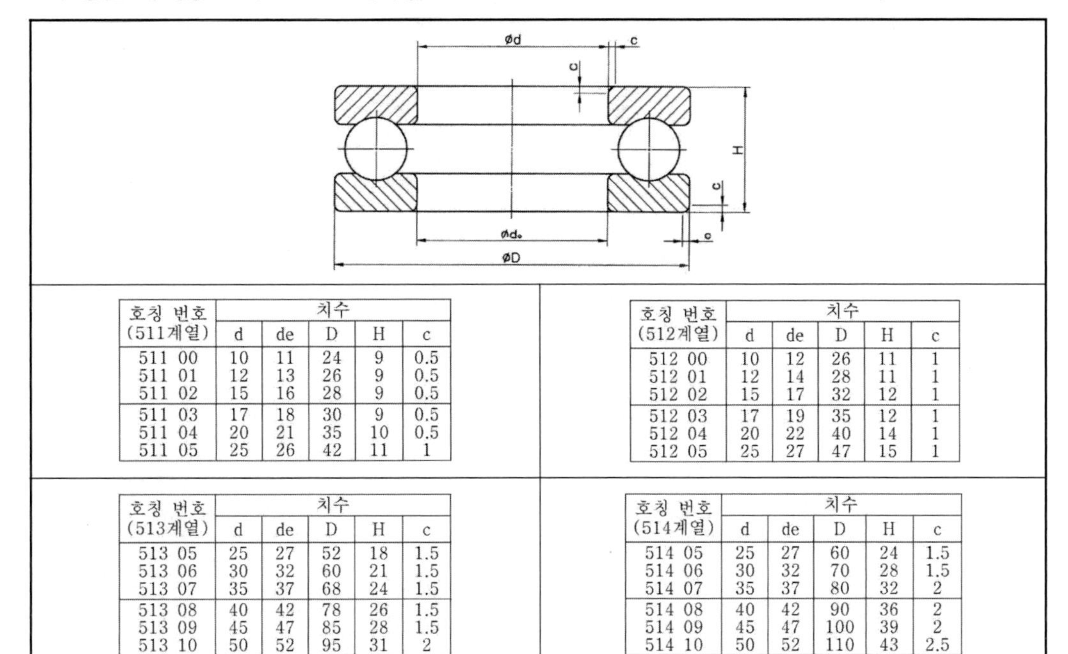

호칭 번호 (511계열)	치수 d	de	D	H	c
511 00	10	11	24	9	0.5
511 01	12	13	26	9	0.5
511 02	15	16	28	9	0.5
511 03	17	18	30	9	0.5
511 04	20	21	35	10	0.5
511 05	25	26	42	11	1

호칭 번호 (512계열)	치수 d	de	D	H	c
512 00	10	12	26	11	1
512 01	12	14	28	11	1
512 02	15	17	32	12	1
512 03	17	19	35	12	1
512 04	20	22	40	14	1
512 05	25	27	47	15	1

호칭 번호 (513계열)	치수 d	de	D	H	c
513 05	25	27	52	18	1.5
513 06	30	32	60	21	1.5
513 07	35	37	68	24	1.5
513 08	40	42	78	26	1.5
513 09	45	47	85	28	1.5
513 10	50	52	95	31	2

호칭 번호 (514계열)	치수 d	de	D	H	c
514 05	25	27	60	24	1.5
514 06	30	32	70	28	1.5
514 07	35	37	80	32	2
514 08	40	42	90	36	2
514 09	45	47	100	39	2
514 10	50	52	110	43	2.5

30. 평면 자리형 스러스트 볼 베어링(복식)

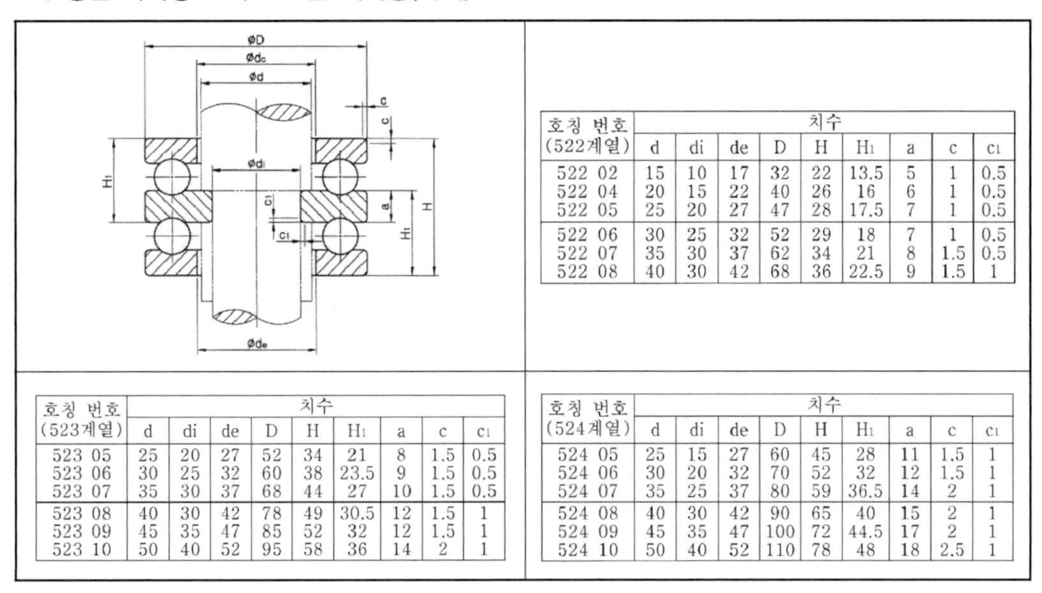

호칭 번호 (522계열)	치수 d	di	de	D	H	H_1	a	c	c_1
522 02	15	10	17	32	22	13.5	5	1	0.5
522 04	20	15	22	40	26	16	6	1	0.5
522 05	25	20	27	47	28	17.5	7	1	0.5
522 06	30	25	32	52	29	18	7	1	0.5
522 07	35	30	37	62	34	21	8	1.5	0.5
522 08	40	30	42	68	36	22.5	9	1.5	1

호칭 번호 (523계열)	치수 d	di	de	D	H	H_1	a	c	c_1
523 05	25	20	27	52	34	21	8	1.5	0.5
523 06	30	25	32	60	38	23.5	9	1.5	0.5
523 07	35	30	37	68	44	27	10	1.5	0.5
523 08	40	30	42	78	49	30.5	12	1.5	1
523 09	45	35	47	85	52	32	12	1.5	1
523 10	50	40	52	95	58	36	14	2	1

호칭 번호 (524계열)	치수 d	di	de	D	H	H_1	a	c	c_1
524 05	25	15	27	60	45	28	11	1.5	1
524 06	30	20	32	70	52	32	12	1.5	1
524 07	35	25	37	80	59	36.5	14	2	1
524 08	40	30	42	90	65	40	15	2	1
524 09	45	35	47	100	72	44.5	17	2	1
524 10	50	40	52	110	78	48	18	2.5	1

31. 베어링 구석 홈 부 둥글기

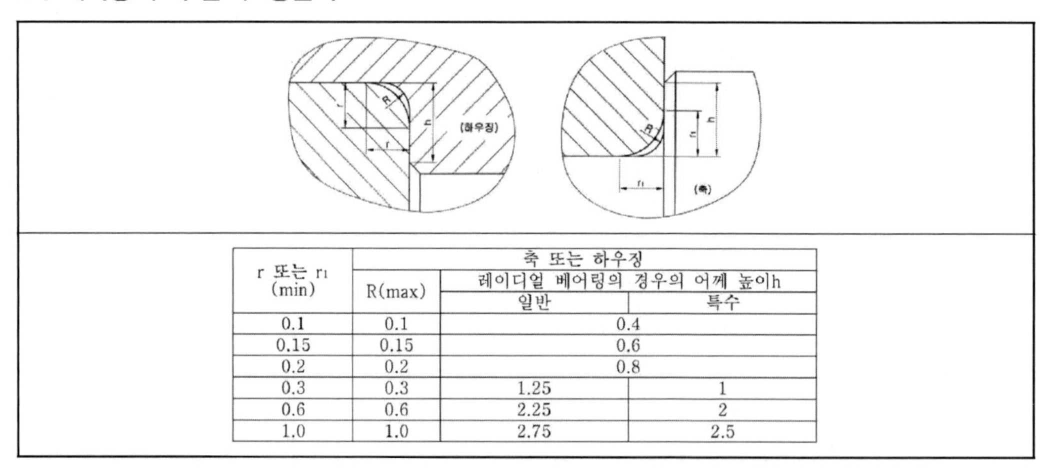

r 또는 r_1 (min)	R(max)	축 또는 하우징 레이디얼 베어링의 경우의 어깨 높이h	
		일반	특수
0.1	0.1	0.4	
0.15	0.15	0.6	
0.2	0.2	0.8	
0.3	0.3	1.25	1
0.6	0.6	2.25	2
1.0	1.0	2.75	2.5

32. 베어링의 끼워 맞춤

내륜회전 하중 또는 방향 부정 하중(보통 하중)			
볼 베어링	원통, 테이퍼 롤러 베어링	자동조심 롤러 베어링	허용차 등급
축 지름			
18 이하	-	-	js5
18 초과 100 이하	40 이하	40 이하	k5
100 초과 200 이하	40 초과 100 이하	40 초과 65 이하	m5

내륜정지 하중			
볼 베어링	원통, 테이퍼 롤러 베어링	자동조심 롤러 베어링	허용차 등급
축 지름			
내륜이 축 위를 쉽게 움직일 필요가 있다.	전체 축 지름		g6
내륜이 축 위를 쉽게 움직일 필요가 없다.	전체 축 지름		h6

하우징 구멍 공차		
외륜 정지 하중	모든 종류의 하중	H7
외륜 회전 하중	보통하중 또는 중하중	N7

스러스트 베어링				
축 지름				
중심 축 하중			전체 축 지름	js5
합성 하중 (스러스트 자동 조심롤러 베어링)	내륜정지하중	전체 축 지름		
	내륜회전하중 또는 방향 부정 하중	200 이하		k6

스러스트 베어링		
중심 축 하중		H8
합성 하중 (스러스트 자동 조심롤러 베어링)	내륜정지하중	H7
	내륜회전하중 또는 방향 부정 하중	K7

33. 그리스 니플

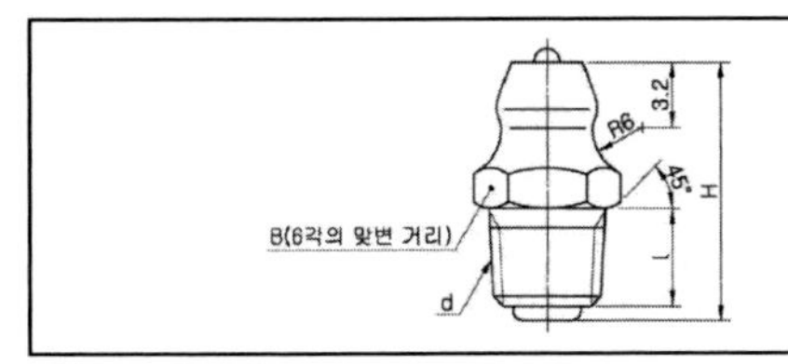

A형	
형식	나사의 호칭 지름
A-M6F	M6×0.75
A-MT6×0.75	MT6×0.75

34. O링(원통면)

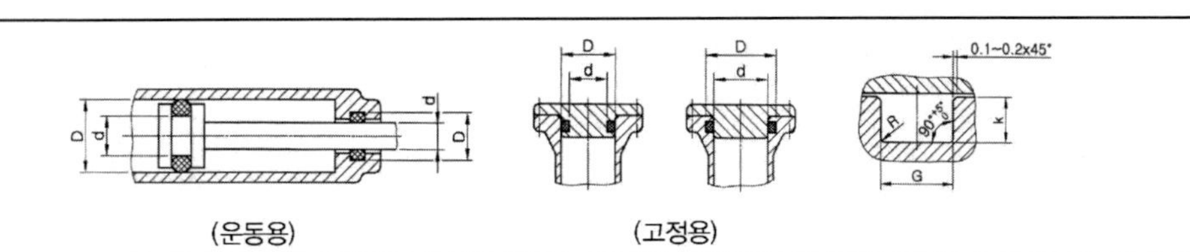

(운동용) (고정용)

O링의 호칭 번호	d		d의 끼워 맞춤	D		D의 끼워 맞춤	G +0.25 0	R (최대)
P 3	3	0 -0.05	h9	6	+0.05 0	H10	2.5	0.4
P 4	4			7		H9		
P 5	5			8				
P 6	6			9				
P 7	7			10				
P 8	8			11				
P 9	9			12				
P10	10			13				
P10A	10	0 -0.06	h9	14	+0.06 0	H9	3.2	0.4
P11	11			15				
P11.2	11.2			15.2				
P12	12			16				
P12.5	12.5			16.5				
P14	14			18				
P15	15			19				
P16	16			20				
P18	18			22				
P20	20			24				
P21	21			25				
P22	22			26				
P22A	22	0 -0.08	h9	28	+0.08 0	H9	4.7	0.8
P22.4	22.4			28.4				
P24	24			30				
P25	25			31				
P25.5	25.5			31.5				
P26	26			32				
P28	28			34				
P29	29			35				
P29.5	29.5			35.5				
P30	30			36				
P31	31			37				
P31.5	31.5			37.5				
P32	32			38				
P34	34			40				
P35	35			41				
P35.5	35.5			41.5				
P36	36			42				
P38	38			44				
P39	39			45				

O링의 호칭 번호	d		d의 끼워 맞춤	D		D의 끼워 맞춤	G +0.25 0	R (최대)
P40	40	0 -0.08	h9	46	+0.08 0	H9	4.7	0.8
P41	41			47				
P42	42			48				
P44	44			50				
P45	45			51				
P46	46			52				
P48	48			54				
P49	49			55				
P50	50			56				
P48A	48	0 -0.10	h9	58	+0.10 0	H9	7.5	0.8
P50A	50			60				
P52	52			62				
P53	53			63				
P55	55			65				
P56	56			66				
P58	58			68				
P60	60			70				
P62	62			72				
P63	63			73				
P65	65			75				
P67	67			77				
P70	70			80				
P71	71			81				
P75	75			85				
P80	80			90				

O링의 호칭 번호	d		d의 끼워 맞춤	D		D의 끼워 맞춤	G +0.25 0	R (최대)
G 25	25	0 -0.10	h9	30	+0.10 0	H10	4.1	0.7
G 30	30			35				
G 35	35			40				
G 40	40			45				
G 45	45			50				
G 50	50			55		H9		
G 55	55			60				
G 60	60			65				
G 65	65			70				
G 70	70			75				
G 75	75			80				
G 80	80			85				
G 85	85			90				
G 90	90			95				
G 95	95			100				
G100	100			105				

35. O링 부착 부의 예리한 모서리를 제거하는 설계 방법

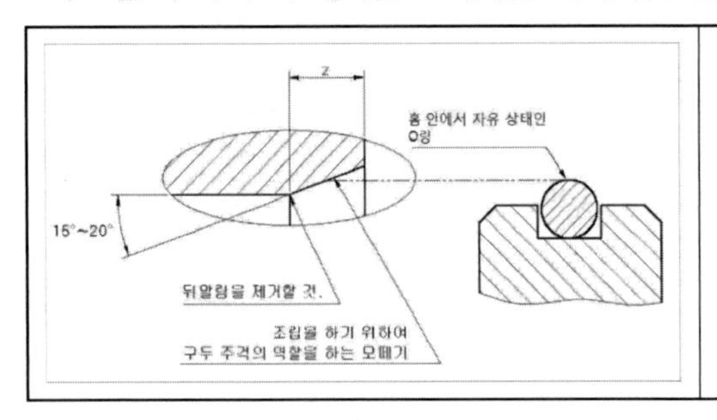

O링의 호칭 번호	O링의 굵기	Z(최소)
P 3 ~P 10	1.9±0.08	1.2
P 10A ~P 22	2.4±0.09	1.4
P 22A ~P 50	3.5±0.10	1.8
P 48A ~P 150	5.7±0.13	3.0
P 150A~P 400	8.4±0.15	4.3
G 25 ~ G 145	3.1±0.10	1.7
G150 ~ G 300	5.7±0.13	3.0

36. O링(평면)(계속)

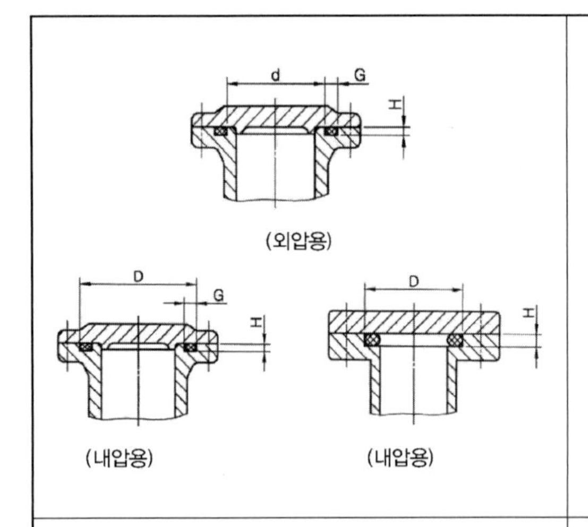

O링의 호칭 번호	d (외압용)	D (내압용)	G +0.25 0	H ±0.05	R (최대)
G25	25	30			
G30	30	35			
G35	35	40			
G40	40	45			
G45	45	50			
G50	50	55			
G55	55	60			
G60	60	65			
G65	65	70			
G70	70	75			
G75	75	80			
G80	80	85			
G85	85	90	4.1	2.4	0.7
G90	90	95			
G95	95	100			
G100	100	105			
G105	105	110			
G110	110	115			
G115	115	120			
G120	120	125			
G125	125	130			
G130	130	135			
G135	135	140			
G140	140	145			
G145	145	150			

O링의 호칭 번호	d (외압용)	D (내압용)	G +0.25 0	H ±0.05	R (최대)
P3	3	6.2			
P4	4	7.2			
P5	5	8.2			
P6	6	9.2			
P7	7	10.2	2.5	1.4	0.4
P8	8	11.2			
P9	9	12.2			
P10	10	13.2			
P10A	10	14			
P11	11	15			
P11.2	11.2	15.2			
P12	12	16			
P12.5	12.5	16.5			
P14	14	18			
P15	15	19	3.2	1.8	0.4
P16	16	20			
P18	18	22			
P20	20	24			
P21	21	25			
P22	22	26			
P22A	22	28			
P22.4	22.4	28.4			
P24	24	30			
P25	25	31			
P25.5	25.5	31.5			
P26	26	32			
P28	28	34			
P29	29	35			
P29.5	29.5	35.5			
P30	30	36			
P31	31	37	4.7	2.7	0.8

O링의 호칭 번호	d (외압용)	D (내압용)	G +0.25 0	H ±0.05	R (최대)
P44	44	50			
P45	45	51			
P46	46	52			
P48	48	54	4.7	2.7	0.8
P49	49	55			
P50	50	56			
P48A	48	58			
P50A	50	60			
P52	52	62			
P53	53	63			
P55	55	65			
P56	56	66			
P58	58	68			
P60	60	70			
P62	62	72			
P63	63	73			
P65	65	75			
P67	67	77			
P70	70	80			
P71	71	81			
P75	75	85			
P80	80	90			
P85	85	95	7.5	4.6	0.8
P90	90	100			
P95	95	105			
P100	100	110			
P102	102	112			
P105	105	115			
P110	110	120			
P112	112	122			
P115	115	125			
P120	120	130			

36. O링(평면)

P31.5	31.5	37.5			
P32	32	38			
P34	34	40			
P35	35	41			
P35.5	35.5	41.5			
P36	36	42			
P38	38	44			
P39	39	45			
P40	40	46			
P41	41	47			
P42	42	48			

P125	125	135			
P130	130	140			
P132	132	142			
P135	135	145			
P140	140	150			
P145	145	155			
P150	150	160			

37. 오일 실

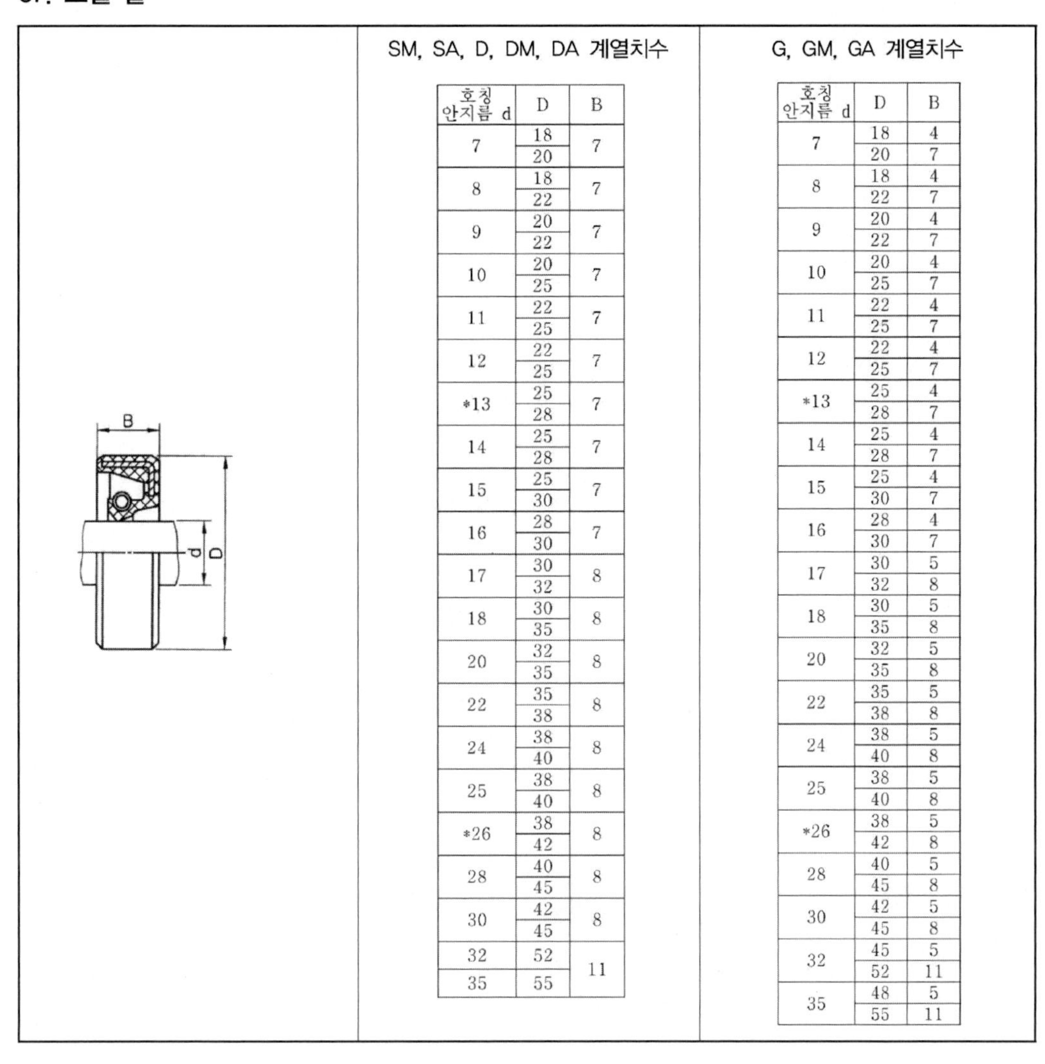

SM, SA, D, DM, DA 계열치수

호칭 안지름 d	D	B
7	18	7
	20	
8	18	7
	22	
9	20	7
	22	
10	20	7
	25	
11	22	7
	25	
12	22	7
	25	
*13	25	7
	28	
14	25	7
	28	
15	25	7
	30	
16	28	7
	30	
17	30	8
	32	
18	30	8
	35	
20	32	8
	35	
22	35	8
	38	
24	38	8
	40	
25	38	8
	40	
*26	38	8
	42	
28	40	8
	45	
30	42	8
	45	
32	52	11
35	55	

G, GM, GA 계열치수

호칭 안지름 d	D	B
7	18	4
	20	7
8	18	4
	22	7
9	20	4
	22	7
10	20	4
	25	7
11	22	4
	25	7
12	22	4
	25	7
*13	25	4
	28	7
14	25	4
	28	7
15	25	4
	30	7
16	28	4
	30	7
17	30	5
	32	8
18	30	5
	35	8
20	32	5
	35	8
22	35	5
	38	8
24	38	5
	40	8
25	38	5
	40	8
*26	38	5
	42	8
28	40	5
	45	8
30	42	5
	45	8
32	45	5
	52	11
35	48	5
	55	11

38. 오일 실 부착 관계(축 및 하우징 구멍의 모떼기와 둥글기)

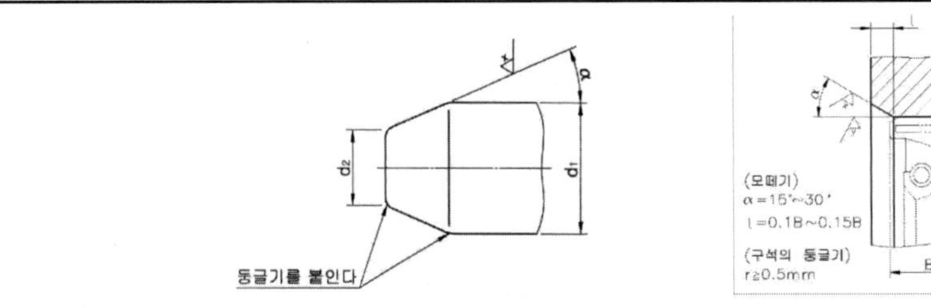

d_1	d_2(최대)	d_1	d_2(최대)	d_1	d_2(최대)
7	5.7	17	14.9	35	32
8	6.6	18	15.8	38	34.9
9	7.5	20	17.7	40	36.8
10	8.4	22	19.6	42	38.7
11	9.3	24	21.5	45	41.6
12	10.2	25	22.5	48	44.5
* 13	11.2	* 26	23.4	50	46.4
14	12.1	28	25.3		
15	13.1	30	27.3		
16	14	32	29.2		

비고 *을 붙인 것은 KS B 0406에 없다.
- 바깥지름에 대응하는 하우징의 구멍 지름의 허용차는 원칙적으로 KS B 0401의 H8로 한다.
- 축의 호칭 지름은 오일시일에 적합한 지름과 같고 그 허용차는 원칙적으로 KS B 0401 h8로 한다.

39. 롤러체인, 스프로킷(계속)

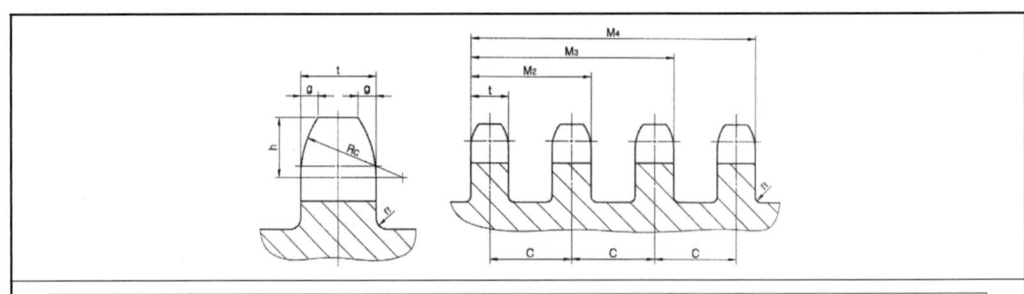

호칭 번호	가로치형							가로 피치 c	적용 롤러 체인(참고)		
	모떼기폭 g (약)	모떼기 깊이 h (약)	모떼기 반지름 Rc (최소)	둥글기 rf (최대)	이나비 t(최대)				피치 p	롤러 바깥 지름 d_1 (최대)	안쪽 링크 안쪽 나비 b_1 (최소)
					단열	2열, 3열	4열 이상				
25	0.8	3.2	6.8	0.3	2.8	2.7	2.4	6.4	6.35	3.30	3.10
35	1.2	4.8	10.1	0.4	4.3	4.1	3.8	10.1	9.525	5.08	4.68
41	1.6	6.4	13.5	0.5	5.8	–	–	–	12.70	7.77	6.25
40	1.6	6.4	13.5	0.5	7.2	7.0	6.5	14.4	12.70	7.95	7.85
50	2.0	7.9	16.9	0.6	8.7	8.4	7.9	18.1	15.875	10.16	9.40
60	2.4	9.5	20.3	0.8	11.7	11.3	10.6	22.8	19.05	11.91	12.57
80	3.2	12.7	27.0	1.0	14.6	14.1	13.3	29.3	25.40	15.88	15.75
100	4.0	15.9	33.8	1.3	17.6	17.0	16.1	35.8	31.75	19.05	18.90
120	4.8	19.0	40.5	1.5	23.5	22.7	21.5	45.4	38.10	22.23	25.22
140	5.6	22.2	47.3	1.8	23.5	22.7	21.5	48.9	44.45	25.40	25.22
160	6.4	25.4	54.0	2.0	29.4	28.4	27.0	58.5	50.80	28.58	31.55
200	7.9	31.8	67.5	2.5	35.3	34.1	32.5	71.6	63.50	39.68	37.85
240	9.5	38.1	81.0	3.0	44.1	42.7	40.7	87.8	76.20	47.63	47.35

39. 롤러체인, 스프로킷(계속)

스프로킷 기준 치수

단위 : mm

항 목	계산식
피치원 지름(D_P)	$D_P = \dfrac{P}{\sin \dfrac{180°}{N}}$
바깥지름(D_0)	$D_0 = P\left(0.6 + \cot \dfrac{180°}{N}\right)$
이뿌리원 지름(D_B)	$D_B = D_P - d_1$
이뿌리 거리(D_C)	$D_C = D_B$ (짝수 톱니) $D_C = D_P \cos \dfrac{90°}{N} - d_1$ (홀수 톱니) $= P \cdot \dfrac{1}{2\sin \dfrac{180°}{2N}} - d_1$
최대 보스 지름 및 최대 홈지름(D_H)	$D_H = P\left(\cdot \dfrac{180°}{N} - 1\right) - 0.76$

여기에서 P : 롤러 체인의 피치
d_1 : 롤러 체인의 롤러 바깥지름
N : 잇수

호칭번호 25

잇수 N	피치 원지름 D_p	바깥지름 D_o	이뿌리 원지름 D_B	이뿌리 거리 D_C	최대보스 지름 D_H
25	50.66	54	47.36	47.27	43
26	52.68	56	49.38	49.38	45
27	54.70	58	51.40	51.30	47
28	56.71	60	53.41	53.41	49
29	58.73	62	55.43	55.35	51
30	60.75	64	57.45	57.45	53
31	62.77	66	59.47	59.39	55
32	64.78	68	61.48	61.48	57
33	66.80	70	63.50	63.43	59
34	68.82	72	65.52	65.52	61
35	70.84	74	67.54	67.47	63
36	72.86	76	69.56	69.56	65
37	74.88	78	71.58	71.51	67
38	76.90	80	73.60	73.60	70
39	78.91	82	75.61	75.55	72
40	80.93	84	77.63	77.63	74
41	82.95	87	79.65	79.59	76
42	84.97	89	81.67	81.67	78
43	86.99	91	83.69	83.63	80
44	89.01	93	85.71	85.71	82
45	91.03	95	87.73	87.68	84
46	93.05	97	89.75	89.75	86
47	95.07	99	91.77	91.72	88
48	97.09	101	93.79	93.79	90
49	99.11	103	95.81	95.76	92
50	101.13	105	97.83	97.83	94
51	103.15	107	99.85	99.80	96
52	105.17	109	101.87	101.87	98
53	107.19	111	103.89	103.84	100
54	109.21	113	105.91	105.91	102

호칭번호 35

잇수 N	피치 원지름 D_p	바깥지름 D_o	이뿌리 원지름 D_B	이뿌리 거리 D_C	최대보스 지름 D_H
21	63.91	69	58.83	58.65	53
22	66.93	72	61.85	61.85	56
23	69.95	75	64.87	64.71	59
24	72.97	78	67.89	67.89	62
25	76.00	81	70.92	70.77	65
26	79.02	84	73.94	73.94	68
27	82.05	87	76.97	76.83	71
28	85.07	90	79.99	79.99	74
29	88.10	93	83.02	82.89	77
30	91.12	96	86.04	86.04	80
31	94.15	99	89.07	88.95	83
32	97.18	102	92.10	92.10	86
33	100.20	105	95.12	95.01	89
34	103.23	109	98.15	98.15	93
35	106.26	112	101.18	101.07	96
36	109.29	115	104.21	104.21	99
37	112.31	118	107.23	107.13	102
38	115.34	121	110.26	110.26	105
39	118.37	124	113.29	113.20	108
40	121.40	127	116.32	116.32	111
41	124.43	130	119.35	119.26	114
42	127.46	133	122.38	122.38	117
43	130.49	136	125.41	125.32	120
44	133.52	139	128.44	128.44	123
45	136.55	142	131.47	131.38	126
46	139.58	145	134.50	134.50	129
47	142.61	148	137.53	137.45	132
48	145.64	151	140.56	140.56	135
49	148.67	154	143.59	143.51	138
50	151.70	157	146.62	146.62	141

39. 롤러체인, 스프로킷

호칭번호 25(계속)

잇수 N	피치 원지름 D_p	바깥지름 D_o	이뿌리 원지름 D_B	이뿌리 거리 D_C	최대보스 지름 D_H
55	111.23	115	107.93	107.88	104
56	113.25	117	109.95	109.95	106
57	115.27	119	111.97	111.93	108
58	117.29	121	113.99	113.99	110
89	119.31	123	116.01	115.97	112
60	121.33	125	118.03	118.03	114
61	123.35	127	120.05	120.01	116
62	125.37	129	122.07	122.07	118
63	127.39	131	124.09	124.05	120
64	129.41	133	126.11	126.11	122
65	131.43	135	128.13	128.10	124

호칭번호 40

잇수 N	피치 원지름 D_p	바깥지름 D_o	이뿌리 원지름 D_B	이뿌리 거리 D_C	최대보스 지름 D_H
16	65.10	71	57.15	57.15	50
17	69.12	76	61.17	60.87	54
18	73.14	80	65.19	65.19	59
19	77.16	84	69.21	68.95	63
20	81.18	88	73.23	73.23	67
21	85.21	92	77.26	77.02	71
22	89.24	96	81.29	81.29	75
23	93.27	100	85.32	85.10	79
24	97.30	104	89.35	89.35	83
25	101.33	108	93.38	93.18	87
26	105.36	112	97.41	97.41	91
27	109.40	116	101.45	101.26	95
28	113.43	120	105.48	105.48	99
29	117.46	124	109.51	109.34	103
30	121.50	128	113.55	113.55	107
31	125.53	133	117.58	117.42	111
32	129.57	137	121.62	121.62	115
33	133.61	141	125.66	125.50	120
34	137.64	145	129.69	129.69	124
35	141.68	149	133.73	133.59	128
36	145.72	153	137.77	137.77	132
37	149.75	157	141.80	141.67	136
38	153.79	161	145.84	145.84	140
39	157.83	165	149.88	149.75	144
40	161.87	169	153.92	153.92	148

호칭번호 41

잇수 N	피치 원지름 D_p	바깥지름 D_o	이뿌리 원지름 D_B	이뿌리 거리 D_C	최대보스 지름 D_H
16	65.10	71	57.33	57.33	50
17	69.12	76	61.35	61.05	54
18	73.14	80	65.37	65.37	59
19	77.16	84	69.39	69.13	63
20	81.18	88	73.41	73.41	67
21	85.21	92	77.44	77.20	71
22	89.24	96	81.47	81.47	75
23	93.27	100	85.50	85.28	79
24	97.30	104	89.53	89.53	83
25	101.33	108	93.56	93.36	87
26	105.36	112	97.59	97.59	91
27	109.40	116	101.63	101.44	95
28	113.43	120	105.66	105.66	99
29	117.46	124	109.69	109.52	103
30	121.50	128	113.73	113.73	107
31	125.53	133	117.76	117.60	111
32	129.57	137	121.80	121.80	115
33	133.61	141	125.84	125.68	120
34	137.64	145	129.87	129.87	124
35	141.68	149	133.91	133.77	128
36	145.72	153	137.95	137.95	132
37	149.75	157	141.98	141.85	136
38	153.79	161	146.02	146.02	140
39	157.83	165	150.06	149.93	144
40	161.87	169	154.10	154.10	148

40. V 벨트 풀리

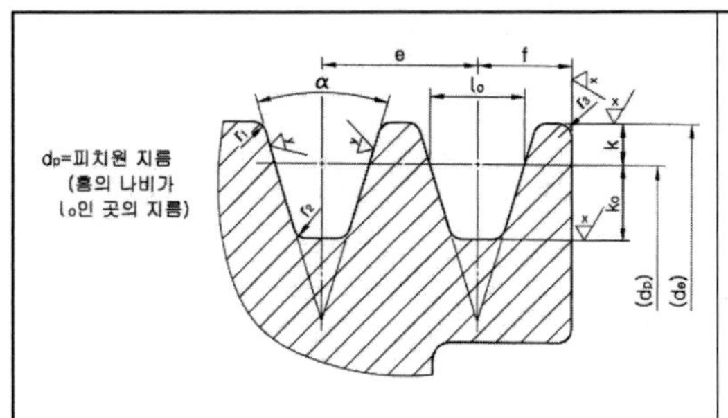

V벨트의 형별	α의 허용차(°)	k의 허용차	e의 허용차	f의 허용차
M	±0.5	+0.2 / 0	—	±1.0
A	±0.5	+0.2 / 0	±0.4	±1.0
B	±0.5	+0.2 / 0	±0.4	±1.0

호칭지름 (mm)	바깥지름 de 허용차	바깥둘레 흔들림 허용값	림 측면 흔들림 허용값
75 이상 118 이하	±0.6	0.3	0.3
125 이상 300 이하	±0.8	0.4	0.4

V 벨트 형별	호칭 지름	α(°)	L_0	k	k_0	e	f	r_1	r_2	r_3	비 고
M	50이상~71이하 71초과~90이하 90초과	34 36 38	8.0	2.7	6.3	—	9.5	0.2~0.5	0.5~1.0	1~2	M형은 원칙적으로 한 줄만 걸친다.(e)
A	71이상~100이하 100초과~125이하 125초과	34 36 38	9.2	4.5	8.0	15.0	10.0	0.2~0.5	0.5~1.0	1~2	
B	125이상~165이하 165초과~200이하 200초과	34 36 38	12.5	5.5	9.5.	19.0	12.5	0.2~0.5	0.5~1.0	1~2	

41. 지그용 부시 및 그 부속 부품(고정 라이너)

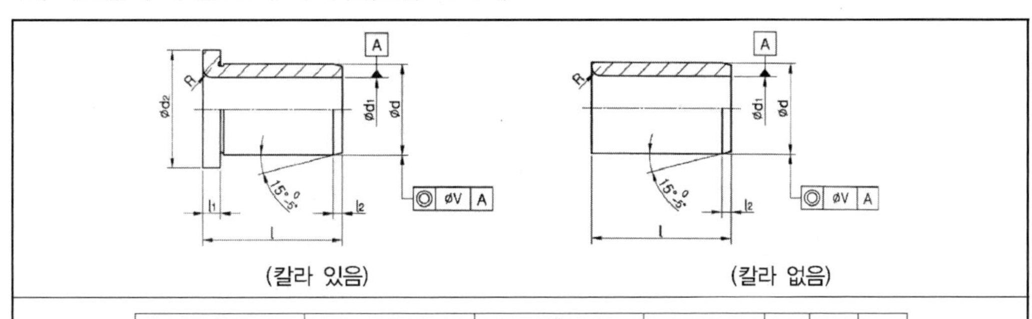

(칼라 있음) (칼라 없음)

d_1 기준치수	d_1 허용차	d 기준치수	d 허용차	d_2 기준치수	d_2 허용차	l	l_1	l_2	R
8	F7	12	p6	16	h13	10 12 16	3	1.5	2
10	F7	15	p6	19	h13	12 16 20 25	3	1.5	2
12	F7	18	p6	22	h13	12 16 20 25	4	1.5	2
15	F7	22	p6	26	h13	16 20 28 36	4	1.5	2
18	F7	26	p6	30	h13	16 20 28 36	4	1.5	2
22	F7	30	p6	35	h13	20 25 36 45	5	1.5	3
26	F7	35	p6	40	h13	20 25 36 45	5	1.5	3
30	F7	42	p6	47	h13	25 36 45 56	5	1.5	3

※ 동심도(V)는 38. 지그용 부시 및 그 부속 부품(고정 부시) 참조.

42. 지그용 부시 및 그 부속 부품(고정 부시)

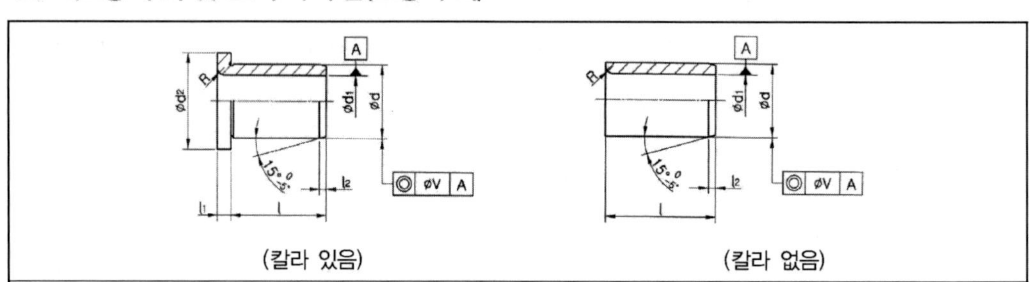

(칼라 있음) (칼라 없음)

d1		d		d2		l	l1	l2	R
초과	이하	기준치수	허용차	기준치수	허용차				
2	3	7	p6	11	h13	8 10 12 16	2.5	1.5	0.8
3	4	8		12					1.0
4	6	10		14		10 12 16 20	3		
6	8	12		16					2.0
8	10	15		19		12 16 20 25			
10	12	18		22			4		
12	15	22		26		16 20 28 36			
15	18	26		30		20 25 36 45			

동심도

구멍지름 (d_1)	V(동심도)		단위 : mm
	고정 라이너	고정 부시	삽입 부시
18.0 이하	0.012	0.012	0.012
18.0초과 50.0이하	0.020	0.020	0.020
50.0초과 100.0이하	0.025	0.025	0.025

43. 삽입 부시(계속)

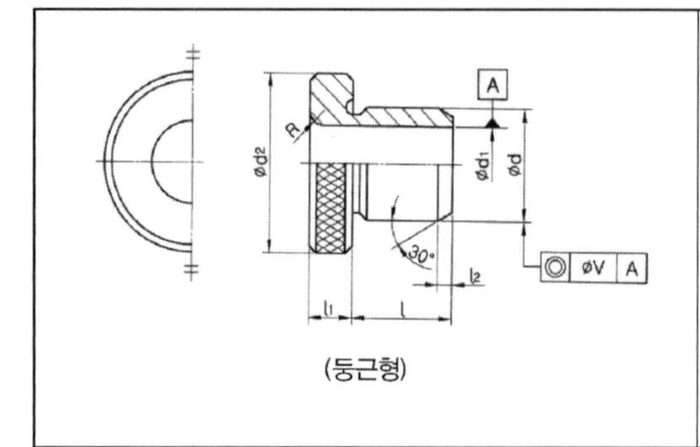

(둥근형)

d1		d		d2		l	l1	l2	R
초과	이하	기준치수	허용차	기준치수	허용차				
−	4	12	m5	16	h13	10 12 16	8	1.5	2
4	6	15		19		12 16 20 25			
6	8	18		22			10		
8	10	22		26		16 20 (25) 28 36			
10	12	26		30					
12	15	30		35		20 25 (30) 36 45	12		3
15	18	35		40					

* 드릴용 구멍 지름 d1의 허용차는 KS B 0401에 규정하는 G6으로 하고, 리머용 구멍지름 d1의 허용차는 KS B 0401에 규정하는 F7로 한다.

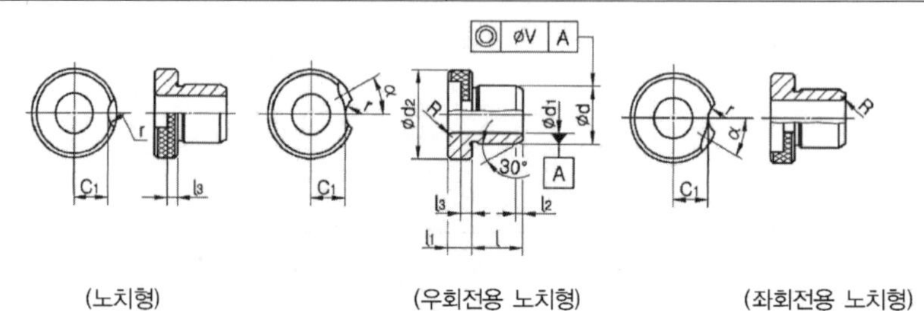

(노치형) (우회전용 노치형) (좌회전용 노치형)

43. 삽입 부시

d_1		d		d_2		l	l_1	l_2	R	l_3		C_1	r	a
초과	이하	기준치수	허용차	기준치수	허용차					기준치수	허용차			(°)
	4	8	m6	15	h13	10 12 16	8	1.5	1	3	−0.1 −0.2	4.5	7	65
4	6	10		18		12 16 20						6		
[illegible]	[illegible]	[illegible]		[illegible]		[illegible]						[illegible]		[illegible]
8	10	15		26		16 20 28 36	10		2	4		9.5	8.5	50
10	12	18		30								11.5		
12	15	22		34		20 25 36 45	12			5.5		13	10.5	35
15	18	26		39								15.5		
18	22	30		46		25 36 45 56			3			19		30
22	26	35		52								22		
26	30	42		59		30 35 45 56						25.5		
30	35	48		66			16		4	7		28.5	12.5	
35	42	55		74								32.5		25
42	48	62		82		35 45 56 67						36.5		
48	55	70		90								40.5		
55	63	78		100		40 56 67 78						45.5		
63	70	85		110								50.5		20
70	78	95		120		45 50 67 89						55.5		
78	85	105		130								60.5		

*드릴용 구멍 지름 d1의 허용차는 KS B 0401에 규정하는 G6으로 하고, 리머용 구멍지름 d1의 허용차는 KS B 0401에 규정하는 F7로 한다.

※ 동심도(V)는 38. 지그용 부시 및 그 부속 부품 항목 참조

44. 부시와 멈춤쇠 또는 멈춤나사의 중심 거리 및 부착 나사의 가공 치수

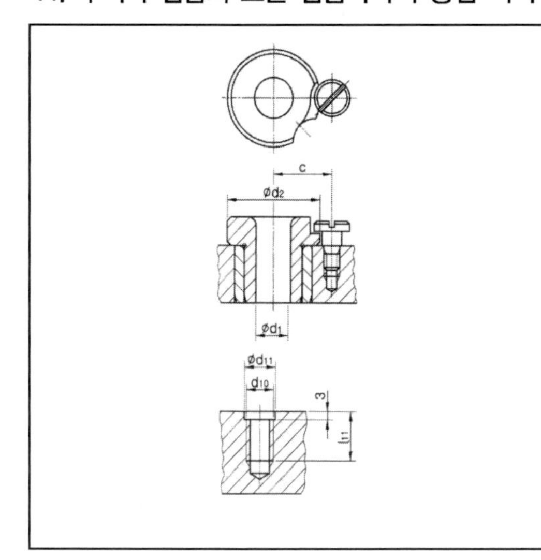

d_1		d_2	d_{10}	c		d_{11}	l_{11}
초과	이하			기준치수	허용차		
	4	15	M5	11.5	±0.2	5.2	11
4	6	18		13			
6	8	22		16			
8	10	26		18			
10	12	30		20			
12	15	34	M6	23.5		6.2	14
15	18	39		26			
18	22	46		29.5			
22	26	52	M8	32.5		8.2	16
26	30	59		36			
30	35	66		41			
35	42	74		45			
42	48	82	M10	49		10.2	20
48	55	90		53			
55	63	100		58			
63	70	110		63			
70	78	120		68			
78	85	130		73			

45. 분할 핀

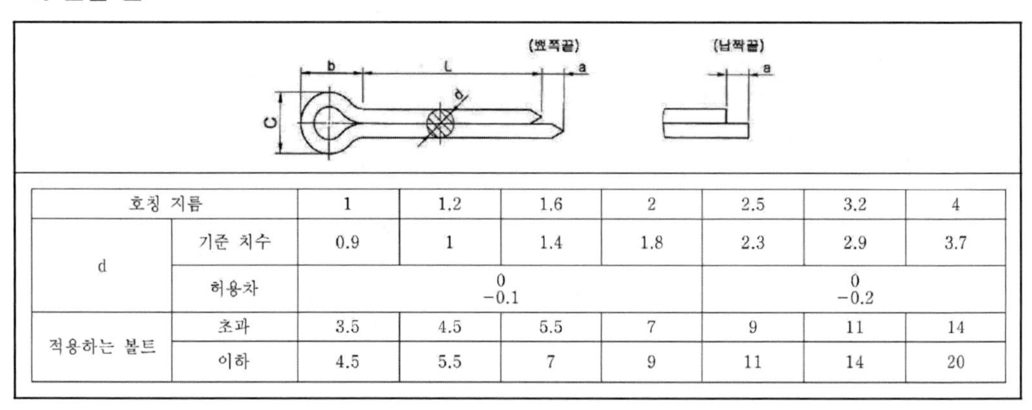

호칭 지름		1	1.2	1.6	2	2.5	3.2	4
d	기준 치수	0.9	1	1.4	1.8	2.3	2.9	3.7
	허용차	0 −0.1				0 −0.2		
적용하는 볼트	초과	3.5	4.5	5.5	7	9	11	14
	이하	4.5	5.5	7	9	11	14	20

46. 주서(예)

주서

1. 일반공차-가)가공부:KS B ISO 2768-m
   나)주조부:KS B 0250-CT11
2. 도시되고 지시없는 모떼기는 1x45° 필렛과 라운드는 R3
3. 일반 모떼기는 0.2x45°
4. ∀/ 부위 외면 명녹색 도장
   내면 광명단 도장
5. 파커라이징 처리
6. 전체 열처리 HRC 50±2
7. 표면 거칠기 ∀/ = ∀/
   w/ = 12.5/ , N10
   x/ = 3.2/ , N8
   y/ = 0.8/ , N6
   z/ = 0.2/ , N4

47. 센터 구멍

A형 B형 C형

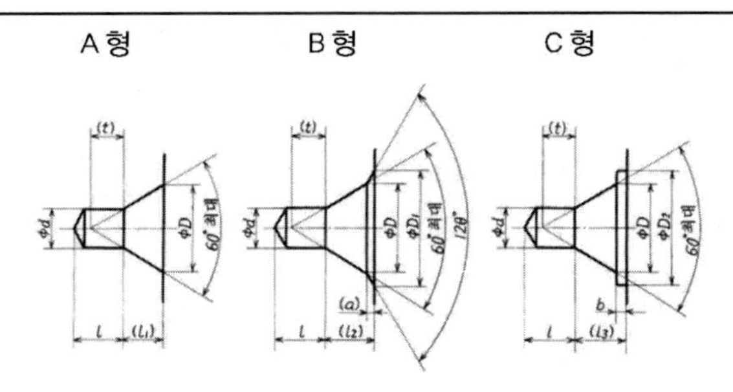

단위 : mm

호칭 지름 d	D	D_1	D_2 (최소)	l(2) (최대)	b (약)	참고 l_1	l_2	l_3	t	a
(0.5)	1.06	1.6	1.6	1	0.2	0.48	0.64	0.68	0.5	0.16
(0.63)	1.32	2	2	1.2	0.3	0.6	0.8	0.9	0.6	0.2
(0.8)	1.7	2.5	2.5	1.5	0.3	0.78	1.01	1.08	0.7	0.23
1	2.12	3.15	3.15	1.9	0.4	0.97	1.27	1.37	0.9	0.3
(1.25)	2.65	4	4	2.2	0.6	1.21	1.6	1.81	1.1	0.39
1.6	3.35	5	5	2.8	0.6	1.52	1.99	2.12	1.4	0.47
2	4.25	6.3	6.3	3.3	0.8	1.95	2.54	2.75	1.8	0.59
2.5	5.3	8	8	4.1	0.9	2.42	3.2	3.32	2.2	0.78
3.15	6.7	10	10	4.9	1	3.07	4.03	4.07	2.8	0.96
4	8.5	12.5	12.5	6.2	1.3	3.9	5.05	5.2	3.5	1.15
(5)	10.6	16	16	7.5	1.6	4.85	6.41	6.45	4.4	1.56
6.3	13.2	18	18	9.2	1.8	5.98	7.36	7.78	5.5	1.38
(8)	17	22.4	22.4	11.5	2	7.79	9.35	9.79	7	1.56
10	21.2	28	28	14.2	2.2	9.7	11.66	11.9	8.7	1.96

R형

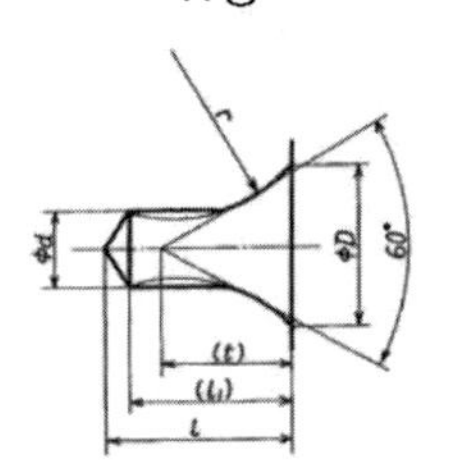

단위 : mm

호칭 지름 d	D	r 최대	r 최소	l(2) (최대)	참고 l_1 r이 최대일 때	l_1 r이 최소일 때	t r이 최대일 때	t r이 최소일 때
1	2.12	3.15	2.5	2.6	2.14	2.27	1.9	1.8
(1.25)	2.65	4	3.15	3.1	2.67	2.73	2.3	2.2
1.6	3.35	5	4	4	3.37	3.45	2.9	2.8
2	4.25	6.3	5	5	4.24	4.34	3.7	3.5
2.5	5.3	8	6.3	6.2	5.33	5.46	4.6	4.4
3.15	6.7	10	8	7.9	6.77	6.92	5.8	5.6
4	8.5	12.5	10	9.9	8.49	8.68	7.3	7
(5)	10.6	16	12.5	12.3	10.52	10.78	9.1	8.8
6.3	13.2	20	16	15.6	13.39	13.73	11.3	11
(8)	17	25	20	19.7	16.98	17.35	14.5	14
10	21.2	31.5	25	24.6	21.18	21.66	18.2	17.5

주(3) l은 t보다 작은 값이 되면 안 된다.

비고 ( )를 붙인 호칭의 것은 되도록 사용하지 않는다.

48. 센터 구멍의 표시방법

[센터 구멍의 도시 기호와 지시 방법] – 단 규격은 KS A ISO 6411–1에 따른다.

센터 구멍 필요 여부 (도시된 상태로 다듬질되었을 때)	도시 기호	센터 구멍 규격 번호 및 호칭 방법을 지정하지 않는 경우	센터 구멍의 규격 번호 및 호칭 방법을 지정하는 경우
			도시 방법
반드시 남겨둔다	<	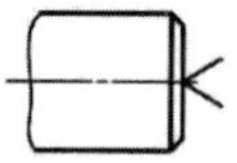	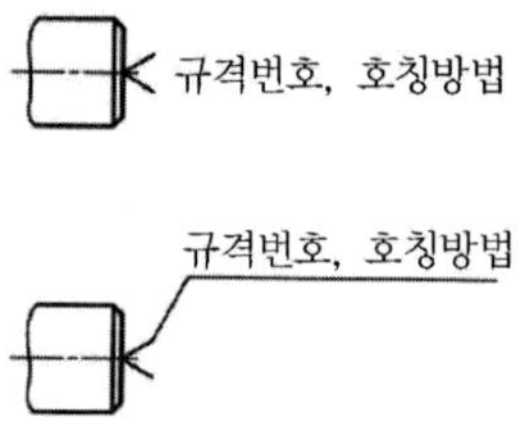 규격번호, 호칭방법 규격번호, 호칭방법
남아 있어도 좋다		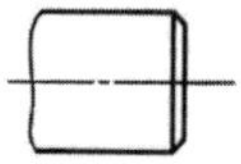	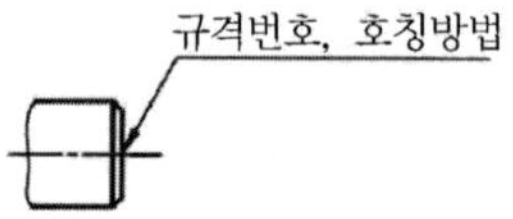 규격번호, 호칭방법
남아있어서는 안 된다	K	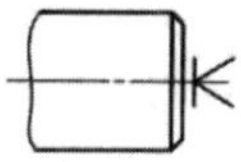	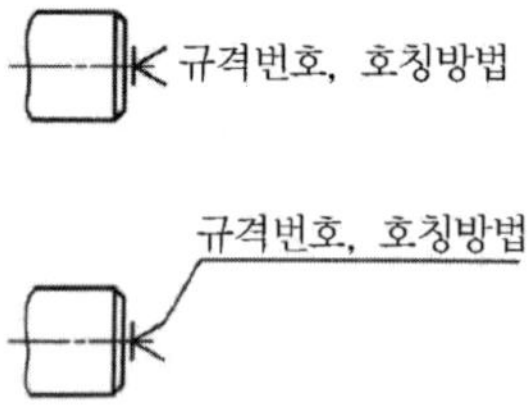 규격번호, 호칭방법 규격번호, 호칭방법

호칭방법 예시) KS A ISO 6411 – B 2.5/8 혹은 KS A ISO 6411–1 – B 2.5/8로 사용

49. 요목표

스퍼기어 요목표		
기어 치형		표준
공 구	모듈	□
	치형	보통이
	압력각	20°
전체 이 높이		□
피치원 지름		□
잇 수		□
다듬질 방법		호브절삭
정밀도		KS B ISO 1328-1, 4급

베벨 기어 요목표	
기어 치형	글리슨 식
모듈	□
치형	보통이
압력각	20°
축 각	90°
전체 이 높이	□
피치원 지름	□
피치원 추각	□
잇 수	□
다듬질 방법	절삭
정밀도	KS B 1412, 4급

헬리컬 기어 요목표		
기어 치형		표준
공 구	모듈	□
	치형	보통이
	압력각	20°
전체 이 높이		□
치형 기준면		치직각
피치원 지름		□
잇 수		□
리 드		□
방 향		□
비틀림 각		15°
다듬질 방법		호브절삭
정밀도		KS B ISO 1328-1, 4급

웜과 웜휠 요목표		
구분 \ 품번	① (웜)	② (웜휠)
원주 피치	-	□
리 드	□	-
피치 원경	□	□
잇 수	-	□
치형 기준 단면	축직각	
줄 수, 방향	□	
압력각	20°	
진행각	□	
모 듈	□	
다듬질 방법	호브절삭	연삭

체인, 스프로킷 요목표		
종류	구분 \ 품번	□
체인	호칭	□
	원주피치	□
	롤러외경	□
스프로킷	잇수	□
	치형	□
	피치 원경	□

래크와 피니언 요목표			
구분 \ 품번		① (래크)	② (피니언)
기어 치형		표준	
공 구	모듈	□	
	치형	보통이	
	압력각	20°	
전체 이 높이		□	□
피치원 지름		—	□
잇 수		□	□
다듬질 방법		호브절삭	
정밀도		KS B ISO 1328-1, 4급	

래칫 휠	
종류	구분 \ 품번
잇 수	□
원주 피치	□
이 높이	□

50. 기계재료 기호 예시 (KS D)

- 본 예시 이외에 해당 부품에 적절한 재료로 판단되면, 다른 재료기호를 사용해도 무방함

명칭	기호	명칭	기호
회 주철품	GC100, GC150 GC200, GC250	탄소 단강품	SF390A, SF440A SF490A
탄소 주강품	SC360, SC410 SC450, SC480	청동 주물	CAC402
인청동 주물	CAC502A CAC502B	알루미늄 합금주물	AC4C, AC5A
침탄용 기계구조용 탄소강재	SM9CK, SM15CK SM20CK	기계구조용 탄소강재	SM25C, SM30C, SM35C, SM40C, SM45C
탄소공구강 강재	STC85, STC90 STC105, STC120	탄소 공구강	SK3
합금공구강	STS3, STD4	화이트메탈	WM3, WM4
크롬 몰리브덴강	SCM415, SCM430 SCM435	니켈 크롬 몰리브덴강	SNCM415, SNCM431
니켈 크롬강	SNC415, SNC631	스프링강재	SPS6, SPS10
스프링강	SVP9M	스프링용 냉간압연강재	S55C-CSP
피아노선	PW1	일반 구조용 압연강재	SS330, SS440 SS490
알루미늄 합금주물	ALDC6, ALDC7	용접 구조용 주강품	SCW410, SCW450
인청동 봉	C5102B	인청동 선	C5102W

한 국 산 업 규 격 **KS**

표면 거칠기 정의 및 표시 **B 0161** 1999

Surface roughness-Definitions and disignation

1. 적용 범위

이 규격은 공업 제품의 표면 거칠기를 나타내는 파라미터인 산술 평균 거칠기(R_a), 최대 높이(R_y), 10점 평균 거칠기(R_z), 요철의 평균 간격(S_m), 국부 산봉우리의 평균 간격(S) 및 부하 길이율(t_p)의 정의와 표시에 대하여 규정한다.

비 고 이 규격의 대응 국제 규격은 다음과 같다.

ISO 468 : 1982 Surface roughness－Parameters, their values and general rules for specifying requirements

ISO 3274 : 1975 Instruments for the measurement of surface roughness by the profile method －Contact(stylus) instruments of consecutive profile transformation－Contact profile meters, system M

ISO 4287－1 : 1984 Surface roughness－Terminology Part 1 : Surface and its parameters

ISO 4287－2 : 1984 Surface roughness－Terminology Part 2 : Measurement of surface roughness parameters

ISO 4288 : 1985 Rules and procedures for the measurement of surface roughness using stylus instruments

2. 정의 및 기호

이 규격에서 사용하는 주된 용어의 정의는 다음과 같다.

또한 기호를 각각의 용어 뒤의 괄호 안에 나타낸다.

a) **표면 거칠기** 대상물의 표면(이하 대상면이라 한다.)으로부터 임의로 채취한 각 부분에서의 표면 거칠기를 나타내는 파라미터인 산술 평균 거칠기(R_a), 최대 높이(R_y), 10점 평균 거칠기(R_z), 요철의 평균 간격(S_m), 국부 산봉우리의 평균 간격(S) 및 부하 길이율(t_p)의 각각의 산술 평균값

비 고 1. 일반적으로 대상면에서는 각 위치에서의 표면 거칠기는 같지 않고 상당히 많이 흩어져 있는 것이 보통이다. 따라서 대상면의 표면 거칠기를 구하려면 그 모평균을 효과적으로 추정할 수 있도록 측정 위치 및 그 개수를 정하여야 한다.

2. 측정 목적에 따라서는 대상면의 1곳에서 구한 값으로 표면 전체의 표면 거칠기를 대표할 수 있다.

b) **단면 곡선** 대상면에 직각인 평면으로 대상면을 절단하였을 때 그 단면에 나타나는 윤곽

비 고 이 절단은 일반적으로 방향성이 있는 대상면에서는 그 방향에 직각으로 자른다.

c) **거칠기 곡선** 단면 곡선에서 소정의 파장보다 긴 표면 굴곡 성분을 위상 보상형 고역 필터로 제

거한 곡선

d) **거칠기 곡선의 컷오프값**(λ_c) 위상 보상형 고역 필터의 이득이 50%가 되는 주파수에 대응하는 파장(이하 컷오프값이라 한다.)

e) **거칠기 곡선의 기준 길이**(l) 거칠기 곡선으로부터 컷오프 값의 길이를 뺀 부분의 길이(이하 기준 길이라 한다.)

f) **거칠기 곡선의 평가 길이**(l_a) 표면 거칠기의 평가에 사용하는 기준 길이를 하나 이상 포함하는 길이(이하 평가길이라 한다.). 평가 길이의 표준값은 기준 길이의 5배로 한다.

g) **여파 굴곡 곡선** 단면 곡선에서 소정의 파장보다 짧은 표면 거칠기의 성분을 위상 보상형 저역 필터로 제거한 곡선[그림 1 (a) 참조]

h) **거칠기 곡선의 평균 선**(m) 단면 곡선의 표본 부분에서의 여파 굴곡 곡선을 직선으로 바꾼 선 (이하 평균 선이라 한다.) [그림 1 (a) 참조]

i) **산** 거칠기 곡선을 평균 선으로 절단하였을 때 그것들의 교차점의 이웃하는 2점 사이에서의 거칠기 곡선과 평균 선으로 구성되는 공간 부분[그림 1 (b) 참조]

비 고 거칠기 곡선에서 기준 길이의 시작 및 끝 부분이 평균 선의 위쪽에 있는 부분은 산으로 간주한다.

j) **골** 거칠기 곡선을 평균 선으로 절단하였을 때에 그것들의 교차점의 이웃하는 2점 사이에서의 거칠기 곡선과 평균 선으로 구성되는 공간 부분[그림 1 (b) 참조]

비 고 거칠기 곡선에서 기준 길이의 시작 및 끝 부분이 평균 선의 아래쪽에 있는 부분은 골로 간주한다.

k) **봉우리** 거칠기 곡선의 산에서 가장 높은 표고점[그림 1 (b) 참조]

l) **골바닥** 거칠기 곡선의 골에서 가장 낮은 표고점[그림 1 (b) 참조]

비 고 거칠기 곡선에서 기준 길이의 시작 및 끝 부분이 평균 선의 아래쪽에 있는 부분은 골로 간주한다.

m) **산봉우리 선** 거칠기 곡선에서 뽑아낸 기준 길이 중 가장 높은 산봉우리를 지나는 평균 선에 평행한 선[그림 1(b) 참조]

n) **골바닥 선** 거칠기 곡선에서 뽑아낸 기준 길이 중의 가장 낮은 골 바닥을 지나는 평균 선에 평행한 선[그림 1(b) 참조]

o) **절단 레벨** 산봉우리 선과 거칠기 곡선에 교차하는 산봉우리선에 평행한 선 사이의 수직 거리

p) **국부산** 거칠기 곡선의 두 개의 이웃한 극소점 사이에 있는 실체 부분[그림 1 (c) 참조]

q) **국부골** 거칠기 곡선의 두 개의 이웃한 극대점 사이에 있는 공간 부분[그림 1 (c) 참조]

r) **국부 산봉우리** 국부 산에서의 가장 높은 표고점[그림 1 (c) 참조]

s) **국부 골바닥** 국부 골에서의 가장 낮은 표고점[그림 1 (c) 참조]

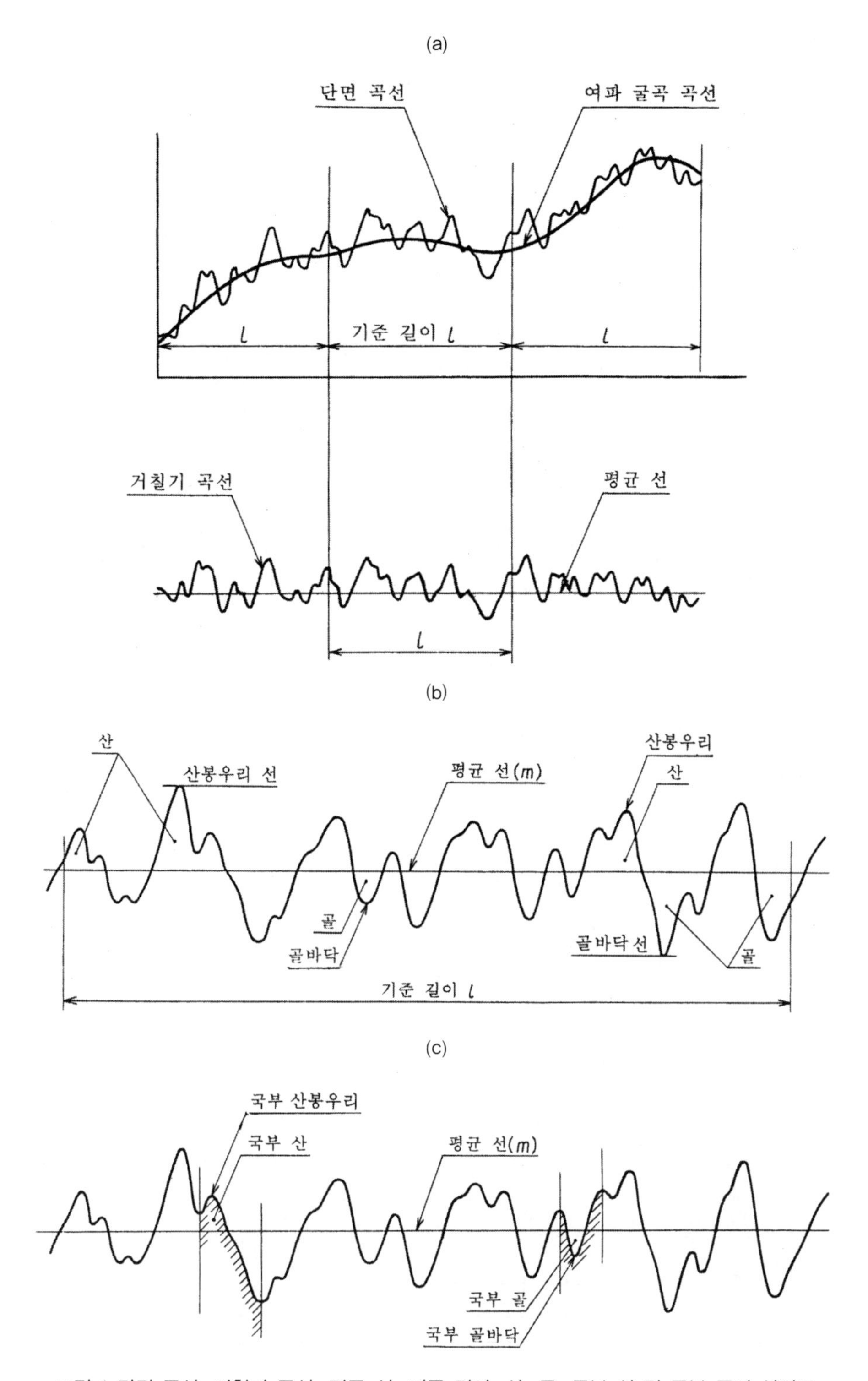

그림 1 단면 곡선, 거칠기 곡선, 평균 선, 기준 길이, 산, 골, 국부 산 및 국부 골의 설명도

3. 산술 평균 거칠기(R_a)의 정의 및 표시

3.1 R_a의 정의

3.1.1 R_a를 구하는 방법 R_a는 거칠기 곡선으로부터 그 평균 선의 방향에 기준 길이만큼 뽑아내어, 그 표본 부분의 평균 선 방향에 X축을, 세로 배율 방향에 Y축을 잡고, 거칠기 곡선을 $y=f(x)$로 나타내었을 때, 다음 식에 따라 구해지는 값을 마이크로미터(μ_{m})로 나타낸 것을 말한다.

$$R_a = \frac{1}{l}\int_0^l |f(x)|\,dx$$

여기에서 l : 기준 길이

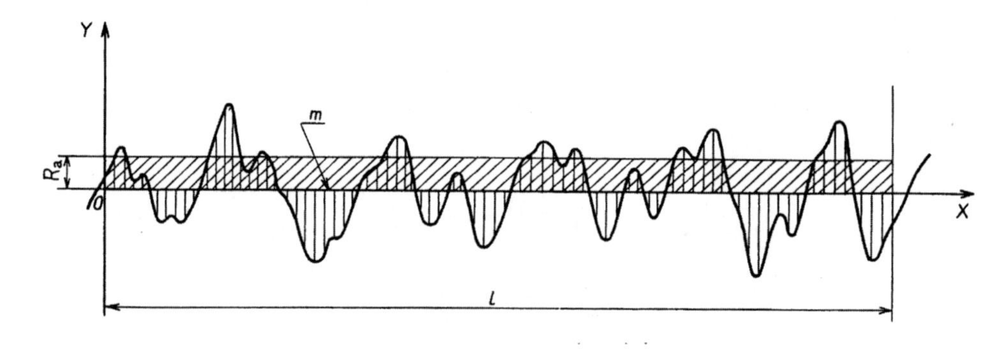

그림 2 R_a를 구하는 방법

3.1.2 컷오프값 R_a를 구하는 경우는 컷오프값은 일반적으로 다음 6종류에서 고른다.

0.08mm 0.25mm 0.8mm 2.5mm 8mm 25mm

3.1.3 컷오프값의 표준값 R_a를 구하는 경우 R_a의 범위에 대응하는 컷오프값 및 평가 길이의 표준값은 일반적으로 표 1의 구분에 따른다.

표 1 R_a를 구할 때의 컷오프값 및 평가 길이의 표준값

R_a의 범위 (μ_{m})		컷오프값 λ_c (mm)	평가 길이 l_n (mm)
초과	이하		
(0.006)	0.02	0.08	0.4
0.02	0.1	0.25	1.25
0.1	2.0	0.8	4
2.0	10.0	2.5	12.5
10.0	80.0	8	40

( ) 안은 참고값이다.

비 고 R_a는 먼저 컷오프값을 설정한 후에 구한다. 표면 거칠기의 표시·지시를 하는 경우에 그 때마다 이것을 지정하는 것이 불편하므로 일반적으로 표 1에 나타내는 컷오프값 및 평가 길이의 표준값을 사용한다.

3.2 R_a의 표시

3.2.1 R_a의 호칭 방법 R_a의 호칭 방법은 다음에 따른다.

산술 평균 거칠기 ________μ_m, 컷오프값 ________mm, 평가 길이 ________mm

또는

________ $\mu_m R_a$, λ_c ________ mm, l_n ________ mm

비 고 1. 표 1에 나타내는 컷오프값의 표준값을 사용하여 구한 R_a의 값이 표 1에 나타내는 범위에 있는 경우에는 컷오프값의 표시를 생략할 수 있다.

2. 평가 길이가 컷오프값의 5배, 즉 표 1에 나타내는 평가 길이의 표준값을 사용한 경우에는 평가
길이의 표시를 생략할 수 있다.

3.2.2 R_a의 표준 수열 R_a에 따라 표면 거칠기를 표시하는 경우에는 일반적으로 표 2의 표준 수열을 사용한다.

표 2 R_a의 표준 수열

단위 : μm

0.008				
0.010				
0.012	0.125	1.25	**12.5**	125
0.016	0.160	**1.60**	16.0	160
0.020	**0.20**	2.0	20	**200**
0.025	0.25	2.5	**25**	250
0.032	0.32	**3.2**	32	320
0.040	**0.40**	4.0	40	**400**
0.050	0.50	5.0	**50**	
0.063	0.63	**6.3**	63	
0.080	**0.80**	8.0	80	
0.100	1.00	10.0	**100**	

비 고 굵은 글씨로 나타낸 공비 2의 수열을 사용하는 것이 바람직하다.

3.2.3 R_a의 구간 표시 R_a를 어느 구간에서 나타내어야 할 때에는 그 구간의 상한(표시값이 큰 쪽) 및 하한(표시값이 작은 쪽)에 상당하는 수치를 표 2에서 골라서 병기한다.

보 기 1. 상한 및 하한의 컷오프값의 표준값이 같은 경우 상한이 6.3$\mu_m R_a$, 하한이 3.2$\mu_m R_a$일 때의 구간 표시는 (6.3~3.2)$\mu_m R_a$로 한다. 이 경우에는 컷오프값으로서 2.5mm를 사용한다.

보 기 2. 상한 및 하한의 컷오프값의 표준값이 다른 경우 상한이 12.5$\mu_m R_a$, 하한이 3.2$\mu_m R_a$일 때의 구간표시는 (12.5~3.2)$\mu_m R_a$로 한다. 이 경우에는 컷오프값 8mm로 측정한 R_a의 값이 2.5$\mu_m R_a$ 이하이며, 컷오프값 2.5mm로 측정한 R_a의 값이 3.2$\mu_m R_a$ 이상이라는 것을 의미한다.

비 고 1. 상한 및 하한에 대응하는 컷오프값을 동일하게 할 필요가 있는 경우, 또는 표 1의 표준값 이외의 컷오프값을 사용하는 경우에는 컷오프값을 병기한다. 보기 2.에서 상한 및 하한에 대응하는 컷오프값을 8mm로 할 때에는 (12.5~3.2) $\mu_m R_a$, λ_c 8mm로 표시한다.

2. 여기에서 말하는 상한 및 하한의 R_a란 지정된 표면으로부터 임의로 뽑아낸 몇 곳의 R_a의 산술 평균값이며 개개의 R_a의 최대값이 아니다.

4. 최대 높이(R_y)의 정의 및 표시

4.1 R_y의 정의

4.1.1 R_y를 구하는 방법 R_y는 거칠기 곡선에서 그 평균 선의 방향에 기준 길이만큼 뽑아내어 이 표본 부분의 산봉우리 선과 골바닥 선의 간격을 거칠기 곡선의 세로 배율의 방향으로 측정하여 이 값을 마이크로미터(μ m)로 나타낸 것을 말한다(그림 3 참조).

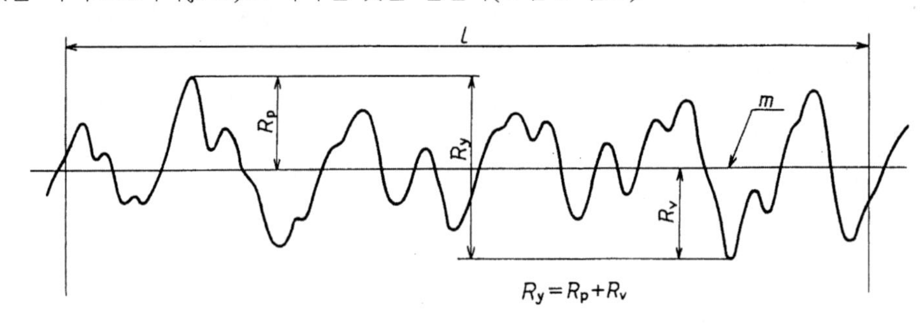

비 고 R_y를 구하는 경우에는 흠이라고 간주되는 보통 이상의 높은 산 및 낮은 골이 없는 부분에서 기준 길이 만큼 뽑아낸다.

그림 3 R_y를 구하는 방법

4.1.2 기준 길이 R_y를 구하는 경우의 기준 길이는 일반적으로 다음 6종류에서 고른다.

0.08mm, 0.25mm 0.8mm 2.5mm 8mm 25mm

4.1.3 기준 길이의 표준값 R_y를 구하는 경우의 R_y의 범위에 대응하는 기준 길이 및 평가 길이의 표준값은 일반적으로 표 3의 구분에 따른다.

표 3 R_y를 구할 때의 기준 길이 및 평가 길이의 표준값

R_y의 범위 (μm)		컷오프값 l (mm)	평가 길이 l_n (mm)
초과	이하		
(0.025)	0.10	0.08	0.4
0.10	0.50	0.25	1.25
0.50	10.0	0.8	4
10.0	50.0	2.5	12.5
50.0	200.0	8	40

( ) 안은 참고값이다.

비 고 R_y는 먼저 기준 길이를 지정한 후에 구한다. 표면 거칠기의 표시나 지시를 하는 경우에 그 때마다 이것을 지정하는 것이 불편하므로, 일반적으로 표 3에 나타내는 기준 길이 및 평가 길이의 표준값을 사용한다.

4.2 R_y의 표시

4.2.1 R_y의 호칭 방법 R_y의 호칭 방법은 다음에 따른다.

최대 높이 ________ μm, 기준 길이 ________ mm, 평가 길이 ________ mm

또는

________ $\mu\text{m}\,R_y$, l ________ mm, l_n ________ mm

비 고 1. 표 3에 나타내는 기준 길이의 표준값을 사용하여 구한 R_y의 값이 표 3에 나타내는 범위에 있는 경우에는 기준 길이의 표시를 생략할 수 있다.

2. 평가 길이가 기준 길이의 5배, 즉 표 3에 나타내는 평가 길이의 표준값을 사용한 경우에는 평가 길이의 표시를 생략할 수 있다.

4.2.2 R_y의 표준 수열 R_y에 따라 표면 거칠기를 표시하는 경우에는 일반적으로 표 4의 표준 수열을 사용한다.

표 4 R_y의 표준 수열

단위 : μm

	0.125	1.25	**12.5**	125	1 250
	0.160	**1.60**	16.0	160	**1 600**
	0.20	2.0	20	**200**	
0.025	0.25	2.5	**25**	250	
0.032	0.32	**3.2**	32	320	
0.040	**0.40**	4.0	40	**400**	
0.050	0.50	5.0	**50**	500	
0.063	0.63	**6.3**	63	630	
0.080	**0.80**	8.0	80	**800**	
0.100	1.00	10.0	**100**	1 000	

비 고 굵은 글씨로 나타낸 공비 2의 수열을 사용하는 것이 바람직하다.

4.2.3 R_y의 구간 표시 R_y를 어느 구간에서 나타내어야 할 때에는 그 구간의 상한(표시값이 큰 쪽) 및 하한(표시값이 작은 쪽)에 상당하는 수치를 표 4에서 골라서 병기한다.

보 기 1. 상한 및 하한의 기준 길이의 표준값이 같은 경우 상한이 $6.3\mu\text{m}\,R_y$, 하한이 $1.60\mu\text{m}\,R_y$일 때의 구간표시는 $(6.3\sim1.60)\mu\text{m}\,R_y$로 한다. 이 경우에는 기준 길이로서 0.8mm를 사용한다.

보 기 2. 상한 및 하한의 기준 길이의 표준값이 다른 경우 상한이 $12.5\mu\text{m}\,R_y$, 하한이 $1.60\mu\text{m}\,R_y$일 때의 구간표시는 $(12.5\sim1.60)\mu\text{m}\,R_y$로 한다. 이 경우에는 기준 길이로서 2.5mm로 측정한 R_y의 값이 $12.5\mu\text{m}\,R_y$ 이하이며, 기준 길이 0.8mm로 측정한 R_y의 값이 $1.60\mu\text{m}\,R_y$ 이상이라는 것을 의미한다.

비 고 1. 상한 및 하한에 대응하는 기준 길이를 동일하게 할 필요가 있는 경우, 또는 표 3의 표준값 이외의 기준 길이를 사용하는 경우에는 기준 길이를 병기한다. 보 기 2.에서 상한 및 하한에 대응하는 기준 길이를 2.5mm로 할 때에는 $(12.5\sim1.60)\mu\text{m}\,R_y$, l 2.5mm로 표시한다.

2. 여기에서 말하는 상한 및 하한의 R_y란 지정된 표면으로부터 임의로 뽑아낸 몇 곳의 R_y의 산술평균값이며 개개의 R_y의 최대값이 아니다.

5. 10점 평균 거칠기(R_z)의 정의 및 표시

5.1 R_z의 정의

5.1.1 R_z를 구하는 방법 R_z는 거칠기 곡선에서 그 평균 선의 방향에 기준 길이만큼 뽑아내어 이 표본 부분의 평균 선에서 세로 배율의 방향으로 측정한 가장 높은 산봉우리부터 5번째 봉우리까지의 표고(Y_p)의 절대값의 평균값과 가장 낮은 골바닥에서 5번째까지의 골바닥의 표고(Y_v)의 절대값의 평균값과의 합을 구하여, 이 값을 마이크로미터(μ_m)로 나타낸 것을 말한다(그림 4 참조).

$$R_z = \frac{|Y_{p1} + Y_{p2} + Y_{p3} + Y_{p4} + Y_{p5}| + |Y_{v1} + Y_{v2} + Y_{v3} + Y_{v4} + Y_{v5}|}{5}$$

여기에서 Y_{p1}, Y_{p2}, Y_{p3}, Y_{p4}, Y_{p5} : 기준 길이 l에 대응하는 샘플링 부분의, 가장 높은 산봉우리에서 5번째까지의 표고

Y_{v1}, Y_{v2}, Y_{v3}, Y_{v4}, Y_{v5} : 기준 길이 l에 대응하는 샘플링 부분의, 가장 낮은 골바닥에서 5번째 까지의 표고

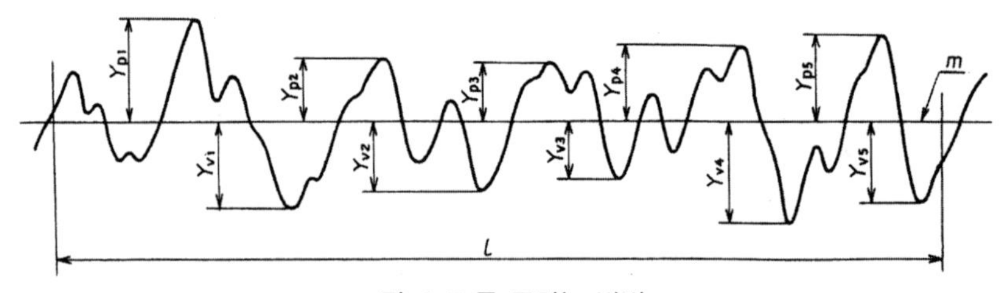

그림 4 R_z를 구하는 방법

5.1.2 기준 길이 Rz를 구하는 경우의 기준 길이는 일반적으로 다음 6종류에서 고른다.

0.08mm　0.25mm　0.8mm　2.5mm　8mm　25mm

5.1.3 기준 길이의 표준값 R_z를 구하는 경우 R_z의 범위에 대응하는 기준 길이 및 평가 길이의 표준값은 일반적으로 표 5의 구분에 따른다.

표 5 R_z를 구할 때의 기준 길이 및 평가 길이의 표준값

R_z의 범위 (μ_m)		컷오프값 l (mm)	평가 길이 l_n (mm)
초과	이하		
(0.025)	0.10	0.08	0.4
0.10	0.50	0.25	1.25
0.50	10.0	0.8	4
10.0	50.0	2.5	12.5
50.0	200.0	8	40

( ) 안은 참고값이다.

비 고 R_z는 먼저 기준 길이를 지정한 후에 구한다. 표면 거칠기의 표시나 지시를 하는 경우에 그 때마다 이것을 지정하는 것이 불편하므로, 일반적으로 표 5에 나타내는 기준 길이 및 평가 길이의 표준값을 사용한다.

5.2 R_z 의 표시

5.2.1 R_z 의 호칭 방법 R_z 의 호칭 방법은 다음에 따른다.

10점 평균 거칠기 ________μ_m, 기준 길이 ________mm, 평가 길이 ________mm

또는

________$\mu_m R_z$, ________$l$mm, ________$l_n$mm

비 고 1. 표 5에 나타내는 기준 길이의 표준값을 사용하여 구한 Rz의 값이 표 5에 나타내는 범위에 있는 경우에는 기준 길이의 표시를 생략할 수 있다.

2. 평가 길이가 기준 길이의 5배, 즉 표 5에 나타내는 평가 길이의 표준값을 사용한 경우에는 평가 길이의 표시를 생략할 수 있다.

5.2.2 R_z 의 표준 수열 R_z 에 따라 표면 거칠기를 표시하는 경우에는 일반적으로 표 6의 표준 수열을 사용한다.

표 6 R_z 의 표준 수열

단위 : μ_m

	0.125	1.25	12.5	125	1250
	0.160	1.60	16.0	160	1600
	0.20	2.0	20	200	
0.025	0.25	2.5	25	250	
0.032	0.32	3.2	32	320	
0.040	0.40	4.0	40	400	
0.050	0.50	5.0	50	500	
0.063	0.63	6.3	63	630	
0.080	0.80	8.0	80	800	
0.100	1.00	10.0	100	1 000	

비 고 굵은 글씨로 나타낸 공비 2의 수열을 사용하는 것이 바람직하다.

5.2.3 R_z 의 구간 표시 R_z 를 어느 구간에서 나타내어야 할 때에는 그 구간의 상한(표시값이 큰 쪽) 및 하한(표시값이 작은 쪽)에 상당하는 수치를 표 6에서 골라서 병기한다.

보 기 1. 상한 및 하한의 기준 길이의 표준값이 같은 경우 상한이 6.3$\mu_m R_z$, 하한이 1.60$\mu_m R_z$ 일 때의 구간표시는 (6.3～1.60)$\mu_m R_z$ 로 한다. 이 경우에는 기준 길이로서 0.8mm를 사용한다.

보 기 2. 상한 및 하한의 기준 길이의 표준값이 다른 경우 상한이 12.5$\mu_m R_z$, 하한이 1.60$\mu_m R_z$ 일 때의 구간표시는 (12.5～1.60)$\mu_m R_z$ 로 한다. 이 경우에는 기준 길이로서 2.5mm로 측정한 R_z 의 값이 2.5$\mu_m R_z$ 이하이며, 기준 길이 0.8mm로 측정한 R_z 의 값이 1.60$\mu_m R_z$ 이상이라는 것을 의미한다.

비 고 1. 상한 및 하한에 대응하는 기준 길이를 동일하게 할 필요가 있는 경우, 또는 표 5의 표준값 이외의 기준 길이를 사용하는 경우에는 기준 길이를 병기한다. 보기 2.에서 상한 및 하한에 대응하는 기준 길이를 2.5mm로 할 때에는 (12.5～1.60)$\mu_m R_z$, l 2.5mm로 표시한다.

2. 여기에서 말하는 상한 및 하한의 R_z 란 지정된 표면으로부터 임의로 뽑아낸 몇 개의 R_z 의 산술 평균값이며, 개개의 R_z 의 최대값이 아니다.

6. 요철의 평균 간격(S_m)의 정의 및 표시

6.1 S_m 의 정의

6.1.1 S_m 을 구하는 방법 S_m 은 거칠기 곡선에서 그 평균 선의 방향에 기준 길이만큼 뽑아내어 이 부분에서 하나의 산 및 그것에 이웃한 하나의 골에 대응한 평균 선의 길이의 합(이하 요철의 간격이라 한다.)을 구하여 이 다수의 요철 간격의 산술 평균값을 밀리미터(mm)로 나타낸 것을 말한다(그림 5 참조).

$$S_m = \frac{l}{n}\sum_{i=1}^{n} S_{mi}$$

여기에서 S_{mi} : 요철의 간격

n : 기준 길이 내에서의 요철 간격의 개수

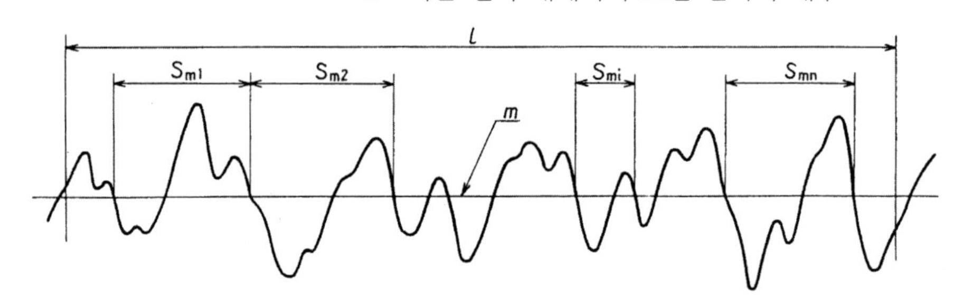

그림 5 S_m 을 구하는 방법

6.1.2 기준 길이 S_m 을 구하는 경우의 기준 길이는 일반적으로 다음 6종류에서 고른다.

0.08mm 0.25mm 0.8mm 2.5mm 8mm 25mm

6.1.3 기준 길이의 표준값 S_m 을 구하는 경우는 S_m 의 범위에 대응하는 기준 길이 및 평가 길이의 표준값은 일반적으로 표 7의 구분에 따른다.

표 7 S_m 을 구할 때의 기준 길이 및 평가 길이의 표준값

S_m 의 범위 (mm)		기준 길이 l (mm)	평가 길이 l_n (mm)
초과	이하		
0.013	0.04	0.08	0.4
0.04	0.13	0.25	1.25
0.13	0.4	0.8	4
0.4	1.3	2.5	12.5
1.3	4.0	8	40

비 고 S_m 은 먼저 기준 길이를 지정한 후에 구한다. 표면 거칠기의 표시나 지시를 하는 경우에 그 때마다 이것을 지정하는 것이 불편하므로, 일반적으로 표 7에 나타내는 기준 길이 및 평가 길이의 표준값을 사용한다.

6.2 S_m 의 표시

6.2.1 S_m 의 호칭 방법 S_m 의 호칭 방법은 다음에 따른다.

요철의 평균 간격 ________mm, 기준 길이 ________mm, 평가 길이 ________mm

또는

________$\mu m S_m$, ________l mm, ________l_n mm

비 고 1. 표 7에 나타내는 기준 길이의 표준값을 사용하여 구한 S_m 의 값이 표 7에 나타내는 범위에 있는 경우에는 기준 길이의 표시를 생략할 수 있다.

2. 평가 길이가 기준 길이의 5배, 즉 표 7에 나타내는 평가 길이의 표준값을 사용한 경우에는 평가 길이의 표시를 생략할 수 있다.

6.2.2 S_m 의 표준 수열 S_m 에 따라 표면 거칠기를 표시하는 경우에는 일반적으로 표 8의 표준 수열을 사용한다.

표 8 S_m 의 표준 수열

단위 : mm

	0.0125	0.125	1.25	12.5
	0.0160	0.160	1.60	
	0.020	0.20	2.0	
0.002	0.025	0.25	2.5	
0.003	0.032	0.32	3.2	
0.004	0.040	0.40	4.0	
0.005	0.050	0.50	5.0	
0.006	0.063	0.63	6.3	
0.008	0.080	0.80	8.0	
0.010	0.100	1.00	10.0	

비 고 굵은 글씨로 나타낸 공비 2의 수열을 사용하는 것이 바람직하다.

6.2.3 S_m 의 구간 표시 S_m 을 어느 구간에서 나타내어야 할 때에는 그 구간의 상한(표시값이 큰 쪽) 및 하한(표시값이 작은 쪽)에 상당하는 수치를 표 8에서 골라서 병기한다.

보 기 1. 상한 및 하한의 기준 길이의 표준값이 같은 경우 상한이 0.100mmS_m, 하한이 0.050mmS_m 일 때의 구간 표시는 (0.100~0.050)mmSm으로 한다. 이 경우에는 기준 길이로서 0.25mm를 사용한다.

보 기 2. 상한 및 하한의 기준 길이의 표준값이 다른 경우 상한이 0.80mmS_m, 하한이 0.20mmS_m 일 때의 구간 표시는 (0.80~0.20)mmS_m 으로 한다. 이 경우에는 기준 길이로서 2.5mm로 측정한 S_m 의 값이 0.80mmS_m 이하이며, 기준 길이 0.8mm로 측정한 S_m 의 값이 0.20mmS_m 이상이라는 것을 의미한다.

비 고 1. 상한 및 하한에 대응하는 기준 길이를 동일하게 할 필요가 있는 경우, 또는 표 7의 표준값 이외의 기준 길이를 사용하는 경우에는 기준 길이를 병기한다. 보 기 2.에서 상한 및 하한에 대응하는 기준 길이를 2.5mm로 할 때에는 (0.80~0.20)mmS_m, l 2.5mm로 표시한다.

2. 여기에서 말하는 상한 및 하한의 S_m 이란 지정된 표면으로부터 임의로 뽑아낸 몇 곳의 S_m 의 산술평균값이며 개개의 S_m 의 최대값이 아니다.

7. 국부 산봉우리의 평균 간격(S)의 정의 및 표시

7.1 S의 정의

7.1.1 S를 구하는 방법 S는 거칠기 곡선에서 그 평균 선의 방향에 기준 길이만큼 뽑아내어 이 표본 부분에서 이웃한 국부 산봉우리 사이에 대응하는 평균 선의 길이(이하 국부 산봉우리의 간격이라 한다.)를 구하여, 이 다수의 국부 산봉우리의 간격의 산술 평균값을 밀리미터(mm)로 나타낸 것을 말한다(그림 6 참조).

$$S = \frac{l}{n}\sum_{i=1}^{n} S_i$$

여기에서 S_i : 국부 산봉우리의 간격

n : 기준 길이 내에서의 국부 산봉우리 간격의 개수

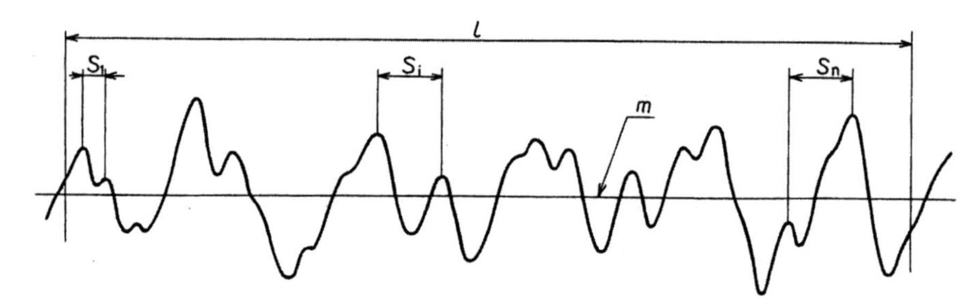

그 림 6 S를 구하는 방법

7.1.2 기준 길이 S를 구하는 경우의 기준 길이는 일반적으로 다음 6종류에서 고른다.

0.08mm　0.25mm　0.8mm　2.5mm　8mm　25mm

7.1.3 기준 길이의 표준값 S를 구하는 경우에 S의 범위에 대응하는 기준 길이 및 평가 길이의 표준값은 일반적으로 표 9의 구분에 따른다.

표 9 S를 구할 때의 기준 길이 및 평가 길이의 표준값

S의 범위 (mm)		기준 길이 l (mm)	평가 길이 l_n (mm)
0.013	0.04	0.08	0.4
0.04	0.13	0.25	1.25
0.13	0.4	0.8	4
0.4	1.3	2.5	12.5
1.3	4.0	8	40

비 고 S는 먼저 기준 길이를 지정한 후에 구한다. 표면 거칠기의 표시나 지시를 하는 경우에 그때마다 이것을 지정하는 것이 불편하므로, 일반적으로 표 9에 나타내는 기준 길이 및 평가 길이의 표준값을 사용한다.

7.2 S의 표시

7.2.1 S의 호칭 방법 S의 호칭 방법은 다음에 따른다.

국부 산봉우리의 평균 간격 ______mm, 기준 길이 ______mm, 평가 길이 ______mm 또는

______mm$S$, l ______mm, l_n ______mm

비 고 1. 표 9에 나타내는 기준 길이의 표준값을 사용하여 구한 S의 값이 표 9에 나타내는 범위에 있는 경우에는 기준 길이의 표시를 생략할 수 있다.

2. 평가 길이가 기준 길이의 5배, 즉 표 9에 나타내는 평가 길이의 표준값을 사용한 경우에는 평가길이의 표시를 생략할 수 있다.

7.2.2 S의 표준 수열 S에 따라 표면 거칠기를 표시하는 경우에는 일반적으로 표 10의 표준 수열을 사용한다.

표 10 S의 표준 수열

단위 : mm

	0.0125	0.125	1.25	12.5
	0.0160	0.160	1.60	
	0.020	0.20	2.0	
0.002	0.025	0.25	2.5	
0.003	0.032	0.32	3.2	
0.004	0.040	0.40	4.0	
0.005	0.050	0.50	5.0	
0.006	0.063	0.63	6.3	
0.008	0.080	0.80	8.0	
0.010	0.100	1.00	10.0	

비 고 굵은 글씨로 나타낸 공비 2의 수열을 사용하는 것이 바람직하다.

7.2.3 S의 구간 표시 S를 어느 구간에서 나타내어야 할 때에는 그 구간의 상한(표시값이 큰 쪽) 및 하한(표시값이 작은 쪽)에 상당하는 수치를 표 10에서 골라서 병기한다.

보 기 1. **상한 및 하한의 기준 길이의 표준값이 같은 경우** 상한이 0.100mm$S$, 하한이 0.050mm$S$일 때의 구간 표시는 (0.100~0.050)mm$S$로 한다. 이 경우에는 기준 길이로서 0.25mm를 사용한다.

보 기 2. **상한 및 하한의 기준 길이의 표준값이 다른 경우** 상한이 0.80mm$S$, 하한이 0.20mm$S$일 때의 구간 표시는 (0.80~0.20)mm$S$로 한다. 이 경우에는 기준 길이 2.5mm로 측정한 S의 값이 0.80mm S이하이며, 기준 길이 0.8mm로 측정한 S의 값이 0.20mm$S$ 이상이라는 것을 의미한다.

비 고 1. 상한 및 하한에 대응하는 기준 길이를 동일하게 할 필요가 있는 경우, 또는 표 9의 표준값 이외의 기준 길이를 사용하는 경우에는 기준 길이를 병기한다. 보기 2.에서 상한 및 하한에 대응하는 기준 길이를 2.5mm로 할 때에는 (0.80~0.20)mm$S$, l 2.5mm로 표시한다.

2. 여기에서 말하는 상한 및 하한의 S란 지정된 표면으로부터 임의로 뽑아낸 몇 곳의 S의 산술 평균값이며 개개의 S의 최대값은 아니다.

8. 부하 길이율(t_p)의 정의 및 표시

8.1 t_p의 정의

8.1.1 t_p를 구하는 방법 t_p는 거칠기 곡선에서 그 평균값의 방향으로 기준 길이만큼 뽑아서, 이 표본 부분의 거칠기 곡선을 산봉우리 선에 평행한 절단 레벨로 절단하였을 때에 얻어지는 절단 길이의 합(부하 길이 η_p)의 기준길이에 대한 비를 백분율로 나타낸 것을 말한다(그림 7 참조).

$$t_{\mathrm{p}} = \frac{\eta_{\mathrm{p}}}{\mathrm{l}} \times 100$$

여기에서 η_{P} : $b_1 + b_2 + \cdots + b_{\mathrm{n}}$

l : 기준 길이

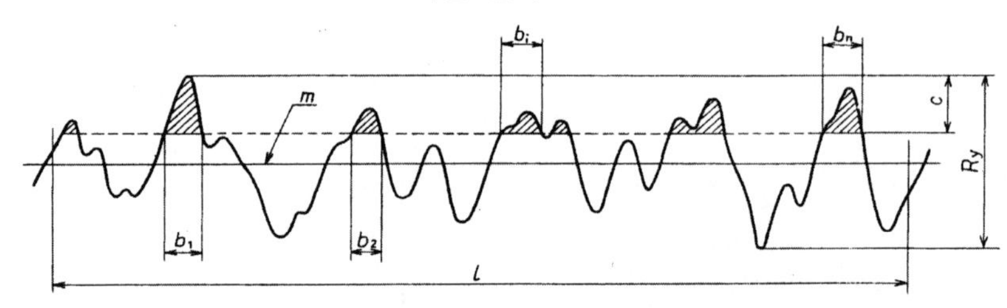

그림 7 t_{p}를 구하는 방법

8.1.2 기준 길이 t_{p}를 구하는 경우의 기준 길이는 일반적으로 다음 6종류에서 고른다.

0.08mm 0.25mm 0.8mm 2.5mm 8mm 25mm

8.1.3 절단 레벨 t_{p}를 구하는 경우의 절단 레벨은 다음 두 가지 방법 중 한 가지에 따른다.

a) 마이크로미터(μm) 단위의 수치로 나타낸다.

b) R_y에 대한 비를 백분율(%)로 나타낸다. 이 경우에 적용하는 표준 수열을 다음에 나타낸다.

5, 10, 15, 20, 25, 30, 40, 50, 60, 70, 75, 80, 90

비 고 b)에 따라 백분율(%)로 c를 나타내는 경우에는, 먼저 기준 길이에서의 거칠기 곡선에서 R_y를 구하여야 한다.

8.2 t_{p}의 표시

8.2.1 t_{p}의 호칭 방법 t_{p}의 호칭 방법에 따른다.

부하 길이율 ______%, 절단 레벨 ______μm, 기준 길이 ______mm, 평가 길이 ______mm

또는

________%t_{p}, c ________μm, l ________mm, l_n ________mm

또는

부하 길이율 ______%, 절단 레벨 ______%, 기준 길이 ______mm, 평가 길이 ______mm

또는

________%t_{p}, ________c %, l ________mm, l_n ________mm

비 고 기준 길이 및 평가 길이의 표시의 생략 방법은 R_y의 경우에 준한다(4.2.1의 비고 1. 및 비고 2. 참조).

8.2.2 t_p의 표준 수열 t_p에 따라 표면 거칠기를 나타내는 경우에는 일반적으로 표 11의 표준 수열을 사용한다.

표 11 t_p의 표준 수열

t_p(%)	10	15	20	25	30	40	50	60	70	80	90

8.2.3 t_p의 구간 표시 t_p를 어느 구간에서 나타내야 할 때에는 그 구간의 상한(표시값이 큰 쪽)및 하한(표시값이 작은 쪽)에 상당하는 수치를 표 11에서 골라서 병기한다.

비 고 상한 및 하한의 기준 길이의 표준값으로서 R_y를 구할 때의 표 3에 규정한 값을 이용한다.

보 기 1. 기준 길이가 표준값과 같은 경우 (6.3～1.60)μm R_y인 경우에는 기준 길이로서 0.8mm를 사용한다. t_p의 상한이 60%, 하한이 40%일 때의 구간 표시는 (60～40)% t_p, c40%로 한다.

보 기 2. 기준 길이가 표준값과 다른 경우 t_p의 상한과 하한을 병기함과 동시에, 다음과 같이 기준 길이를 부기한다.

(60～40)% t_p, c40%, l 2.5mm

비 고 여기에서 말하는 상한 및 하한의 t_p란 지정된 표면으로부터 임의로 뽑아낸 몇 곳의 t_p의 산술 평균값이며 개개의 t_p의 최대값은 아니다.

부속서 중심선 평균 거칠기의 정의 및 표시

1. 적용 범위

이 부속서는 중심선 평균 거칠기(R_{a75})의 정의 및 표시에 대하여 규정한다.

참 고 이 부속서에 정하는 내용은 국제 규격에 부합하지 않으므로 시기를 보아 폐지한다.

2. 정의 및 기호

이 부속서에서 사용하는 주된 용어의 정의는 다음과 같다.
또한 기호를 각각의 용어 뒤의 괄호 안에 나타낸다.

a) **R_{a75}를 구하기 위한 거칠기 곡선(75%)** 단면 곡선에서 정해진 파장보다 짧은 표면 거칠기의 성분을 감쇠율－12 dB/oct의 고역 필터로 추출한 곡선[이하 거칠기 곡선(75%)이라 한다.]

b) **거칠기 곡선(75%)의 컷오프값(75%)(λ_{c75})** 고역 필터의 이득이 75%가 되는 주파수에 대응하는 파장[이하 컷오프값(75%)이라 한다.]

c) **거칠기 곡선(75%)의 평균선** 거칠기 곡선(75%)의 표본 부분에서 피측정면의 기하학 모양을 가진 직선 또는 곡선으로 거칠기 곡선(75%)까지의 편차의 제곱이 최소가 되도록 설정한 선

d) **거칠기 곡선(75%)의 중심선** 거칠기 곡선(75%)의 평균 선에 평행한 직선 또는 곡선과 거칠기 곡선(75%)으로 둘러싸인 면적이 이 직선의 양쪽에서 같아지는 직선 또는 곡선(이하 중심선이라 한다.)

3. 중심선 평균 거칠기(R_{a75})의 정의 및 표시

3.1 R_{a75}의 정의

3.1.1 R_{a75}를 구하는 방법 R_{a75}는 거칠기 곡선(75%)으로부터 그 중심선 방향으로 측정 길이(L)의 부분을 뽑아내어, 그 표본 부분의 중심선을 X축, 세로축 방향을 Y축으로 하여, 거칠기 곡선(75%)을 $y=f(x)$로 나타내었을 때, 다음 식에 따라 구해지는 값을 마이크로미터(μm)로 나타낸 것을 말한다.

$$R_{a75}=\frac{1}{L}\int_0^L |f(x)|\,dr$$

여기에서 L : 측정 길이

3.1.2 λ_{c75} λ_{c75}는 다음 6종류로 한다.

0.08mm 0.25mm 0.8mm 2.5mm 8mm 25mm

3.1.3 λ_{c75}의 표준값 λ_{c75}의 표준값은 일반적으로 부속서 표 1의 구분에 따른다.

부속서 표 1 R_{a75}를 구할 때의 λ_{c75}의 표준값

R_{a75}의 범위 (μm)		컷오프값(75%) λ_{c75} (mm)
초과	이하	
-	12.5	0.8
12.5	100	2.5

비 고 R_{a75}는 먼저 λ_{c75}를 지정한 후에 구한다. 표면 거칠기의 표시·지시를 하는 경우에 그 때마다 이것을 지정하는 것이 불편하므로, 일반적으로 부속서 1 표 1의 값을 사용한다.

3.1.4 측정 길이 측정 길이는 λ_{c75}의 3배 이상의 값으로 한다.

3.2 R_{a75}의 표시

3.2.1 R_{a75}의 호칭 방법 R_{a75}의 호칭 방법은 다음에 따른다.

중심선 평균 거칠기(75%) ______μm, 컷오프값(75%) ______ mm, 측정 길이 ______mm

또는

______$\mu_m R_{a75}$, λ_{c75} ______mm, L ______mm

비 고 1. 부속서 1 표 1에 나타내는 λ_{c75}의 표준값을 사용하여 구한 R_{a75}의 값이 부속서 표 1의 범위에 있는 경우에는 λ_{c75}의 표시를 생략할 수 있다.

2. 측정 길이가 λ_{c75}의 3배 이상인 경우에는 측정 길이의 표시를 생략할 수 있다.

3.2.2 R_{a75}의 표준 수열 R_{a75}에 따라 표면 거칠기를 표시하는 경우에는 일반적으로 부속서 표 2의 표준 수열을 사용한다.

부속서 표 2 R_{a75}의 표준 수열

단위 : μm

0.013	0.4	12.5
0.025	0.8	25
0.05	1.6	50
0.1	3.2	100
0.2	6.3	

3.2.3 R_{a75}의 구간 표시 R_{a75}를 어느 구간에서 나타내어야 할 때에는 그 구간의 상한(표시값이 큰 쪽) 및 하한(표시값이 작은 쪽)에 상당하는 수치를 부속서 표 2에서 골라서 병기한다.

보 기 1. 상한 및 하한의 λ_{c75}의 표준값이 같은 경우 상한이 6.3$\mu_m R_{a75}$, 하한이 1.6$\mu_m R_{a75}$일 때의 구간 표시는 (6.3~1.6)$\mu_m R_{a75}$로 한다. 이 경우에는 컷오프값(75%)은 0.8mm를 사용한다.

보 기 2. 상한 및 하한의 λ_{c75}의 표준값이 다른 경우 상한이 25$\mu_m R_{a75}$, 하한이 6.3$\mu_m R_{a75}$일 때의 구간 표시는 (25~6.3)$\mu_m R_{a75}$로 한다. 이 경우에는 λ_{c75} 2.5mm로 측정한 R_{a75}의 값이 25$\mu_m R_{a75}$ 이하이며, $\mu\lambda_{c75}$ 0.8mm로 측정한 R_{a75}의 값이 6.3$\mu_m R_{a75}$ 이상이라는 것을 의미한다.

비 고 1. 상한 및 하한에 대응하는 λ_{c75}를 동일하게 할 필요가 있는 경우, 또는 부속서 표 1의 표준값 이외의 λ_{c75}를 사용하는 경우에는 λ_{c75}를 병기한다. 보기 2.에서 상한 및 하한에 대응하는 λ_{c75}를 2.5mm로 할 때에는 (25~6.3)$\mu_m R_{a75}$, λ_{c75} 2.5mm로 표시한다.

2. 여기에서 말하는 상한 및 하한의 R_{a75}란 지정된 표면으로부터 임의로 뽑아낸 몇 곳의 산술 평균값이며 개개의 R_{a75}의 최대값은 아니다.

관련 규격 KS B 0501 촉침식 표면 거칠기 측정기

KS B 0506 광파 간섭식 표면 거칠기 측정기

KS B 0610 표면 파상도의 정의와 표시

KS B 0617 제도-표면의 결 도시 방법

KS B 0161 : 1999

표면거칠기 정의 및 표시 해설

이 해설은 본체 및 부속서에 규정한 사항 및 이것과 관련된 사항을 설명하는 것으로 규격의 일부는 아니다.

1. 제정 · 개정의 취지

1.1 제정의 취지

기계 가공 부품 표면의 미세한 요철의 성질을 나타내는 모든 파라미터, 즉 표면 거칠기는 기계의 기능, 표면의 품질에 영향을 미치는 것으로 오래 전부터 측정, 평가의 대상이 되어왔다.
표면 거칠기의 규격은 1967년 4월에 제정되어 그 후 개정을 거듭하여 1988년에 "표면 거칠기"와 "다듬질 기호(삼각 기호)"를 포함한 형으로, 최대 높이를 대상으로 하여 규격 명칭을 "표면 거칠기"로 하여 제정하였다. 그후 1993년에 확인을 거쳐 오늘에 이르고 있다. 현재의 KS B 0161 : 1988은 표면 거칠기를 수치로 평가하는 파라미터로서 중심선 평균 거칠기(R_a), 최대 높이(R_{max}), 10점 평균 거칠기(R_z)의 3종류를 정의 및 표시로서 규정하고 있다.
이번 가공 기술의 진보, 측정기의 성능 향상에 따라 제품의 품질 평가가 다양화되고, ISO에서도 새로운 표면거칠기의 파라미터가 채용되어 국제적인 부합성을 꾀할 필요도 있어서 개정하게 되었다.

1.2 전 회까지의 개정의 취지

1988년 개정의 경위 "국제 단위계(약칭 SI라 한다.)를 한국산업규격에 채용한다."는 방침에 따라 국제 단위계가 아닌 단위 및 수치 뒤에 국제 단위계에 따른 단위 및 수치를 { } 안에 참고로 병기함과 함께 KS B 0001(기계제도)을 토대로 하여 도면 수정 등을 실시하였다. 따라서 개정 내용에는 기술적인 변경은 포함되어 있지 않다.
종래 이 규격에서 규정하고 있던 "다듬질 기호"를 ISO 1302 : 1978, Technical drawings－Method of indicating surface texture on drawings와 부합을 꾀할 것, 규격 체계상 다른 규격으로서 운용해야 한다는 의견도 있어서 다른 규격의 예에 따라 "정의"와 "도시 방법"으로 분할하였다. 전자의 규격 명칭을 "표면 거칠기 정의 및 표시(KS B 0161)"로 하여 이 규격으로 하고, 후자의 규격 명칭을 "표면의 결 도시 방법(KS B 0617)"으로 하였다.
종전에 개정한 ISO R 468 : 1966, Surface roughness에 따르고 있었지만, 현재 이 ISO R 468은 중심선 평균 거칠기(R_a), 10점 평균 거칠기(R_z), 최대 높이(R_{max}) 외에 요철의 평균 간격(S_m), 국부 산봉우리의 평균 간격(S), 부하 길이율(t_p)의 파라미터를 채용하는 방향으로 현재 개정 작업이 진행 중이므로, 앞으로 ISO R 468의 개정 동향을 충분히 지켜 보아야 한다. 결국 ISO R 468이 개정된 시점에서 대폭적인 개정을 하기로 하고, 이 규격에서는 소폭의 개정과 양식 수정에 머물렀다. 주요 개정 사항은 다음과 같다.

a) 이 규격의 적용 범위를 기계 표면으로 한정하지 않고 "공업 제품"으로 대상 범위를 넓히고, 또한 최대 높이(R_{max}), 10점 평균 거칠기(R_z), 중심선 평균 거칠기(R_a)의 순이었던 것을 ISO R 468, ISO 1302 및 우리 나라의 사정을 고려하여 R_a, R_{max}, R_z의 순으로 고쳤다.

b) 용어의 의미에 "단면 곡선의 산" " 단면 곡선의 골" " 산봉우리"및 "골 바닥"을 새로 추가 규정하였다. 이것은 R_z를 구할 때의 산봉우리, 골 바닥을 명확히 하기 위한 것이다.

c) 과거에는 중심선 평균 거칠기를 구할 때의 컷오프값의 표준값으로서 0.8mm만을 규정하고 있었지만 측정기의 성능이 향상되었고, 표면 굴곡과의 관계에서 거친 쪽을 대상으로 한 컷오프값으로 2.5mm의 컷오프값을 추가하였다.

   컷오프값에 대해서는 ISO 3274 : 1975의 규정에 맞춰서 "그 이득이 70%가 되는 주파수에 대응하는 파장"에서 "그 이득이 75%가 되는 주파수에 대응하는 파장"으로 바꿨다.

d) 구 규격에서 중심선 평균 거칠기 구분 값의 표 중에 괄호가 붙은 수치에 대해서는 심의 결과, 추천값으로 하기로 하고 괄호를 뺐다. 최대 높이의 구분값 및 10점 평균 거칠기의 구분값의 각각의 표 중, 일반적으로 이용되는 구분값의 0.05의 괄호를 빼고, 같은 괄호를 붙인 18, 35, 70, 140, 280 및 500의 6 구분값은 심의 결과 현시점에서는 삭제하여도 특별히 문제가 없다는 결론에 이르러 대응하는 표준 수열의 표에서 삭제하였다.

1.3 이번(1999) 개정의 취지

현재 사용되고 있는 아날로그형 촉침 전기식 표면 거칠기 측정기는 감쇠율 −12dB/oct의 2RC형 고역 필터를 사용하여 거칠기 곡선을 구하였다. 컷오프값은 이득이 70%가 되는 주파수에 대응하는 파장으로 정의하고 있었다. 이 경우 일반적으로 파형의 변형이 일어난다.

또한 아날로그식의 측정기에서는 그 시대에 사용되고 있던 단면 곡선에서 구한 최대 높이, 10점 평균 거칠기를 직시한다는 것은 간단하지 않았다. 그 때문에 확대 기록한 단면 곡선에서 최대 높이, 10점 평균 거칠기를 거칠기 곡선에서 중심선 평균 거칠기를 구하는 방식이 채용되어 이러한 표면 거칠기의 파라미터를 이용한 규격이었다.

최근 디지털형 촉침 전기식 표면 거칠기 측정기가 개발되어 널리 사용되고 있다. 이 형식의 측정기에서는 이득이 50%인 파장에서 정의한 컷오프값을 사용한 위상 보상형 디지털형 저역 필터에 의해 여파 굴곡 곡선을 구하여, 이 굴곡 곡선을 평균선으로 하는 방법이 채용되고 있다. 이 평균선을 기준으로 해서 단면 곡면까지의 편차에서 파형의 변형이 없는 거칠기 곡선을 구한다. 이 변형이 없는 거칠기 곡선에서 디지털형 표면 거칠기 측정기로 표면 거칠기의 모든 파라미터를 직시하는 것은 쉽다.

이런 상황에서 ISO R 468, Surface roughness에 준거하여 파형 변형이 없는 거친 곡선에서 구한 6종류의 파라미터 R_a, R_y, R_z, S_m, S, t_p를 채용하여 국제적인 부합성을 꾀하기 위해 규격을 개정하였다.

a) 1988년 개정한 KS의 적용 범위가 중심선 평균 거칠기(R_a), 최대 높이(R_{max}), 10점 평균 거칠기(R_z)였지만, 표면거칠기를 나타내는 파라미터에 산술 평균 거칠기(R_a), 최대 높이(R_y), 10점 평균 거칠기(R_z) 외에 요철의 평균간격(S_m), 국부 산봉우리의 평균 간격(S) 및 부하 길이율(t_p)을 채용하였다. 최대 높이의 기호를 R_{max}에서 R_y로 바꿨다. 이것은 ISO 468 : 1982에 따라 변경하였는데, 그 이유는 ISO 4288의 부속서(참고)에 표면 거칠기의 최대값 지시에 "$_{max}$"를 파라미터의 기호에, 예를 들면 R_{ymax}와 같이 나타낼 것을 고려하고 있기 때문이다.

b) 구 규격에 규정하고 있던 2RC형의 아날로그형 고역 필터를 사용한, 이른바 거칠기 곡선에서 구한 중심선 평균 거칠기 R_a는 부속서로 옮기고 기호는 R_{a75}로 변경하였다.

c) 모든 표면 거칠기를 나타내는 파라미터는 파형 변형이 없는 방법으로 구한 거칠기 곡선에서 얻도록 개정하였다. 단면 곡선에서 거칠기 곡선을 구하는 데 사용하는 위상 보상형 고역 피터의 컷오프값은 그 필터의 이득이 50%가 되는 파장으로 정의하였다.

d) 표면 거칠기의 파라미터를 구하는 거칠기 곡선의 길이는 기본적으로는 기준 길이이지만, 평균적인 값을 얻는 한 방법으로서 평가 길이를 채용하였다. 평가 길이는 구 규격에서는 측정 길이의 명칭으로 기준 길이의 3배 이상이었지만 이번 ISO 규격에 따라 5배로 하였다.

e) 구 규격에서는 단면 곡선의 산, 골 등을 정의하고 있었지만, 이번에는 "산" " 골" " 산봉우리" " 골바닥"을 정의하였다. 그리고 R_y, S_m , t_p 등의 파라미터를 구하는 경우에 필요한 "산봉우리 선" " 골바닥 선" " 절단 레벨" " 국부 산" " 국부 골" " 국부 산봉우리"및 "국부 골바닥"의 용어를 새로 규정하였다.

f) R_a의 범위에 대응하는 컷오프값의 표준값 R_y, R_z의 범위에 대응하는 기준 길이의 표준값은 ISO에 따라 구 규격보다 자세히 정하여 이용의 편의를 꾀하였다.
또한 새로 채용한 거칠기의 파라미터 S_m , S의 범위에 대응하는 기준 길이의 표준값을 정하였다.

2. 이번 개정의 경위

가공 기술의 진보, 측정기의 성능 향상, 공업 제품의 표면 특성에 대한 요구의 고도화 등 표면 거칠기를 측정, 관리하는 상황의 변화 및 ISO가 ISO 468로 개정된 데 대응하여 KS B 0161 및 KS B 0617을 개정할 필요성이 생겼다. 기술표준원에서 KS (B 0161) 원안을 작성하여 기계기본요소 부회의 심의를 거쳐 최종안이 정리되었다.

3. 심의 중에 특히 문제가 된 사항

a) 규격의 체계로서 ISO 468을 중심으로 한 ISO 형식의 규격 체계로 할지의 여부가 문제가 되었다. 검토 결과용어 표시 등은 원칙적으로 ISO 468 등에 규정된 것을 채용하지만, 규격의 체계는 KS A 0001(규격서의 서식)에 따랐다. 앞으로 표면 거칠기에 관련된 ISO 규격 전체가 정비되었을 때 ISO에 따른 규격 체계로 한다.

b) 파형 변형이 없는 거칠기 곡선에서 모든 표면 거칠기의 파라미터를 구한다. 개정 전 KS의 중심선 평균 거칠기는 R_{a75}로서 부속서에 규정한다. 이 R_{a75}를 직시(直示)하는 측정기는 현재 많이 사용되고 있으므로, 하나의 기준으로서 앞으로 10년 정도 부속서에 남기기로 하였다. 그러나 개정된 규격에 채용되어 있던 단면 곡선에서 구한 최대 높이, 10점 평균 거칠기는 삭제하였다.

c) 표면 거칠기의 최대값 표시는 앞으로의 검토 과제로 하고 이번에는 채용하지 않았다.

d) 이번에는 ISO 468에서 채용한 6종류의 표면 거칠기의 파라미터를 채용하였지만 다른 파라미터, 예를 들면 아보트의 부하 곡선, 평균 경사각 등의 취급이 검토되었다. 그러나 규격에는 ISO 468에 채용되어 있는 파라미터만을 사용하고, 필요하면 다른 파라미터를 사용할 수 있다는 입장에서 이 규격을 작성하였다.

4. 적용 범위(본체의 1.)

4.1 표면 거칠기

이 규격의 적용 범위에서 말하는 표면 거칠기는 ISO 468, ISO 4287－1의 "urface roughness"에 상당하는 용어로서 공업 제품의 표면에서의 표면 굴곡 및 기하 편차를 제외한 미세한 요철을 대상으로 하고 있다.

표면 거칠기는 표면의 하나의 성질을 정하는 양이지만, 무엇을 "표면 거칠기"라고 하느냐의 정의도 분명하지 않다. 항상 문제가 되는 것은 이른바 "거칠기"와 "굴곡"의 구별이다. 거칠기와 굴곡을 그 성질상 구별하면 전자는 표면이 매끈매끈하다거나 꺼칠꺼칠하다거나 하는 감각의 기초가 되는 양이고, 후자는 거칠기보다 큰 범위에서의 표면의 주기적인 요철이라고 되어 있다. 구 KS B 0161-1967에서는 이 입장에서 표면 거칠기를 정의하고 있었다. 그러나 넓은 범위의 표면을 생각하면 굴곡은 위와 같은 정의에서 거칠기와 구별할 수 없는 것이 많다.

구체적으로 측정 규격으로서는 거칠기를 굴곡과 구별하기 위해서 굴곡의 피치에 상당하는 길이를 정해야 하지만 이것은 위의 정의만으로는 불가능하다. 실제로는 거칠기나 굴곡의 정의와 무관하게 기준 길이를 지정하여 그 안의 산을 모두 거칠기로 할 수밖에 없다.

이 규격에서는 무엇을 거칠기로 하느냐 하는 정의는 피하고 적용 범위에 나타낸 6종류의 표면 거칠기를 정의하여 측정할 때 선택한 일정 컷오프값 또는 기준 길이 안에 포함되어 있는 요철은 모두 "표면 거칠기"라고 생각하는 입장을 취하고, 이것은 ISO와 같은 사고 방식으로 ANSI, BS의 실제 측정할 때에 취하고 있는 입장과 같다.

따라서 표면 거칠기를 지정하고, 또는 측정하는 경우 "컷오프값 또는 기준 길이"가 가장 중요한 요소가 되는데, 컷오프값 또는 기준 길이는 측정 목적에 따라 달라져야 한다는 입장을 취하고 있다. 예를 들면 선삭 가공에서 이송 마크가 문제가 되는 경우는 그 이송의 피치보다 큰 컷오프값 또는 기준 길이를 취하여야 한다. 일반적으로 컷오프값 또는 기준 길이가 길면 표면 거칠기의 값은 크게 나온다.

이 규격을 적용한 표면 거칠기를 구하는 경우, 컷오프값 또는 기준 길이는 미리 관계자에 의해 결정되어야 하는데, 지금까지의 많은 경험에서 어느 정도 크기가 결정되어 있다는 것, 계측기를 제작하는 입장에서는 몇 종류로 한정되어 있는 것이 바람직하다는 것 등의 이유로 규격에서는 ISO나 기타 외국 규격과 부합하는 몇 종류로 한정하였다.

4.2 표면 굴곡

이 규격과 관련된 굴곡은 KS B 0610(표면 파상도의 정의와 표시)에 제정되어 있는데, 거칠기와의 관계에 대하여 간단히 다뤄 둔다.

굴곡에 대해서는 지금까지의 규격 재검토 때마다 그 성질 등에 대하여 장시간 토의가 이루어졌지만 굴곡을 수치로 표시할 수 있는 정의를 정하기에는 많은 문제가 남아 있다. 따라서 이 규격에서는 위에 서술한 것과 같이 거칠기와 굴곡의 성격적인 구분을 하는 것을 피하고, 어느 주기보다 긴 파형 성분으로 만들어지는 파형은 "표면 굴곡"이라는 사고 방식을 취하여 컷오프값 또는 기준 길이를 표면 거칠기의 수치와 독립적으로 결정할 수 있는 방식으로 하였으므로, 컷오프값 또는 기준 길이의 채용 방식에 따라 굴곡의 성분이 거칠기의 측정값에 미치는 영향을 크게 할 수도, 작게 할 수도 있게 되어 있다. 따라서 컷오프값 또는 기준 길이를 각각 큰 것과 작은 것 두 가지를 골라서 각각의 표면 거칠기의 수치를 구하면 표면 굴곡에 대한 정보를 얻을 수 있다.

4.3 촉 침

촉침의 앞 끝 굴곡 반지름은 단면 굴곡의 측정 정밀도에 큰 영향이 있다. 기하학적으로 말하자면 촉침의 앞 끝 반지름은 작을수록 좋지만, 너무 날카로우면 시료면을 손상시킬 우려가 있고 촉침의 수명도 짧아진다. 이 때문에 촉침의 앞 끝 곡률 반지름은 외국 규격을 참고해서 KS B 0501(촉침식 표면 거칠기 측정기)에서는 표준값 2μm, 5μm 및 10μm의 3종류로 규정하였다. 특히 섬세한 다듬질면에서는 촉침의 앞끝 곡률 반지름이 문제가 되므로 주의하여야 한다.
또한 촉침부의 측정력은 촉침부의 정적인 값으로 표현되어 있다. 그러나 검출기가 이동하고 있을 때에 피측정면 위의 요철에 작용하는 동적인 측정력은 검출기의 이동 속도와 피측정면의 요철의 높이, 피치 등에 따라 다르지만 일반적으로 정적인 측정력보다 상당히 커진다. 이 동적 측정력은 수치값 이하로 규정하는 것은 곤란하므로, 실제로 검출기를 이동하였을 때에 피측정면 위에 흠집이 나지 않을 정도의 동적인 측정력을 골라야 한다.
4.4 R_a, R_y, R_z, S_m, S, t_p의 6종류를 채용한 이유 표면의 성질은 이 규격에서 말하는 표면 거칠기, 즉 거칠기 곡선의 높이 방향의 요철과 관계된 양만으로는 정해지지 않는 것이 보통으로 그 요철의 산 모양이나 간격 등을 포함시켜 "표면 거칠기"라고 하는 경우가 많다. 개정 전의 규격 및 ISO R 468 : 1966에서는 요철의 높이와 관계된 양만 을 고려하여 중심선 평균 거칠기, 최대 높이, 10점 평균 거칠기의 3종류의 양으로 한정하고 있었지만 개정된 ISO 468과 부합성을 꾀하여 중심선 평균 거칠기를 산술 평균 거칠기로 하고, 또한 표면 거칠기의 성질을 보다 많이 정하기 위해서 새로 산 모양이나 요철의 간격 등을 나타내는 요철의 평균 간격, 국부 산봉우리의 평균 간격 및 부하 길이율의 3종류를 정의하여 합계 6종류의 파라미터를 채용하였다.

5. 규정 내용

5.1 단면 곡선

촉침이 측정면 위를 더듬어 갈 때, 촉침의 앞 끝이 만드는 곡선을 단면 곡선이라 한다. 표면의 진짜 단면의 모양은 무한히 작은 곡률 반지름의 앞 끝을 가진 촉침을 천천히 움직였을 때의 위아래로 움직이는 모양이다. 실제 촉침의 움직임은 엄밀하게는 표면 요철의 단면 모양은 아니다. 특히 작은 요철을 가진 면을 측정하는 경우에는 이 차이가 뚜렷하다고 생각된다. 그러나 표면의 진짜 단면 모양은 측정할 수 없으므로 실제 측 정상에서는 일정 기준에 따른 방법으로 얻은 촉침의 아래위 움직임 기록을 단면 곡선으로 취급한다.
이 규격 체계의 기초가 된 구 KS B 0161 : 1988은 ISO R 468 : 1966, Surface roughness에 준거한 것이다. 당시 사용되고 있던 2RC형 고역 필터을 사용하는 아날로그형 촉침 전기식 표면 거칠기 측정기는 단면 곡선에서 최대높이, 10점 평균 거칠기를 구하는 것이 간단하지 않았다. 그래서 확대 기록한 단면 곡선에서 최대 높이 및 10점 평균 거칠기를, 거칠기 곡선에서 중심선 평균 거칠기를 구하는 방식이 채용되었다.
최근 널리 사용되고 있는 디지털형 촉침 전기식 표면 거칠기 측정기는 위상 보상형 디지털형 필터로 파형의 변형이 없는 거칠기 곡선을 얻을 수 있으므로, 그 곡선에서 표면 거칠기의 모든 파라미터를 직시하는 것이 쉬워졌다. 이 때문에 종래의 단면 곡선에서 최대 높이 및 10점 평균 거칠기를 구하는 내용은 삭제하였다.

5.2 여파 굴곡 곡선, 거칠기 곡선 및 평균선

디지털형의 촉침 전기식 표면 거칠기 측정기는 아날로그 파형인, 측정한 단면 곡선을 A/D 변환기에 의해 적절한 샘플링 간격의 이산(離散) 수열로 변환한다. 다음으로 이 수열의 임의의 범위 내의 각 점에 대하여 해설 그림 1에 나타내는 무게 함수로 무게를 붙여서 그 하중 평균값을 이어서 구하고, 여파 굴곡 곡선을 얻는다. 이 조작은 단면 곡선을 해설 그림 2의 진폭 전달률의 이득이 50%가 되는 파장으로 나타내는 컷오프값 λ_c의 저역 필터로 파형 변형이 없는 여파 굴곡 곡선을 구하는 것에 상당한다. 구한여파 굴곡 곡선을 평균선으로 하여 각 점에서의 평균선에서 단면 곡선까지의 편차를 계속해서 구함으로써 파형변형이 없는 거칠기 곡선을 얻을 수 있다. 이렇게 해서 구한 거칠기 곡선에서 모든 파라미터 R_a, R_y, R_z, S_m, S, t_p를 구한다.

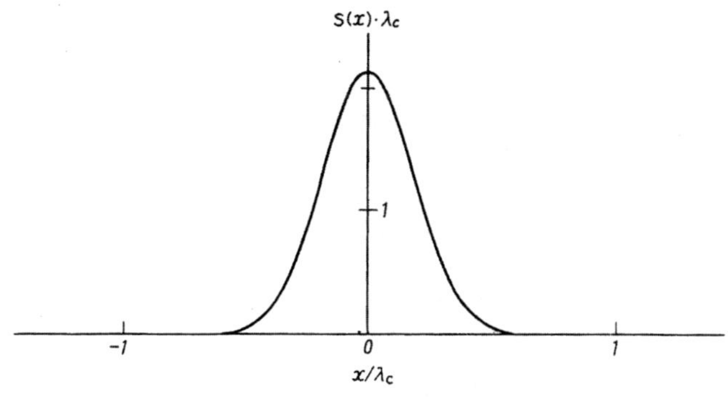

해설 그림 1 필터의 무게 함수

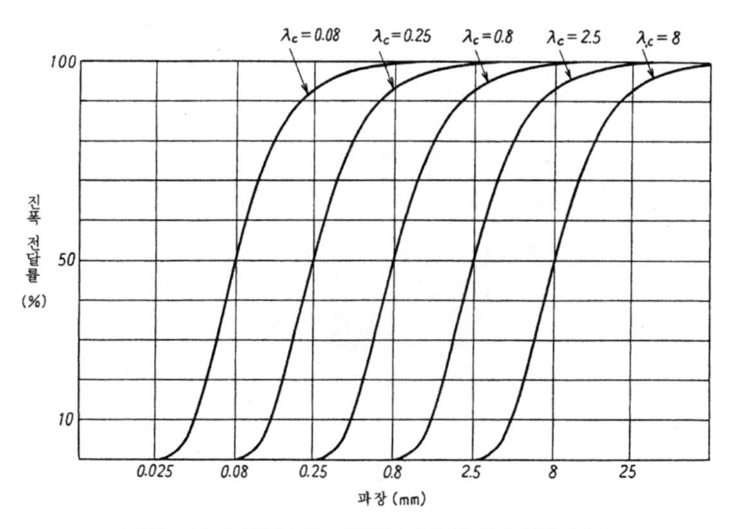

해설 그림 2 평균선을 구하기 위한 필터의 전달 특성

개정 전 KS에서의 평균 선은 최소 제곱법을 사용하여 직선 또는 곡선을 적용하고 있었지만, 이 규격의 거칠기 곡선의 평균 선은 사용한 컷오프값보다 짧은 표면 거칠기 성분을 위상 보상형 저역 필터로 제거한 여파 굴곡 곡선으로, 이 평균 선을 기준선으로 해서 단면 곡선에서 거칠기 곡선을 구한다. 거칠기 곡선은 단면 곡선과 굴곡 곡선, 즉 평균 선과의 차이이다. 여파 굴곡 곡선과 거칠기 곡선을 구하는 필터의 컷오프값을 양자 모두 이득 50%가 되는 점에서 정의하면, 거칠기 곡선을 구할 때의 전달 특성과 굴곡 곡선을 구할 때의 전달 특성은 서로 보완하는 관계에 있다.

거칠기 곡선을 구할 때의 전달 특성은 다음 식으로 주어지며, 그림으로 나타내면 해설 그림 3이 된다.

$$\frac{a_2}{a_1} = 1 - \frac{a_1}{a_0} = 1 - e^{-\pi\left(\frac{\alpha \cdot \lambda_c}{\lambda}\right)^2}$$

여기에서 a_0 : 필터 전의 사인파 거칠기 곡선의 진폭

a_1 : 여파 굴곡 곡선(평균 선)에서의 사인파 거칠기 곡선의 진폭

a_2 : 필터 후의 사인파 거칠기 곡선의 진폭

λ_c : 필터의 컷오프값

λ : 사인파의 파장

$$\alpha = \sqrt{\frac{l_n 2}{\pi}} = 0.469.7$$

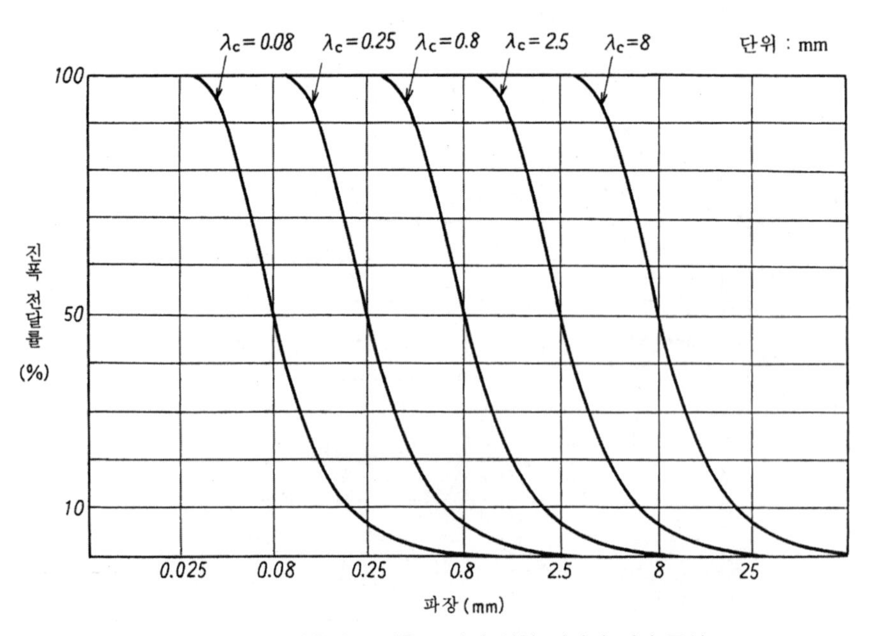

해설 그림 3 거칠기 곡선을 구하기 위한 필터의 전달 특성

5.3 컷오프값

전기적으로 표면 거칠기의 파라미터를 직독하는 계기에서는 표면의 요철의 저주파 성분을 제거하기 위해 기준 길이를 사용하지 않고, 단면 곡선을 푸리에 해석한 주파수 성분 중 장파장 성분을 제거한 것을 생각한다. 이 장파장 성분을 제거하는 한계의 파장이 컷오프값이다. 실제로는 전기회로에 고역 필터를 넣어서 컷오프하는데, 필터의 특성은 한계 주파수와 그 부근의 주파수 성분의 감쇠성의 두 가지로 결정된다. 실제 많은 표면에서는 확실한 표면 굴곡의 주파수 성분과 표면 거칠기의 주파수 성분을 명확히 구별할 수 없는 경우가 많고, 대개의 경우 요철의 주파수 성분은 주파수에 대하여 연속적으로 분포하고 있다. 따라서 특정 주파수 성분이상을 인위적으로 컷오프하는 경우에는, 필터의 감쇠 특성의 채용 방식에 따라 같은 요철을 측정하더라도 측정값이 다르다. 이것을 피하기 위해서는 확실히 감쇠 특성을 규정해 두어야 한다. 이러한 특성의 수치는 측정기를 사용하는 경우에는 직접적인 관계가 없지만 측정기를 제작하는 경우에는 필요하며, 또한 파라미터 수치의 의미를 명확히 하기 위해서 필요하다. KS B 0501에 특성값이 명시되어 있다. 다만 내용상 오래되었으므로 개정 작업을 실시하여 이 규격과의 부합성을 꾀할 예정이다. 컷오프값은 이런 효과상으로는 기준 길이와는 다르지만, 그 주목적은 기준 길이의 경우와 마찬가지로 굴곡의 성분을 제거하는 데 있다. 이런 의미에서 양자의 관계를 보기 쉽게 하기 위해서 컷오프값과 기준 길이의 수치는 같게 잡고 있다. 컷오프값을 선택하는 기준은 R_y 등의 경우의 기준 길이의 선택과 똑같이 생각하면 된다.

5.4 기준 길이 및 평가 길이

기준 길이 일정 피치에서 요철이 늘어서 있는 규칙적인 표면에서는 기준 길이의 채용 방법에 주의하지 않아도 거칠기값은 거의 일정하게 정해진다. 한편 연삭이나 랩 가공과 같은 가공면에서는 불규칙적인 요철이 늘어선 표면이나 큰 피치의 굴곡이 있는 표면에서는 기준 길이를 크게 하면 얻어진 표면 거칠기의 값이 커진다. 이것이 생산 현장에서의 거칠기 측정의 큰 문제점이 되고 있다. 그래서 이 규격에서는 거칠기 곡선에서 거칠기를 측정하는 경우, 먼저 기준 길이를 정하도록 하는 것은 앞서 서술한 이유에서이다. 그러나 실제 표면 거칠기를 측정하는 경우 기준 길이를 특정하는 것이 성가신 문제가 될것으로 예상된다. 측정을 실행하는 사람으로서는 사용하는 측정기가 허용하는 범위에서, 또한 시간과 비용이 허락하는 범위에서 어떤 기준 길이든 채용하여야 한다. 오히려 기준 길이의 측정은 측정을 계획하는 쪽에서 지정해야 한다. 그러나 지금까지 각종 가공면에 대하여 어떤 기준 길이를 채택하면 되는지에 대해서는 정설이 없으므로 이 규격에서는 기준 길이의 종류만을 규정하고 있다.

또한 실제 측정에서는 기준 길이를 엄밀하게 생각할 필요가 없는 경우가 많으므로, 종래 규격과 산술 평균 거칠기의 경우의 컷오프값을 고려해서 표준값을 정했다. 더욱이 기준 길이를 엄밀하게 정하더라도 이론상으로는 기준 길이를 보다 긴 주기성의 굴곡의 영향이 완전히 제거된다고 하기는 어렵기 때문이다.

평가 길이 어느 거칠기 곡선을 주파수 분석할 때, 측정 길이가 짧기 때문에 생기는 오차가 크게 나타난다. 올바른 주파수 분석을 하기 위해서는 무한하게 긴 거칠기 곡선의 기록을 사용하여야 하는데,

개정 전 규격에서는 실용상의 배려에서 컷오프값의 3배 이상의 길이에서 Ra를 구하도록 규정하였다. 이 길이는 ANSI나 BS에서는 traversing length라 불리고 있는 것이다. ANSI는 traversing length로서 적분값 지시형 계기에서는 컷오프값의 5배 이상, 연속 지시형 계기에서는 20배 이상으로 하도록 규정하고 있다. 개정 전 규격에서는 위에서 서술했듯이 측정길이의 명칭에서 기준 길이의 3배 이상으로 하고 있었지만, 이번에 ISO 규격에 따라 그 평가 길이를 기준 길이의 5배로 하였다.

5.5 각 파라미터에 대하여

산술 평균 거칠기 R_a 지정된 컷오프값을 가진 위상 보상형 고역 필터에 의해 단면 곡선에서 거칠기 곡선 $f(x)$를 구한다. $f(x)$를 평균 선 방향으로 기준 길이 l에 해당하는 길이만큼 뽑아내어, 이 표본 부분의 평균 선 아래쪽에 나타내는 $f(x)$ 부분을 평균 선으로 접는다. 접음으로써 얻어지는 사선을 그은 부분의 면적은 기준 길이 l로 나눈 값이, 이 표본 부분의 $f(x)$의 산술 평균 거칠기 R_a이다[해설 그림 4 (a), (b)].

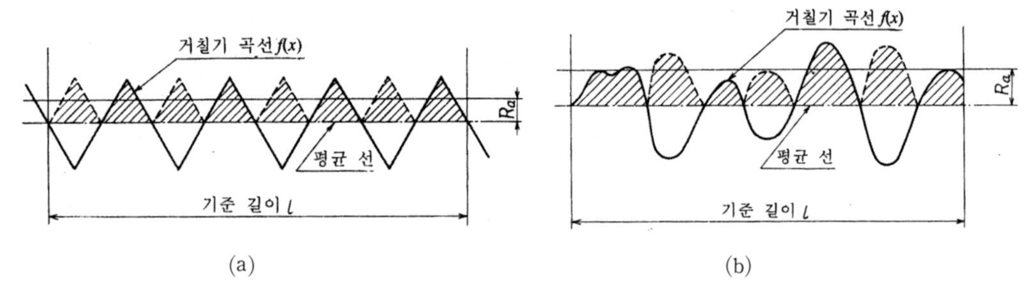

(a) (b)

해설 그림 4 산술 평균 거칠기를 구하는 방법

10점 평균 거칠기 R_z 10점 평균 거칠기는 표본 부분에서의 가장 높은 산에서 순서대로 5번째 산까지의 산봉우리의 표고의 평균값과, 가장 낮은 골에서 5번째의 골까지의 골바닥 표고의 평균값과의 차로 나타낸다. 거칠기 곡선의 표본 부분의 10점 평균 거칠기를 구하려면 표본 부분에서의 산, 골, 산봉우리 및 골바닥을 정하여야 한다. 그러기 위해서는 먼저 평균선을 구해야 한다. 이 평균선은 위상 보상형 저역 필터로 구한 여파 굴곡 곡선을 의미한다.

해설 그림 5의 거칠기 곡선은 기준 길이를 0.8mm로 해서 구한 것이다. 이 기준 길이의 범위에서 거칠기 곡선이 평균 선에 대하여 실체가 돌출되어 있는 부분이 산이며, 움푹 패인 부분이 골이다. 그래서 가장 높은 산에서 차례대로 5번째까지의 각 산봉우리가 표고 Y_{p1}, Y_{p2}, Y_{p3}, Y_{p4}, Y_{p5}를 세로 배율의 방향으로 구한다. 골에 대해서는 가장 낮은 골부터 차례로 5번째까지의 골바닥의 표고 Y_{v1}, Y_{v2}, Y_{v3}, Y_{v4}, Y_{v5}를 세로 배율 방향으로 구한다. 여기에서 주의하여야 할 것은 산봉우리 Y_{p2}의 산에서 Y_{p2}의 바로 왼쪽에 있는 비교적 높은 점 a(국부 산봉우리)는 같은 산에 속하고 있지만 "산"의 "산봉우리"는 아니다. 마찬가지로 골바닥에 대해서도 Y_{v3}이나 Y_{v4}의 골바닥을 가진 골에서 같은 골에 속하는 비교적 깊은 점 b나 c(국부 골바닥)는 "골"의 "골바닥"은 아니다. 바꿔 말하면 하나의 산이

나 골에는 하나의 산봉우리, 하나의 골바닥 밖에 없다는 것이다. 따라서 표본 부분에서의 비교적

깊은 점 b가 다른 골의 골바닥 Y_{v1}이나 Y_{v4}보다 깊어도 골 바닥으로 평가해서는 안 된다. 이처럼 10점 평균 거칠기를 구하는 경우에는 산과 골, 산봉우리와 골바닥의 용어의 의미를 충분히 파악하여 10점 평균 거칠기의 값을 구하여야 한다.

Y_{p1}, Y_{p2}, Y_{p3}, Y_{p4}, Y_{p5} : 기준 길이 l에 대응하는 최고에서 5번째까지의 산봉우리의 표고

Y_{v1}, Y_{v2}, Y_{v3}, Y_{v4}, Y_{v5} : 기준 길이 l에 대응하는 최고 깊은 곳에서 5번째까지의 산봉우리의 표고

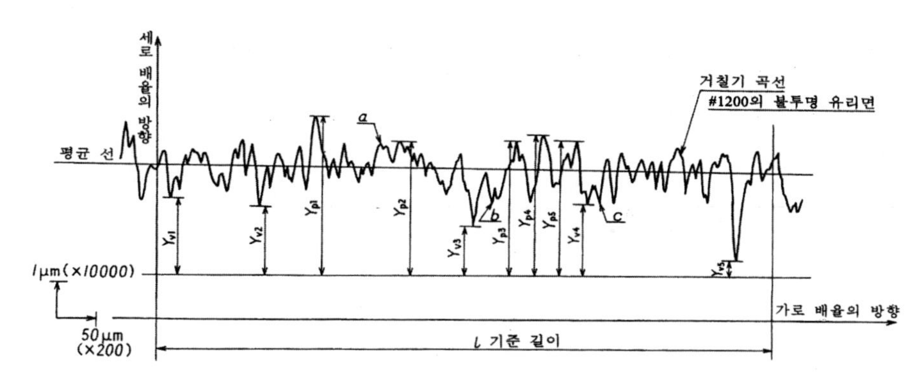

해설 그림 5 10점 평균 거칠기 R_z를 구하는 방법

5.6 각 파라미터의 표준 수열

R_a, R_y, R_z의 표준 수열로서 ISO에 따라 전체의 수열을 나타내고 사용하는 것이 바람직한 수열로서, 개정 전 규격과 같은 공비 2의 수열을 채용하였다. 개정 전 규격에 비해 수치가 작은 쪽과 큰 쪽의 양쪽으로 확장되어 있다. S_m, S 및 t_p의 표준 수열도 똑같이 정하였다.

5.7 표면 거칠기의 정의

최대값 표시에 대하여 개정 전 규격에 채용되어 있던 표면 거칠기를 지시하는 경우 허용되는 최대값을 나타내는 기호 a, S, Z는 우리 나라의 독자적인 방식으로 ISO의 규격과 일치하지 않으므로 삭제하였다.

구간 표시에 대하여 표면 거칠기를 지시할 때에 사용하는 구간 표시, 예를 들면 산술 평균 거칠기의 구간 표시 (6.3~3.2)$\mu_m R_a$의 의미는, 컷오프값의 표준값 2.5mm로 측정한 산술 평균 거칠기의 값이 3.2$\mu_m R_a$ 이상이며 6.3$\mu_m R_a$ 이하라는 것을 지시하고 있다.

또한 (12.5~3.2)$\mu_m R_a$의 경우에는 12.5$\mu_m R_a$에 대한 컷오프값의 표준값은 8mm이고, 3.2$\mu_m R_a$에 대한 컷오프값의 표준값은 2.5mm이므로 가공면 내의 다수의 부분에서 컷오프값 8mm로 측정한 값의 산술 평균값이 12.5$\mu_m R_a$ 이하이며, 컷오프값 2.5mm에서 측정한 값이 3.2$\mu_m R_a$ 이상이라는 것을 의미하고 있다. 만약 (12.5~3.2)$\mu_m R_a$인 경우에 동일 컷오프값을 사용하고 싶은 경우에는 컷오프값을 지정하여야 한다. 즉 (12.5~3.2)$\mu_m R_a$ λ_c 2.5mm와 같이 사용하는 컷오프값을 기입한다. 최대 높이, 10점 평균 거칠기, 요철의 평균 간격, 국부 산봉우리의 평균 간격 및 부하 길이율의 구간 표시에대해서도 마찬가지다.

5.8 중심선 평균 거칠기 R_{a75}에 대하여

개정 전 규격에 규정하고 있던 2RC형의 아날로그형의 촉침 전기식 표면거칠기 측정기로 전달 특성의 이득이 75%가 되는 파장을 컷오프값으로 하는 고역 필터를 사용한, 이른바 거칠기 곡선에서 구한 중심선 평균 거칠기는 부속서로 옮겼다. 기호는 R_{a75}로 변경하였다.

개정 전 규격에서는 중심선 평균 거칠기는 촉침 전기식의 직독식 중심선 평균 거칠기 측정기를 사용하여 구한다는 입장을 취하고 있다. 순수한 연구의 목적에는 단면 곡선 또는 거칠기 곡선에서 R_a를 수치 계산으로 구할수는 있지만, 공업적으로는 특별한 경우 외에는 실용화되지 못한다고 판단하였기 때문이다.

또한 개정 전 규격에서는 컷오프값의 표준값을 1.8mm, 2.5mm의 2종류로 하고 있었다. 그 이유는 시판되고 있는 측정기의 컷오프값의 종류가 적고, 그 선택 범위도 같지 않으므로 대부분의 측정기에서 공통적인 값으로 하였기 때문이다.

6. 현안 사항

표면 거칠기 측정기, 측정값의 처리 방법, 표면 거칠기, 표면 굴곡에 관한 용어, 표면 굴곡의 규격 등은 ISO의 정비 상황에 따라 한국산업규격으로서 순차적으로 작성, 개정하여야 한다.

이번에 KS B 0161 : 1988(표면 거칠기의 정의 및 표시)이 개정되어 KS B 0501의 정의 내용과 부합성이 없는 부분이 있다. 그러나 현재 ISO에서 측정기에 관한 ISO 4288의 개정 작업이 진행되고 있으며 DIS 4288로서 각국에서 심의에 붙여지고 있다. 이 때문에 DIS의 심의 상황을 고려하면서 KS 규격을 개정할 예정이다.

그리고 DIS 4288에서는 측정값의 처리 방법에 대하여 제안이 있어, 관련된 규격인 ISO 2602 : 1980, “Statistical interpretation of test results－Estimation of the mean－Confidence interval”의 검토가 필요하다.

또한 KS B 0610(표면 파상도의 정의와 표시)은 표면 거칠기 규격과 관련이 있으며, 위상 보상형의 디지털 필터가 채용됨에 따른 개정에 대하여 검토한다.

제정자 : 기술표준원장　　제 정 : 1967년 4월 12일
개 정 : 1999년 12월 21일　　기술표준원 고시 제99－446호
원안 작성 협력자 : 산업표준심의회 기계기본요소부회
심 의 부 회 : 산업표준심의회 기계기본요소부회(회장 송 삼 홍)
이 규격에 대한 의견 또는 질문은 기술표준원 표준부 기계금속표준과(☎ 02－507－4768)로 연락하여 주십시오. 또한 한국산업규격은 산업표준화법 제7조의 규정에 따라 5년마다 산업표준심의회에서 심의되어 확인, 개정 또는 폐지됩니다.

한국표준협회 발행
서울특별시 영등포구 여의도동 13－31 ☎ 369－8114, 369－8235~6

NCS 기반 교육과정을 적용한
기계제도(AutoCAD) 기초이론 및 실습다지기

초판인쇄 2018년 03월 02일
초판발행 2018년 03월 09일

지은이 | 이경부 · 김태준 · 정원용 공저
펴낸이 | 노소영
펴낸곳 | 도서출판 마지원

등록번호 | 제559-2016-000004
전화 | 031)855-7995
팩스 | 02)2602-7995
주소 | 서울 강서구 마곡중앙5로 1길 20

www.wolsong.co.kr
http://blog.naver.com/wolsongbook

ISBN | 979-11-88127-17-7 (93550)

정가 15,000원

좋은 출판사가 좋은 책을 만듭니다.
도서출판 마지원은 진실된 마음으로 책을 만드는 출판사입니다.
항상 독자 여러분과 함께 하겠습니다.